采矿工程技术创新与安全管理

陈海俊　　王会云　　史先朵　　刘超军　著

中国矿业大学出版社

·徐州·

内 容 提 要

本书在概述我国矿产资源的基本情况和采矿生产基础知识的基础上,详细讲述了我国主流的井下开采技术和生产作业方法,矿山生产安全和文化管理的建设与实施,井下瓦斯、地下水害、矿井火灾等常见灾害的防治措施和井下人员救护技术,并就煤矿企业安全管理能力及高效矿井建设的相关经验做了简要介绍。

本书可作为高等院校采矿工程专业学生的学习用书,亦可供煤炭企事业单位、科研院所相关工作人员参考。

图书在版编目(CIP)数据

采矿工程技术创新与安全管理/陈海俊等著. —徐

州 : 中国矿业大学出版社,2023.8

ISBN 978 - 7 - 5646 - 5934 - 9

Ⅰ. ①采… Ⅱ. ①陈… Ⅲ. ①矿山开采 Ⅳ. ①TD8

中国国家版本馆 CIP 数据核字(2023)第 157452 号

书　　名	采矿工程技术创新与安全管理	
著　　者	陈海俊　王会云　史先朵　刘超军	
责任编辑	何　戈	
出版发行	中国矿业大学出版社有限责任公司	
	(江苏省徐州市解放南路　邮编221008)	
营销热线	(0516)83885370　83884103	
出版服务	(0516)83995789　83884920	
网　　址	http://www.cumtp.com　E-mail:cumtpvip@cumtp.com	
印　　刷	江苏凤凰数码印务有限公司	
开　　本	787 mm×1092 mm　1/16　印张 16.25　字数 309 千字	
版次印次	2023 年 8 月第 1 版　2023 年 8 月第 1 次印刷	
定　　价	48.00 元	

(图书出现印装质量问题,本社负责调换)

前　言

自改革开放以来,我国经济与科技发展迅速,社会工业化和现代化进程稳步推进,这些瞩目成绩离不开以大量矿产资源作为发展的物质基础。在巨大矿物资源需求的推动下,采矿行业得到加速发展,采矿工程成了维持国民经济和社会稳定的支柱产业。步入 20 世纪后,随着国家科学采矿、绿色采矿及智能采矿的可持续发展要求,传统采矿工程开始转变发展视角,逐步落实国家经济和科学技术的新发展需求。随着国家"碳达峰、碳中和"战略目标的提出,我国采矿工程的发展也迎来了新的挑战和机遇,"绿色、安全、智能、高效"成为我国采矿行业发展的时代指标。

目前,受益于国家经济科技水平的提高,我国的采矿技术得到了有效提升,截至 2022 年年底,我国煤炭、有色金属、石油、天然气等矿产资源的储量和产量均位居世界前列,其中煤炭产量连续多年居世界第一。然而,随着我国国民美好生活需求和国家环保意识的提高,传统采矿工程所带来的环境污染和资源浪费等问题愈发引起重视,转型升级成了矿业可持续发展的必由之路。国家"十四五"规划中明确提出,要加强矿山生态修复,提高矿产资源开发保护水平,发展绿色矿业,建设绿色矿山。近年来,我国采矿工程在新技术、新材料、新设备等方面取得了重要进展,以大数据、人工智能等技术为核心的智能开采、绿色开采、安全开采等创新模式不断涌现,推动了矿业的绿色发展和矿产资源的高效利用。

随着我国采矿工程发展脚步的持续迈进,一系列新问题和新挑战持续涌现。一方面,全球化趋势推动了资源的跨国流动和共享,使得全球性的环境保护战略对我国采矿行业提出了更高的要求,矿业相关管理部门必须在保护环境、推进节能减排、提高资源利用率等方面加大创新力度。另一方面，我国采矿企业资源的开采难度和成本也在不断提高，产能和市场得不到有效保障，且普遍的矿山安全生产、关停/废弃矿井处理、矿区环境保护和人才培养等问题一直留存堆积，给广大采矿企业造成了明显的经营压力和管理困难。在这样的背景下，采矿工程的技术创新和安全管理创新显得弥足珍贵，需要动员更多社会力量贡献智慧。

为了推进国内现阶段采矿工程问题的解决进程，本书从矿产资源、采矿技术、安全生产、灾害防治、管理建设五个角度构建起了我国采矿技术发展与安全管理的基础内容框架。

本书共分十五章。第一至第三章主要介绍了我国矿产资源的基本情况和采矿生产基础知识；第四章至第八章介绍了我国主流的井下开采技术和生产作业方法；第九章系统介绍了矿山生产安全和文化管理的建设与实施；第十章至第十三章重点介绍了井下瓦斯、地下水害、矿井火灾等常见灾害的防治措施和井下人员救护技术；第十四、第十五章则简要介绍了煤矿企业安全管理能力及高效矿井建设的相关经验。

在编写本书的过程中，作者团队除结合多年的教学实践经验外，还参考了国内外有关采矿工程及安全建设的书籍和文献，本着教改精神对各部分内容字斟句酌、细细推敲，希望尽力为读者呈现一部系统、全面的采矿类入门参考书籍，为采矿工程的技术创新和安全管理贡献力量。但限于水平，书中难免有缺点和不妥之处，诚望广大读者批评指正。

本书承蒙中国矿业大学浦海教授审核把关，在此致以深深的谢意。

著　者

2023 年 3 月

目　　录

第一章　矿产资源开发

矿产资源是指由于地质作用,分布于地下或出露于地表,具有经济效益或社会效益的有用岩石、矿物或元素的集合体。矿产资源按其属性来分,可分为金属矿产资源及非金属矿产资源两大类。中国既是一个矿产资源大国,又是一个资源相对贫乏的国家;既有许多资源优势,同时又存有劣势。

本章主要介绍矿产资源定义与分类,固体矿床力学及工业性质,矿山生产能力、矿石损失率与贫化率,以及矿产资源储量及矿床工业指标等相关知识。

第一节　矿产资源定义与分类

一、矿产资源的定义

矿产资源是指天然赋存于地球表面或地壳中,由地质作用所形成,呈固态(如各种金属矿物)、液态(如石油)或气态(如天然气)的具有当时经济价值或潜在经济价值的富集物。

矿物是天然的无机物质,有一定的化学成分,在通常情况下,因各种矿物内部分子构造不同,形成各种不同的几何外形,并具有不同的物理化学性质。矿物有单质矿物(如金刚石、石墨、自然金等),但大部分矿物都由两种或两种以上元素组成(如赤铁矿、黄铜矿、白铅矿等)。

凡是地壳中的矿物集合体,在当前技术经济水平条件下,能以工业规模从中提取国民经济所必需的金属或矿物产品的,称为矿石。矿石的聚集体称为矿体,而矿床是矿体的总称。对某一矿床而言,它可由一个矿体或若干个矿体组成。

矿体周围的岩石称为围岩。在倾斜矿体断层中,断层面以上的岩块称为上盘,断层面以下的岩块称为下盘。在地质构造学中,缓倾斜及水平矿体的顶板称为上盘围岩,底板称为下盘围岩。

矿体周围的岩石,以及夹在矿体中的岩石(称之为夹石),不含有用成分或有用成分含量过少,当前不具备开采条件的,统称为废石。

二、矿产资源分类

按照矿产资源的可利用成分及用途分类,矿产资源可分为金属、非金属和能源三大类。

(一)金属矿产资源

金属矿产资源是国民经济、国民日常生活以及国防工业、尖端技术和高科技产业必不可缺的基础材料和重要的战略物资。钢铁和有色金属的产量往往被认为是一个国家国力的体现,我国金属工业经过50多年的发展,已经形成了较完整的工业体系,奠定了雄厚的物质基础,成为金属矿产资源生产和消费的主要国家之一。

(二)非金属矿产资源

非金属矿产资源是指那些除燃料矿产、金属矿产外,在当前技术经济条件下,可供工业提取非金属化学元素、化合物或可直接利用的岩石与矿物。此类矿产少数是利用化学元素、化合物,多数则是以其特有的物化技术性能利用整体矿物或岩石。因此,世界一些国家又称非金属矿产资源为工业矿物与岩石。

目前世界上工业利用的非金属矿产资源有250余种,年开采非金属矿产资源量在250亿t以上,非金属矿物原料年总产值已达2 000亿美元,大大超过金属矿产值,非金属矿产资源的开发利用水平已成为衡量一个国家经济综合发展水平的重要标志之一。

中国是世界上已知非金属矿产资源品种比较齐全、资源比较丰富、质量比较优良的少数国家之一。截至2021年年底,中国已发现非金属矿产95种,其中已探明有储量的非金属矿产93种。非金属矿产品与制品,如水泥、萤石、重晶石、滑石、菱镁矿、石墨等的产量多年来居世界之冠。

(三)能源类矿产资源

能源类矿产资源主要包括煤、石油、天然气、泥炭和油页岩等由地球历史上的有机物堆积转化而成的化石燃料。能源类矿产资源是国民经济和人民生活水平的重要保障,能源安全直接关系到一个国家的生存和发展。

第二节　固态矿床力学及工业性质

一、矿岩力学性质

(一)硬度

硬度,即抵抗工具侵入的能力,主要取决于矿岩的组成,如颗粒硬度、形状、大小、晶体结构以及颗粒间的胶结物性质等。矿岩的硬度不仅会影响矿岩的破碎方法和凿岩设备的选择,而且会影响开采成本等经济指标。

（二）坚固性

坚固性亦指矿岩抵抗外力的性能,但具体所指是工具的冲击、机械破碎以及炸药爆炸等综合作用下的合成力。坚固性的大小常用矿岩的坚固性系数（普氏系数）f 表示,该系数实际是表示矿岩极限抗压强度、凿岩速度、炸药消耗量等值的综合值,但由于各参数量纲不同,因此求其平均值难度较大,一般采用下式来简化求取:

$$f = R/10$$

式中　R——矿岩极限抗压强度,MPa。

（三）稳固性

稳固性,即矿岩的采掘空间允许暴露面积大小和暴露时间长短的性能。影响矿岩稳固性的因素主要有矿岩的成分、结构、构造、节理、风化程度、水文条件以及采掘空间的形状。稳固性是影响开采技术经济指标和作业安全性的重要因素。矿床一般按稳固程度分为以下几种。

（1）极不稳固的:不允许有任何暴露面积,矿床一经揭露,即行垮落;

（2）不稳固的:允许有较小的不支护暴露面积,一般在 50 m^2 以内;

（3）中等稳固的:允许不支护暴露面积为 50～200 m^2;

（4）稳固的:允许不支护暴露面积为 200～800 m^2;

（5）极稳固的:允许不支护暴露面积在 800 m^2 以上。

由于矿岩稳固性不仅取决于暴露面积,而且与暴露空间形状、暴露时间有关,因此上述分类中允许不支护暴露面积仅是一个参考值。

（四）结块性

经开采后的含黏土、硫较高或高岭土质的矿石,遇到水并受压,可能会重新黏结在一起,这一性质称为结块性。一旦出现这种状况,将会对采下矿石的放矿、装车及运输产生阻碍作用。

（五）氧化性和自燃性

硫化矿石与水和空气发生氧化反应而转变为氧化矿石的性质,称为氧化性。发生氧化反应时会产生大量的热量,不利矿工作业,而且矿石氧化会降低选矿回收率。

煤、硫化矿石、含碳矸石等在一定的条件下,会发生氧化而产生热量,由于产生的热量不能向周围介质及时有效地散发,导致热量积聚,最终物质本身温度自行升高。温度升高,又会加速氧化程度,经过不断的循环作用,当温度达到其燃点后,发生自燃现象。

（六）含水性

含水性指的是矿岩吸收和保持水分的性能。它会影响矿石的放矿、运输提升作业及矿仓储存等生产活动。

（七）碎胀性

矿岩破碎后，由于碎块之间存在大量孔隙而使其体积增大的现象，称为碎胀性。破碎后体积与原矿岩体积之比称为碎胀系数（或松散系数）。坚硬的矿石碎胀系数为 1.2～1.6。

二、埋藏要素

（一）走向及走向长度

对于脉状矿体，矿体层面与水平面所成交线的方向，称为矿体走向。走向长度指矿体在走向方向上的长度，分为投影长度（总长度）和矿体在某中段水平的长度。

（二）埋藏深度和延伸深度

矿体的埋藏深度是指从地表至矿体上部边界的垂直距离，而延伸深度是指矿体上下边界之间的垂直距离。

（三）矿体形状

由于成矿环境和成矿作用的不同，矿体形状千差万别，主要有层状、脉状、块状、透镜状、网状、巢状等。

1. 层状矿体

这类矿床大多是沉积矿床和沉积变质矿床，如赤铁矿、石膏矿等。

2. 脉状矿体

这类矿床大多数是在热液和气化作用下矿物质充填在岩体的裂隙中而形成的矿体。根据充填裂隙的情况不同而呈脉状、网状。

3. 块状矿体

这类矿体主要是热液填充、接触交代、分离和气化作用形成的。其形状大小不一，大到上百米的巨块或不规则的透镜体，小到仅几米的小矿巢。

（四）矿体倾角

矿体倾角是指矿体中心面与水平面的夹角。根据矿体倾角，矿体可分为以下几类：

1. 水平和微倾斜矿体

矿体倾角在 5°以下，一般开采时将有轨设备直接驶入采场装运。

2. 缓倾斜矿体

矿体倾角为 5°～30°，这类矿体在采场运搬通常采用电耙，少数情况下采用自行设备或运输机。

3. 倾斜矿体

矿体倾角为 30°~55°,常用运搬方式为溜槽、溜板或爆力、底盘漏斗。

4. 急倾斜矿体

矿体倾角大于 55°,这类矿体开采时,利用重力作用,矿石沿底盘自溜实现运搬。

（五）矿体厚度

矿体厚度是指矿体上下盘之间的垂直距离或水平距离,前者称为垂直厚度或真厚度,后者称为水平厚度。除急倾斜矿体常用水平厚度来表示外,其他矿体多用垂直厚度。由于矿体形状不规则,因此厚度又有最大厚度、最小厚度和平均厚度之分。垂直厚度与水平厚度和矿体倾角有如下关系：

$$H_v = H_1 \sin \alpha$$

式中 H_v——矿体垂直厚度；

   H_1——矿体水平厚度；

   α——矿体倾角。

第三节 矿山生产能力、矿石损失率与贫化率

一、矿山生产能力及矿山服务年限

生产能力是指矿山企业在正常生产情况下,在一定时间内所能开采或处理矿石的能力,一般用"万吨/年"或"t/a"来表示。矿山生产能力是矿床开发的重要技术经济指标之一,决定着矿山企业的基建工程、基建投资、主要设备类型和数量、技术建筑物和其他建筑物的规模与类型、辅助车间和选冶车间的规模、人员数量和配置等。

矿山生产能力的确定主要取决于国民经济需要、矿床储量、资源前景、矿床地质与开采技术条件、矿床勘探程度、矿山服务年限、基建投资和产品成本等因素。

矿山服务年限是矿山维持正常生产状态的时间,在矿山生产能力、矿床储量、采矿损失率和回收率等因素确定后,也即相应确定。

矿山生产能力和服务年限是密切相关的。为了在保证矿山合理经济效益的同时保持可持续发展,矿山企业必须具有一定的服务年限,因此矿山生产能力既不能过小,也不能无限扩大,应与矿山合适的服务年限相适应。

二、矿石损失率

矿床开采过程中由于各种因素(如地质构造、开采技术条件、采矿方法及生产管理等)的综合影响,会造成部分工业矿石的丢失。采矿过程中损失的矿石量与计算范围内工业矿石量的百分比称为矿石损失率,而实际采出并进入选矿流程的矿石量与计算范围内工业矿石量的百分比则称为矿石回收率。很明显,矿石回收率＝1－矿石损失率。

三、矿石贫化率

采矿、运输过程中,由于围岩和夹石的混入或富矿的丢失,使采出矿石品位低于计算范围内工业矿石品位的现象称为矿石贫化,工业矿石品位降低的百分数称为矿石贫化率。

第四节　矿产资源储量及矿床工业指标

一、矿产资源储量

矿产资源领域有两个非常重要的概念,即资源与储量。由于矿产资源/储量分类是定量评价矿产资源的基本准则,它既是矿产资源/储量估算、资源预测和国家资源统计、交易与管理的统一标准,又是国家制定经济和资源政策及建设计划、设计、生产的依据,因此各国都对矿产资源/储量分类给予了高度重视。

虽然各国都是基于地质可靠性和经济可能性对资源与储量进行定义和区分,但具体分类标准各不相同。

(一)分类依据

1. 地质可靠程度

根据地质可靠程度将固体矿产资源/储量分为探明资源量、控制资源量和推断资源量三类,将矿产资源勘探划分为普查、详查和勘探三个阶段。

(1)探明资源量:在系统取样工程基础上经加密工程圈定并估算的资源量。其矿体的空间分布、形态、产状和连续性已确定,其数量、品位或质量是基于充足的取样工程和详尽的信息数据来估算的,地质可靠程度高。

(2)控制资源量:经系统取样工程圈定并估算的资源量。其矿体的空间分布、形态、产状和连续性已基本确定,其数量、品位或质量是基于较多的取样工程和信息数据来估算的,地质可靠程度较高。

(3)推断资源量:经稀疏取样工程圈定并估算的资源量,以及控制资源量或探明资源量外推部分。其矿体的空间分布、形态、产状和连续性是合理推测的，其数量、品位或质量是基于有限的取样工程和信息数据来估算的，地质可靠程度较低。

2．可行性分析

根据可行性评价分为概略研究、预可行性研究和可行性研究三个阶段。

3．经济意义

根据经济意义将固体矿产资源/储量分为经济的（数量和质量是依据符合市场价格的生产指标计算的）、边际经济的（接近盈亏边界）、次边际经济的（当前是不经济的，但随技术进步、矿产品价格提高、生产成本降低，可变为经济的）、内蕴经济的（无法区分是经济的、边际经济的还是次边际经济的）、经济意义未定的（仅指预查后预测的资源量，属于潜在矿产资源）。

（二）分类及编码

依据矿产勘查阶段和可行性评价及其结果、地质可靠程度和经济意义，并参考美国等西方国家及联合国分类标准，中国将矿产资源分为 2 大类 5 种类型。

（1）储量是探明资源量和（或）控制资源量中可经济采出的部分，是经过预可行性研究、可行性研究或与之相当的技术经济评价，充分考虑了可能的矿石损失和贫化，合理使用转换因素后估算的，满足开采的技术可行性和经济合理性。

（2）资源量是经矿产资源勘查查明并经概略研究，预期可经济开采的固体矿产资源，其数量、品位或质量是依据地质信息、地质认识及相关技术要求而估算的。

资源量和储量之间可以相互转换。探明资源量、控制资源量可转换为储量。资源量转换为储量至少要经过预可行性研究，或与之相当的技术经济评价。当转换因素发生改变，已无法满足技术可行性或经济合理性的要求时，储量应适时转换为资源量。

二、矿床工业指标

用以衡量某种地质体是否可以作为矿床、矿体或矿石的指标，或用以划分矿石类型及品级的指标，均称为矿床工业指标。常用的矿床工业指标包括以下几种。

（一）矿石品位

金属和大部分非金属矿石的品级，一般用矿石品位来表征。品位是指矿石中有用成分的含量，一般用质量百分数（%）表示，贵重金属则用 g/t 表示。

有开采利用价值的矿产资源，其品位必须高于边界品位（圈定矿体时对单个样品有用组分含量的最低要求）和最低工业品位（在当前技术经济条件下，矿物原来的开采价值等于全部成本,即采矿利润率为零时的品位),而且有害成分含量必须低于有害杂质最大允许含量(对产品质量和加工过程起不良影响的组分允许的最大平均含量)。

（二）最小可采厚度

最小可采厚度是在技术可行和经济合理的前提下,为最大限度利用矿产资源,根据矿区内矿体赋存条件和采矿工艺的技术水平而决定的一项工业指标,亦称可采厚度或最小可采厚度,用真厚度衡量。

（三）夹石剔除厚度

夹石剔除厚度亦称最大允许夹石厚度,是开采时难以剔除,圈定矿体时允许夹在矿体中间合并开采的非工业矿石(夹石)的最大真厚度或应予剔除的最小厚度。厚度大于或等于夹石剔除厚度的夹石,应予剔除;反之,则合并于矿体中连续采样估算储量。

（四）最低工业米百分值

对一些厚度小于最低可采厚度但品位较高的矿体或块段,可采用最低工业品位与最低可采厚度的乘积,即最低工业米百分值(或米·克/吨)作为衡量矿体在单工程及其所代表地段是否具有工业开采价值的指标。最低工业米百分值,简称米百分值或米百分率,也可用米·克/吨表示。高于这个指标的单层矿体,其储量仍列为目前能利用(表内)储量。最低工业米百分值指标实际上是以矿体开采时高贫化率为代价,换取资源的回收利用。

第二章　采矿基础知识

第一节　采矿基础的含义

一、矿物概述

（一）地球

地球是人类居住的地方。人们开采的各种矿产赋存于地壳（地球表面的一层硬壳）之中，各种矿产的形成都是地壳物质运动和演变的产物。通常说的地球形状指的是地球固体外壳及其表面水体的轮廓。地球由地壳、地幔、地核组成。

1. 地壳

莫霍面以上由固体岩石组成的地球最外圈层称为地壳。地壳平均厚度约 33 km。大洋地区与大陆地区的地壳结构明显不同：大洋地区地壳（洋壳）很薄，平均 7 km，且较为均匀；大陆地区地壳（陆壳）厚度 20～80 km，平均 33 km。地壳上部岩石平均成分相当于花岗岩类岩石，其化学成分富含硅、铝，又称硅铝层；下部岩石平均成分相当于玄武岩类岩石，其化学成分除硅、铝外，铁、镁相对增多，又称硅镁层。洋壳主要由硅镁层组成，有的地方有很薄的硅铝层或完全缺失硅铝层。

2. 地幔

地幔是位于莫霍面以下古登堡面以上的圈层。根据波速在 400 km 和 670 km 深度上存在两个明显的不连续面，地幔由浅至深可分成三个部分，即上地幔、过渡层和下地幔。上地幔深度为 20～400 km，目前研究认为上地幔的成分接近于超基性岩（即二辉橄榄岩），在 60～150 km 之间许多大洋区及晚期造山带内有一低速层，可能是由地幔物质部分熔融造成的，成为岩浆的发源地；过渡层深度为 400～670 km，地震波速随深度加大的梯度大于其他两部分，是由橄榄石和辉石的矿物相转变吸热降温形成的；下地幔深度为 670～2 891 km，目前认为下地幔的成分比较均一，主要由铁、镍金属氧化物和硫化物组成。

3. 地核

古登堡面以下直至地心的部分称为地核。它又可分为外核、过渡层和内核。地核的物质,一般认为主要是铁,特别是内核,可能基本由纯铁组成。由于铁陨石中常含少量的镍,所以一些学者推测地核的成分中应含少量的镍。

（二）矿物

矿物是在各种地质作用中形成的天然单质或化合物;具有一定的化学成分和内部结构,从而有一定的形态、物理性质和化学性质;在一定的地质和物理化学条件下稳定,是组成岩石和矿石的基本单位。矿物种类繁多,其中有许多是有用的矿物,它们是发展现代化的工业、农业、国防事业、科学技术不可缺少的原料。

在已知的三千余种矿物中,除个别以气态（如碳酸气体、硫化氢气体等）或液态（如水、自然汞等）出现外,绝大多数均呈固态。自然界的矿物除少数是单质外,绝大多数都是化合物。前者是由同一元素自相结合而成的矿物;后者则是由两种或两种以上元素化合而成的矿物。无论是单质还是化合物,其化学成分都不是绝对固定不变的,通常都是在一定的范围内有所变化。

（三）岩石

岩石是矿物的集合体,是各种地质作用的产物,是构成地壳的物质基础。地壳中绝大部分矿产都产于岩石中,矿产与岩石之间存在着密切的成因联系。例如,煤产在沉积岩里;大部分金属矿则产在岩浆岩,或其形成与岩浆岩有直接或间接联系。研究岩石就是为了发现岩石与矿产的关系,从中找出规律,以便更多更好地找寻和开发矿产资源。

组成地壳的岩石,按其成因可分为三大类,即岩浆岩、沉积岩和变质岩。

1. 岩浆岩

岩浆岩是内力地质作用的产物,系地壳深处的岩浆沿地壳裂隙上升,冷凝而成。埋于地下深处或接近地表的为侵入岩;喷出地表的则为喷出岩。其特征一般较坚硬,绝大多数矿物均成结晶粒状紧密结合,常具块状、流纹状及气孔状构造。原生节理较发育。

2. 沉积岩

沉积岩是先成岩石经外力地质作用而形成的岩石。其特征是常具碎屑状、鲕状等特殊结构及层状构造,并富含生物化石和结核。

3. 变质岩

变质岩是岩浆岩或沉积岩经变质作用而形成的与原岩特征迥然不同的岩石。其特征是多具明显的片理状构造。

二、矿床概述

(一) 成矿作用

各种矿床是地壳中各种有用成分在成矿作用之下得到局部富集的结果。所谓成矿作用,就是导致地壳和上地幔中有用组分(元素或化合物)被分离出来富集形成矿床的地质作用。

这个局部富集的过程是极为复杂的,因而成矿作用也是多种多样的。如果从成矿地质作用及成矿物质的来源来考虑,成矿作用可概括地归纳为三大类:内生成矿作用、外生成矿作用、变质成矿作用。由内生成矿作用所形成的各种矿床,总称为内生矿床;同理,外生成矿作用所形成的各种矿床总称为外生矿床;变质成矿作用所形成的各种矿床总称为变质矿床。

1. 内生成矿作用

由地球内部各种能量导致矿床形成的所有地质作用,称为内生成矿作用。根据其所处物理化学条件及地质作用的不同,内生成矿作用可分为岩浆成矿作用、伟晶成矿作用、接触交代成矿作用、热液成矿作用等四种成矿作用类型,并分别形成相应的内生矿床。

除与火山活动有关的成矿作用外,其他内生成矿作用都发生于地壳内部,是在较高温度和压力条件下进行的。

2. 外生成矿作用

外生成矿作用是指在外动力地质作用及地壳表面常温常压下所进行的各种成矿作用。其成矿物质主要来源于出露或接近地表的岩石、矿床、火山喷出物以及生物有机体等。外生成矿作用就是这些物质在风化、剥蚀、搬运以及沉积等过程中,成矿物质富集成为矿床的作用。其按形成时作用的不同,进一步分为风化成矿作用、沉积成矿作用和生物化学能源成矿作用。

3. 变质成矿作用

变质成矿作用也发生在地壳内部,主要是由于岩浆侵入和区域变质作用所引起的。其所形成的矿床是由原岩或原矿床在高温高压下经改造、加工而成。变质矿床虽然也是内动力地质作用下的产物,但成矿作用的方式以及矿床的次生性质显然和内生矿床有所不同,所以划归为另一类型矿床。变质成矿作用和变质作用一样,可进一步划分为接触变质、区域变质、混合岩化三种类型,并分别形成相应的变质矿床。

矿床的成因分类就是以上述各种成矿作用为依据进行的分类。因为无论成矿物质来源如何,它们都要经过一定方式的成矿作用,而后形成各式各样的矿床。上述三大类型成矿作用和矿床并不是截然分开的,有很多矿床并非单一成矿作用的产物。

（二）矿床

矿床是在地壳中的地质作用下形成的，所含有用矿物资源在一定的经济技术条件下能被开采利用的地质体。因此，矿床概念包含地质的和经济技术的双重意义。

矿床的空间范围包括矿体和围岩。矿体是矿床的基本组成单位，既是达到工业要求的含矿地质体，又是开采的直接对象。它具有一定的大小、形状和产状。一个矿床可以由一个或数个矿体组成。围岩是矿体周围暂无经济价值的岩石。提供矿体中成矿物质来源的岩石，称为母岩。

矿体和围岩两者间有的界线清楚，有的为渐变无明显界线。当矿体和围岩的界线不明显时，就需要通过取样、化验，用国家规定的工业指标来圈定。没有达到所要求的边界品位的部分为围岩，而达到边界品位的部分为矿体。当然，围岩和矿体，特别是在母岩作为围岩的情况下，在概念上并不是一成不变的，而是随着工艺技术的提高，边界品位的指标是可以降低的，矿体的范围也是可以扩大的。

三、矿体概述

赋存于地壳中或地球表面并具有一定形态、产状和一定规模的矿石自然聚集体称为矿体。

矿体的形状和产状是由多种因素决定的，其中最主要的是矿床的成因，其次是构造条件及围岩性质等。矿床的成因不同，其矿体形状也往往不同。例如，沉积矿床的矿体形状多为层状，而热液矿床的矿体多呈脉状；层状和脉状矿体又各有不同的产状。

（一）矿体的形状

每一个矿体都有三个可以量取的方向，根据这三个方向的发育情况，矿体的形状大致可分成等轴状、板状和柱状三种。

（1）等轴状矿体一般称为矿瘤、矿囊、矿巢等。

（2）板状矿体一般有层状矿脉、切割状矿脉、鞍状矿脉。矿脉常有规律地成群出现，并可具有各种不同组合形式，构成各种类型的联合矿脉。矿层是与层状围岩产状相一致的沉积成因或沉积变质成因的板状矿体，亦常称作层状矿体。矿层通常厚度较稳定，在走向和倾向方向都延伸较远。另外常见的还有扁豆状或透镜状矿体、似层状矿体。板状矿体当其产状倾斜或近似水平时，矿体上面的围岩称为上盘，下面的围岩称为下盘。

（3）柱状矿体一般有矿柱、矿筒等。

总之,自然界矿体的形状是多种多样的,上述只是比较常见的几种。如矿体受到成矿后的构造变动,从而发生断裂和褶皱,在形状上就更为复杂了。

（二）矿体的产状

矿体的产状包括矿体的产状要素、矿体与围岩的关系、矿体与侵入岩体的空间位置关系、矿体埋藏情况、与地质构造的关系等 5 个方面。

1. 矿体的产状要素

矿体的产状要素主要用来确定板状矿体的空间位置,其表示方法与一般岩层的表示方法相同,即用走向、倾向和倾角来表示。

2. 矿体与围岩的关系

例如,矿体的围岩是岩浆岩、变质岩还是沉积岩;矿体是平行于围岩的层理或片理产出的,或是戳穿它们的。

3. 矿体与侵入岩体的空间位置关系

例如,矿体是产在岩体内部的,还是产在围岩与侵入岩的接触带中,或是产在距接触带有一定距离的围岩中。

4. 矿体埋藏情况

矿体有出露地表的、有隐伏地下的。隐伏矿体又分为埋藏矿体和盲矿体。埋藏矿体指矿体生成后曾经在地表出露过,以后又被后来的沉积物、火山岩以及土壤层等所覆盖。盲矿体指埋藏在地下基岩中的,形成后从未出露过地表的矿体。

5. 与地质构造的关系

与地质构造的关系是指一系列有成因联系的矿体在褶皱、断裂构造内的排列方向和赋存规律。

第二节　矿石基本性质

一、矿石概念

凡是地壳中的矿物自然聚合体,在现代技术经济条件下,能以工业规模从中提取国民经济所必需的金属或其他矿物产品者,称为矿石。以矿石为主体的自然聚集体称为矿体。矿床是矿体的总称,一个矿床可由一个或多个矿体组成。矿体周围的岩石称为围岩,据其与矿体的相对位置的不同,有上盘围岩、下盘围岩与侧翼围岩之分。缓倾斜及水平矿体的上盘围岩称为顶板,下盘围岩称为底板。矿体的围岩及矿体中的岩石(夹石),不含有用成分或含量过少,从经济角度出发无开采价值的,称为废石。

矿石中有用成分的含量称为品位。品位常用百分数表示。黄金、金刚石、宝石等贵重矿石,常用 1 t(或 1 m³)矿石中含多少克或克拉有用成分来表示,如某矿的金矿品位为 5 g/t 等。矿床内的矿石品位分布很少是均匀的。对不同种类的矿床,许多国家都有统一规定的边界品位。边界品位是划分矿石与废石(围岩或夹石)的有用组分最低含量标准。矿山计算矿石储量分为表内储量与表外储量。表内外储量划分的标准是最低可采平均品位,又称最低工业品位,简称工业品位。按工业品位圈定的矿体称为工业矿体。显然,工业品位高于或等于边界品位。

矿石和废石、工业矿床与非工业矿床划分的概念是相对的。它是随着国家资源情况、国民经济对矿石的需求、经济地理条件、矿石开采及加工技术水平的提高以及生产成本升降和市场价格的变化等而变化。例如,我国锡矿石的边界品位高于一些国家的规定 5 倍以上;随着硫化铜矿石选矿技术提高等原因,铜矿石边界品位已由 0.6% 降到 0.3%;有的交通条件好的缺磷肥地区,所开采的磷矿石品位甚至低于交通不便富磷地区的废石品位。

二、矿石种类

矿石按其存在形态的不同,可分为固相、气相(如二氧化碳气矿、硫化氢气矿)及液相(如盐湖中的各种盐类矿物、液体天然碱)三种。

矿石按其属性来分,可分为金属矿石及非金属矿石两大类。其中金属矿石根据其所含金属种类的不同,分为贵重金属矿石(金、银、铂等)、有色金属矿石(铜、铅、锌、铝、锡、钼、镍、锑、钨等)、黑色金属矿石(铁、锰、铬等)、稀有金属矿石(铌、钽、铍等)和放射性矿石(铀、镭、钍等);据其所含金属成分的数目,分为单一金属矿石和多金属矿石;按其所含金属矿物的性质,矿物组成及化学成分,可分为自然金属矿石、氧化矿石、硫化矿石和混合矿石。

(一)自然金属矿石

这是指金属以单一元素存在于矿床中的矿石,如金、银、铂等。

(二)氧化矿石

这是指矿石中矿物的化学成分为氧化物、碳酸盐及硫酸盐的矿石。一些铜矿及铅锌矿床,在靠近地表的氧化带内,常有氧化矿石存在。

(三)硫化矿石

这是指矿石中矿物的化学成分为硫化矿物的矿石。

(四)混合矿石

这是指矿石中含有上述三种矿物中两种或两种以上的矿石混合物。开采这类矿石时,要考虑分采分运的可能性。

我国化工系统开采多种盐类矿床,这些盐类矿物具有共同的特点,就是溶于水,只是各种矿物的溶解度不相同。按化学组成,盐类矿物可分为氯化物盐类矿物(如岩盐、钾石盐)、硫酸盐盐类矿物(如石膏、芒硝)、碳酸盐盐类矿物(如天然碱)、硝酸盐盐类矿物(如智利硝石)、硼酸盐盐类矿物(如硼矿)等。

矿石中有用成分含量的多少是衡量矿石质量的一个重要指标。根据矿石中有用成分含量的多少,矿石有富矿、中矿和贫矿之分。如磁铁矿品位超过 55% 时为平炉富矿,品位在 50%~55% 时为高炉富矿,品位为 30%~50% 时为贫矿。贫矿必须进行选矿。品位超过 1% 的铜矿即为富矿。含五氧化二磷(P_2O_5)30%的磷矿石和含硫 35% 的硫铁矿作为标准矿;凡采出的磷矿和磁铁矿,均以其实际品位折合成标准矿计算产量。例如,生产出 3 t 品位为 23.3% 的硫铁矿折算成标准硫铁矿产量为 2 t。

矿石按其有用成分的价值可分为高价矿、中价矿及低价矿。低价矿如我国的磷矿石,一般都不用成本较高的充填采矿法开采。我国的金矿及高品位的有色、贵重和稀有金属矿,则可用充填采矿法开采。开采高价矿及富矿时,更应尽量减少开采损失和贫化。

对于某些矿物,主要是非金属矿物,决定其使用价值的不仅是有用成分的含量,还有其某些特殊物理技术性能。如晶体结构及晶体完整、纯净程度以及有害成分含量等,并以此定等划分品级,以适应不同的工业用途。

矿石中某些有害成分以及开采时围岩中有害成分的混入,如果通过选矿不能除去,或者不经选矿而直接用原矿(如高炉富铁矿)加工时,都会降低矿石的使用价值。铁矿石含硫、磷超过一定标准时,将严重影响钢铁质量。磷矿石中的氧化镁超过标准时(包括围岩的混入),会影响磷矿石的使用价值,增加加工成本。

三、矿岩的物理力学性质

硬度、坚固性、稳固性、结块性、氧化性、自燃性、含水性、碎胀性是矿石和围岩的主要物理力学特性,它们对矿床的开采方法有较大的影响。

(一)硬度

硬度是抵抗工具侵入的性能。它取决于组成矿岩成分的颗粒硬度、形成、大小、晶体结构及胶结物的情况等。

(二)坚固性

坚固性是指矿岩抵抗外力的性能。这里所指的外力是一种综合性的外力,包括工具的冲击、机械破碎以及炸药爆炸等作用力。它与矿岩强度的概念有所不同。强度是指矿岩抵抗压缩、拉伸、弯曲和剪切等单向作用力的性能。

坚固性的大小,常用坚固性系数 f 来表示。它是反映矿岩的极限抗压强度、凿岩速度、炸药消耗量等的综合值。目前,在我国坚固性系数常用矿岩的极限抗压强度的十分之一来表示。

$$f = R/10$$

式中　　R——矿岩的极限抗压强度,MPa。

测试矿岩极限抗压强度的试件不含弱面,而岩体一般都含有弱面。考虑弱面的存在,可引入构造系数来相应降低矿岩坚固性系数。

（三）稳固性

矿岩的采掘空间允许暴露面积大小和允许暴露时间长短的性能,称为矿岩的稳固性。稳固性与坚固性是两个不同的概念。稳固性与矿岩的成分、结构、构造、节理、风化程度、水文条件以及采掘空间的形状有关。坚固性好的矿岩,如处于节理发育、构造破坏地带,其稳固性就差。

矿岩稳固性对采矿方法和采场地压管理方法的选择以及井巷的维护,有非常大的影响。矿岩按稳固程度通常可分为以下五种。

1. 极不稳固的

掘进巷道或开辟采场时,顶板和两帮无支护情况下,不允许有任何暴露面积,一般要超前支护,否则就会冒落或片帮。这种矿岩很少（如流沙等）。

2. 不稳固的

只允许有很小的暴露面,并需及时支护。

3. 中等稳固的

允许较大的暴露面积,并允许暴露相当长时间,再进行支护。

4. 稳固的

允许暴露面积很大,只有局部地方需要支护。

5. 极稳固的

允许非常大的暴露面积,无支护条件下长时间不会发生冒落。

（四）结块性

矿石从矿体中采下后,在遇水或受压后重新结成整体的性能,称为结块性。一般含黏土或高岭土质的矿石以及含硫较高的矿石容易发生这种情况,这给放矿、装车及运输造成困难。

（五）氧化性和自燃性

矿石在水和空气的作用下变为氧化矿石的性能,称为氧化性。矿石氧化时,放出热量,使井下温度升高、劳动条件恶化。矿石氧化后还会降低选矿回收率。

有些硫化矿与空气接触发生氧化并产生热量。当其热量不能向周围介质散发时,局部热量就不断聚集,温度升高到着火点时,会引起矿石自燃。一般认为,硫化矿石含硫在18%～20%以上时,就有可能自燃,但并非所有含硫在18%～

20%以上的硫化矿石都会自燃,硫化矿石的自燃,还取决于它的许多物理化学性质。

(六)含水性

矿石吸收和保持水分的性能,称为含水性。它对放矿、运输、箕斗提升及矿仓储存有很大影响。

(七)碎胀性

矿岩从原矿体上被崩落破碎后,因碎块之间具有空隙,体积比原岩体积增大,这种性能称为碎胀性。破碎后的体积与原岩体积之比称为碎胀系数(或松散系数)。碎胀系数的大小与破碎后的矿岩块度大小及矿石形状有关。

四、矿体赋存要素

(一)走向及走向长度

对于脉状矿体,矿体层面与水平面所成交线的方向,称为矿体的走向。走向长度是指矿体在走向方向上的长度,分为投影长度(即总长度)和矿体在某中段水平的长度。

(二)矿体埋深及延深

矿体埋藏深度是指从地表至矿体上部边界的垂直距离。矿体的延伸深度是指矿体的上部边界至矿体的下部边界的垂直距离(称为垂高)或倾斜距离(称为斜长)。矿体按埋藏深度可分为浅部矿体和深部矿体。深部矿体埋藏深度一般大于 800 m。矿床埋藏深度和开采深度对采矿方法选择有很大影响。开采深度超过 800 m 的,将对井筒掘进、提升、通风、地温等带来一系列的问题;地压控制方面可能会遇到各种复杂的地压现象,如岩爆、冲击地压等。目前,我国地下开采矿山的采深多属浅部开采范围,世界上最深的矿井,其开采深度已达 4 000 m。

(三)矿体形状

金属矿床的形状、厚度及倾角对于矿床开拓与采矿方法的选择有很大影响。因此,金属矿床多以形状、厚度与倾角为依据来分类。

1. 层状矿体

这类矿床大多是沉积和沉积变质矿床,如赤铁矿、石膏矿、磷矿、煤系硫铁矿等。这类矿体产状一般变化不大,矿物组成比较稳定,埋藏分布范围较大。

2. 脉状矿体

这类矿床大多是在热液和气化作用下矿物质充填在岩体的裂隙中而形成的矿体。根据有用矿物充填裂隙的情况不同,这类矿体可呈脉状、网状。矿脉埋藏要素不稳定,常有分枝复合等现象,矿脉与围岩接触处常有蚀变现象。此类矿体多见于有色金属、稀有金属矿体。

3. 块状矿体

这类矿体主要是热液充填、接触交代、分离和气化作用形成的。其特点是矿体形状不规则,大小不一,大到有上百米的巨块或不规则的透镜体,小到仅几米的小矿巢;矿体与围岩的接触界线不明显。此类矿体常见于某些有色金属矿(铜、铅、锌等)、大型铁矿及硫铁矿等。

开采脉状和块状矿体时,由于矿体形态变化较大,巷道的设计与施工应注意探采结合,以便更好地回收矿产资源。

(四)矿体倾角

矿体倾角是指矿体中心面与水平面的夹角。矿体按倾角分类,主要是便于选择采矿方法,确定和选择采场运搬方式和运搬设备。矿体的倾角常有变化,所以一般所说的倾角常指平均倾角。

1. 水平和近水平(微倾斜)矿体

一般是指倾角为 $0°\sim5°$ 的矿体。这类矿体开采时,可将有轨设备直接驶入采场装运。如果采用无轨设备沿倾向运行,其倾角可到 $10°$ 左右。

2. 缓倾斜矿体

一般是指倾角为 $5°\sim30°$ 的矿体。这类矿体采场运搬通常用电耙,个别情况下也有采用自行设备或运输机的。

3. 倾斜矿体

通常是指倾角为 $30°\sim55°$ 的矿体。这类矿体常用溜槽或爆力运搬,有时还用底盘漏斗解决采场运搬。

4. 急倾斜矿体

一般是指倾角大于 $55°$ 的矿体。这类矿体开采时,矿石可沿底盘自溜,利用重力运搬。薄矿脉用留矿法开采时,倾角一般应大于 $60°$。

(五)矿体厚度

矿体厚度对于采矿方法选择、采准巷道布置以及凿岩工具和爆破方式的选用都有很大的影响。矿体厚度是指矿体上下盘间的垂直距离或水平距离。前者称为垂直厚度或真厚度,后者称为水平厚度。开采倾斜、缓倾斜和近水平矿体时矿体厚度常指垂直厚度,而开采急倾斜矿体时常指水平厚度。

由于矿体厚度常有变化,因此常用平均厚度表示。

1. 极薄矿体

厚度在 0.8 m 以下。开采这类矿体时,不论其倾角多大,掘进巷道和回采都要开掘围岩,以保证人员及设备所需的正常工作空间。

2. 薄矿体

厚度为 0.8~4 m。回采可以不开采围岩,但厚度在 2 m 以下时,掘进水平巷道需开掘围岩。手工开采缓倾斜薄矿体时,4 m是单层回采的最大厚(高)度。开采薄矿体一般采用浅孔落矿。

3. 中厚矿体

厚度为5~15 m。开采这类矿体时掘进巷道和回采可以不开采围岩。对于急倾斜中厚矿体可以沿走向全厚一次开采。

4. 厚矿体

厚度为15~40 m。开采这类急倾斜矿体时,多将矿块的长轴方向垂直于走向方向布置,即所谓垂直走向布置。开采这类矿体多用中深孔或深孔落矿。

5. 极厚矿体

厚度大于40 m。开采这类矿体时,矿块除垂直走向布置外,有时在厚度方向还要留走向矿柱。

五、矿床工业特征

由于成矿条件等原因,矿床地质条件一般比较复杂,这给矿床开采带来不少困难,在开采过程中对这些情况应给予足够的重视。

(一)赋存条件不确定

由于成矿的原因,矿体形态常有变化。两个相邻矿体,甚至一个矿体,其厚度和倾角在走向和倾斜方向都会有较大的变化。脉状矿体常有分枝复合、尖灭等现象,沉积矿床常有无矿带和薄矿带出现。这些地质变化大多无规律可循,使探矿工作和开采工作复杂化。除了加强地质工作外,还要求采矿方法具有一定的灵活性,以适应地质条件的变化,并注意探采结合。

(二)品位变化大

矿石的品位沿走向和倾斜方向上常有变化,有时变化幅度还较大。例如铅锌矿床,可能在某些地段铅比较富集,另一些地段则锌比较富集。矿体中有时还出现夹石,这就要求在采矿过程中按不同条件(品位、品种、倾角、厚度)划分矿块,按不同矿石品种或品级进行分采,剔除夹石,并考虑配矿问题。

(三)地质构造复杂

在矿床中常有断层、褶皱、岩脉切入以及断层破碎带等地质构造,这给采矿工作造成很大困难。例如,用长壁崩落法开采时,如出现断距大于矿体厚度的断层切断工作面,工作面就无法继续回采,必须另开切割上山,采场设备也要搬迁,这样既降低工效,又影响产量。有的矿山在开采时,会碰到大量地下水,甚至是地下热水(温泉),使开采非常困难。

(四)矿石和围岩坚固

绝大多数非煤矿岩都具有坚固性大的特点,因此凿岩爆破工作繁重,难于实现采矿工作的机械化和连续开采。

（五）矿岩含水

矿岩的含水决定排水设备的能力,含水的矿岩在回采工作和溜矿工作中容易结块。地下暗河及地下溶洞水等地下水给开采带来极大的安全隐患。

地下采矿工作的另一特点是工作地点"流动"。一个矿块采完后,人员、设备又要移到另一个矿块去,而每个矿块又都要经过生产探矿、设计、采准、切割和回采等工序。这也体现了采矿工作的复杂性。

第三节　金属矿地下开采

一、金属矿地下开采的基本要求

采矿工业生产与其他工业生产不同。首先,它是在地下作业,作业环境和劳动条件较差,开采的矿床又复杂多变,作业地点也经常变动;其次,采矿工作是不需要原料的,但保护地下矿产资源和保护环境成了对采矿工业的特殊要求。在整个矿床开采过程中,要特别注意以下要求。

（一）要确保开采工作的安全,并具有良好的劳动条件

安全生产是企业生产的重要准则。企业应该保证工人有良好的劳动条件,保障工人的身体健康。采矿工人是在地下复杂和困难的环境下工作的,更应该具有可靠的安全条件和良好的劳动环境。这是评价矿床开采优劣的重要指标。

（二）符合环境保护法的要求,减少对环境的破坏

采矿工作往往会造成地表破坏;废石的堆放及废水的排放会造成土地破坏和水源污染;废气的排放会造成空气污染;通风机和空压机的运转会产生噪声。环境的污染已越来越严重地威胁着人类的生存,在采矿设计时应采取措施,尽量防止或减少污染。

（三）高效可持续发展

1. 提高劳动生产率

矿山生产工作复杂,工序繁多,劳动繁重,因此应尽量采用高效率的采矿方法和先进的工艺技术,不断提高机械化水平,提高劳动生产率,减少井下工人人数。

2. 减少矿石的损失贫化

矿床开采过程中矿石的损失和贫化是难免的,但应该尽量减少这种质和量的损失。矿石的贫损不仅造成地下资源的损失,也增加矿石成本。

3. 降低矿石成本

矿石成本是矿床开采效果的反映,是评价矿山开采工作的一项重要的综合性指标。在采矿生产中减少材料和动力消耗,提高劳动生产率,提高出矿品位,加强生产管理,是降低矿石成本的主要途径。

4. 增大开采强度

合理地加大矿床的开采强度,可为国家提供更多的矿产原料,也有利于减少巷道维护费,有利于安全生产。

二、金属矿地下开采单元的划分

(一) 矿区的划分

矿床因成因条件的不同,其埋藏范围的大小也各有不同。相对来说,岩浆矿床的规模较小,走向长度常为数百米至一两千米,而沉积矿床埋藏规模较大,常为数千米至数十千米。缓倾斜及近水平的沉积矿床,其倾斜长度也常较大,有的可达一两千米。开采这类规模较大的矿床,就需要将矿床沿走向和倾斜方向划分成若干井田。

以开采矿产为目的的企业称为矿山。我国矿山的管理体制大多是矿业公司下设几个矿山,矿山下设一个或几个采区(或称车间)。矿井(或称坑口)是一个具有独立矿石提运系统并进行独立生产经营的开采单位。习惯上,划归矿井开采的这部分矿床称为井田(有时也称矿段)。

矿床开采前,首先要确定其开采范围,即井田尺寸。井田尺寸一般都用走向长度和倾斜长度来表示(对于急倾斜矿体,常用垂直深度表示)。

金属矿床一般埋藏范围不大,常根据其自然生成条件,划归一个井田来开采,一般井田走向长数百米至 1 000~1 500 m。一些沉积矿床,如磷矿、煤系硫铁矿、石膏矿等矿床,其埋藏范围往往较大,因此井田尺寸相对较大。井田的划分应考虑矿床的自然条件、矿井的规模和经济效益。

(二) 矿段的划分

井田沿倾斜尺寸往往较大。由于开采技术上的原因,缓倾斜、倾斜和急倾斜矿体还必须沿倾斜方向,按一定的高度,划分成若干个条带来开采,这个条带称为阶段,在矿山常称中段。

每个阶段都应有独立的通风系统和运输系统。为此,每个阶段的下部应开掘阶段运输平巷,并在其上部边界开掘阶段回风平巷。一般随着上阶段回采工作的结束,上阶段的运输平巷就作为下阶段的回风平巷。这样,阶段的范围是:沿倾斜以上下两个相邻阶段的阶段运输平巷为界,沿走向则以井田边界为界。

上下两个相邻阶段运输平巷底板之间的垂直距离,称为阶段高度。对于缓倾斜矿体,有时也以两相邻阶段运输平巷之间的斜长来表示,称阶段斜长。在矿山,常以阶段运输平巷所处的标高来命名一个阶段。

阶段沿走向很长,此时根据采矿方法的要求,将矿体沿走向每隔一段距离划分成1个块段,称为矿块。矿块是地下采矿最基本的回采单元,它也应具有独立的通风及矿石运搬系统。多数采矿方法在矿块内要开掘天井以贯通上下阶段,所以矿块之间沿走向常以天井为界。

(三)采区的划分

开采近水平矿体时,如果也按缓倾斜矿体那样划分为阶段开拓,由于阶段间的高差太小,如用竖井开拓时,井底车场不能布置;如用沿脉斜井开拓,则倾角小于5°～8°时,空车串车不能靠自重下放。因此,近水平矿体开拓时都不划分阶段而采用盘区开拓。

盘区沿倾斜方向往往较长,可达数百米,这时还要将盘区沿倾斜方向划分成若干条带,称为采区。采区是盘区开拓时的独立回采单元。

三、金属矿地下开采的顺序

(一)矿田内井田间的开采顺序

一个矿田可由若干个井田组成。在确定矿田内各井田的开采顺序时,应遵循先近后远、先浅后深、先易后难、先富后贫、综合利用的原则。

(二)井田内阶段间的开采顺序

开采急倾斜及倾斜矿体时,阶段间的开采顺序通常采用下行式,即阶段间由上向下、由浅部向深部依次开采的顺序。

下行式开采可以减少初期的开拓工程量和初期投资,缩短基建时间。另外,由浅部向深部开采,有利于逐步探清深部矿体的变化,逐步提高深部阶段矿体的勘探程度,符合矿床勘探的规律。

由下向上、由深部向浅部的开采顺序称上行式。这种开采顺序,特别对矿体较厚的倾斜及急倾斜矿体,在下部已采阶段的采空区上方回采,极不安全。一般只有用胶结体充填下部采空区或者留大量矿柱,或开采薄矿体时才有可能。

(三)阶段中矿块间的开采顺序

阶段中各矿块间的开采顺序有前进式、后退式和混合式。

1. 前进式

从主井(主平硐)附近的矿块开始,向井田边界方向的矿块依次回采的开采顺序称为前进式。

2. 后退式

从井田边界的矿块开始,向主井(主平硐)方向依次开采的顺序称为后退式。

3.混合式

走向较长的井田,初期急于投产,先采用前进式开采,待阶段运输平巷开掘到井田边界后改用后退式开采,或者前进式和后退式同时进行,这种开采顺序称为混合式。它避免了单一使用前进式或后退式的缺点。

（四）相邻矿体间的开采顺序

脉状矿床和沉积矿床的矿体,常可能成群(2个或2个以上)出现而且往往脉(层)间距不大。对于这类近距离矿脉(层)群,必须按一定的顺序进行开采。

急倾斜矿体开采后,上下盘围岩都可能要发生垮落和移动,其移动的界线以移动角来表示,即上盘岩层移动角和下盘岩层移动角。当矿体倾角不大于下盘岩层移动角时,下盘岩层就不移动。应该指出,这种岩层移动对地表的影响,一般应从矿体的最深部位算起,而对于相邻的矿脉(层)间开采的影响,则局限于一个阶段高度的范围内。

四、金属矿地下开采的步骤

矿床进行地下开采时,一般都按照矿床开采四步骤,即按照开拓、采准、切割、回采的步骤进行。

（一）开拓

从地表开掘一系列的巷道到达矿体,形成矿井生产所必不可少的行人、通风、提升、运输、排水、供电、供风、供水等系统,以便将矿石、废石、污风、污水运(排)到地面,并将设备、材料、人员、动力及新鲜空气输送到井下,这一工作称为开拓。

（二）采准

采准是在已完成开拓工作的矿体中掘进巷道,将阶段划分为矿块(采区),并在矿块中形成回采所必需的行人、凿岩、通风、出矿等条件。掘进的巷道称为采准巷道。一般主要的采准巷道有阶段运输平巷、穿脉巷道、通风行人天井、电耙巷道、漏斗井、斗穿、放矿溜井、凿岩巷道、凿岩天井、凿岩硐室等。

（三）切割

切割工作是指在完成采准工作的矿块内,为大规模回采矿石开辟自由面和补偿空间。矿块回采前,必须先切割出自由面和补偿空间。凡是为形成自由面和补偿空间而开掘的巷道,称为切割巷道,如切割天井、切割上山、拉底巷道等。不同的采矿方法有不同的切割巷道。切割工作的任务就是辟漏、拉底、形成切割槽。

（四）回采

在矿块中做好采准切割工程后,进行大量采矿的工作,称为回采。回采工作一般包括落矿、采场运搬、地压管理三项主要作业。当矿块划分为矿房和矿柱进行两步骤开采时,回采工作还应包括矿柱回采。

五、三级矿量

开拓、采准、切割和回采这四个开采步骤的实施过程,也是矿块供矿能力的逐步形成和消失过程,四者之间应保持正常的协调关系,以使矿山保持持续均衡的生产。如果配合失调,就会导致回采矿块接替紧张,使矿山生产被动,产量下降,乃至停产。为此,每个矿山必须做到开拓超前于采准,采准超前于切割,切割超前于回采。这种超前关系是指在时间上和空间上的超前。例如,在矿山正常生产时期,就可能有 1~2 个阶段进行回采和切割,有一个阶段进行采准和开拓,另有一个阶段专门进行开拓。

掘进和采矿是矿山的两项主要工作,要采矿必须先掘进。因此,必须正确处理好采矿掘进关系,以"采掘并举,掘进先行"的方针指导矿山生产,才能使矿山持续均衡生产。

为了协调开拓、采准、切割之间的关系,应当采用网络计划方法。国家为了考核一个矿山的采掘关系,保证各开采步骤间的正常超前关系,依据矿床开采准备程度的高低,将矿量划分为三个等级,即开拓矿量、采准矿量及备采矿量。有关部门对矿山三级矿量的界限和保有期限做出了规定。

（一）开拓矿量

凡按设计规定在某范围内的开拓巷道全部掘进完毕,并形成完整的提升、运输、通风、排水、供风、供电等系统的,则此范围内开拓巷道所控制的矿量,称为开拓矿量。

（二）采准矿量

在已完成开拓工作的范围内,进一步完成开采矿块所用采矿方法规定的采准巷道掘进工程的,则该矿块的储量即为采准矿量。采准矿量是开拓矿量的一部分。

（三）备采矿量

在已进行了采准工作的矿块内,进一步全部完成所用采矿方法规定的切割工程,形成自由面和补偿空间等工程的,则该矿块内的储量称为备采矿量。备采矿量是采准矿量的一部分。

我国有关部门以矿山年产量为单位,对矿山三级矿量保有年限做有一般规定,允许各矿对三级矿量的保有期限,由矿床赋存条件、开拓方式、采矿方法、矿山装备水平和技术水平以及矿山年产量等因素决定,有一定的灵活性。例如,矿石和围岩不稳固的矿山,巷道维护困难,以及开采有自然发火的矿体时,其采准和备采矿量的保有期可以短些;对于小型矿山,也可适当降低要求。应该指出,过长的保有期限,会造成矿山资金的积压。

六、金属矿地下开采的损失贫化

(一)矿石的损失

在开采过程中,由于种种原因使矿体中一部分矿石未采下来或虽已采下来但却散失于地下而未运出来,此现象称为矿石损失。损失的工业矿石量与工业矿量之比称为损失率。采出的工业矿石量与工业矿量之比称为回收率。损失率和回收率均用百分数表示,二者之和为1。

(二)矿石的贫化

开采过程中,由于采下的矿石中混入了废石,或由于矿石中有用成分变成粉末而损失,致使采出的矿石品位低于工业矿石的品位,此现象称为矿石的贫化。采出矿石品位降低值与原工业矿石品位的比值称为贫化率,也用百分数来表示。

(三)岩石(废石)的混入

在矿床的开采过程中,由于技术原因,采出的矿石中不可能完全都是工业矿石,必有一部分废石混入到采出矿石中来,增加了采出矿石量,此现象称为岩石混入或混入岩石。混入的岩石量与采出的矿石量之比称为废石混入率(混入废石率)。

当然,需要说明的是,当混入的废石(围岩)品位为零时,在数值上废石混入率和贫化率相等。

第四节 地质作用、成矿作用与地质构造

地质作用指的是由于地球内部和太阳能量的作用,会使地表形态、地壳内部物质组成及结构等不断发生变化。在地球的演化过程中,使分散存在的有用物质(化学元素、矿物、化合物)在一定地质环境中富集而形成矿床的各种地质作用称为成矿作用。地壳受地球内力作用,导致组成地壳的岩层呈现倾斜、弯曲和断裂的状态,称为地质构造。矿山地质工作是指在矿山基建、生产直至开采结束过程中所开展的一系列地质工作。

一、地质作用

根据地质作用动力来源的不同,地质作用可分为内动力地质作用和外动力地质作用。

（一）内动力地质作用

内动力地质作用是指主要由地球内部能量引起的地质作用。它一般起源和发生于地球内部，但常常可以影响到地球的表层，如火山作用、构造运动及地震作用等。

1. 构造作用

构造作用是指由地球内部能量引起的地壳或岩石圈物质的机械运动的作用。

2. 岩浆作用

地下温度高达 1 000 ℃ 的液态岩浆，沿薄弱带上移或喷溢到地表的作用过程称为岩浆作用。

3. 变质作用

变质作用是指在地下特定的地质环境中，由于物理和化学条件的改变，使原来的岩石基本上在固体状态下发生物质成分与结构构造的变化，从而形成新的岩石的作用过程。

（二）外动力地质作用

外动力地质作用是指大气、水和生物在太阳能、重力能的影响下产生的动力对地球表层所进行的各种作用。

1. 风化作用

指在地表或近地表的环境下，由于气温、大气、水及生物等因素作用，使地壳或岩石圈的岩石和矿物在原地遭到分解或破坏的过程。

2. 剥蚀作用

指各种地质营力（如风、水、冰川等）在作用过程中对地表岩石产生破坏并将它们搬离原地的作用。

3. 搬运作用

指经过风化、剥蚀作用剥离下来的产物，经过介质从一个地方搬运到另一个地方的过程。

4. 沉积作用

指由水、风等各种营力搬运的物质，由于介质动能减小或条件发生改变以及在生物的作用下，在新的场所堆积下来的作用。

二、成矿作用

成矿作用通常按成矿的地质环境、能量来源和作用方式划分为内生成矿作用、外生成矿作用和变质成矿作用，并相应地将形成的矿床划分为内生矿床、外生矿床和变质矿床 3 种基本成因类型。

（一）内生成矿作用

内生成矿作用主要是指由于地球内部能量包括热能、动能、化学能等的作用，导致在地壳内部形成矿床的各种地质作用。按其含矿流体性质和物理化学条件不同，可分为以下几种。

1. 岩浆成矿作用

在岩浆的分异和结晶过程中，有用组分聚集成矿，形成岩浆矿床。

2. 伟晶成矿作用

富含挥发组分的岩浆，经过结晶分异和气液交代，使有用组分聚集形成伟晶岩矿床。

3. 接触交代成矿作用

在火成岩体与围岩接触带上，由于气液交代作用而形成接触交代矿床。

4. 热液成矿作用

在含矿热液活动过程中，使有用组分在一定的构造、岩石环境中富集，形成热液矿床。

（二）外生成矿作用

外生成矿作用是指在地壳表层，主要在太阳能影响下，在岩石、水、大气和生物的相互作用过程中，使成矿物质聚集的各种地质作用。外生成矿作用可分为风化成矿作用（形成风化矿床）和沉积成矿作用（形成沉积矿床）。

（三）变质成矿作用

变质成矿作用指在区域变质过程中发生的成矿作用或使原有矿床发生变质改造的作用，其所形成的矿床为变质矿床。就本质看，变质成矿作用是内生成矿作用的一种，其特点是成矿物质的迁移、富集或改造基本上是在原有含矿岩系中进行的。

三、地质构造

地质构造包括褶皱构造和断裂构造两大类。

（一）褶皱构造

褶皱是由于岩石中原来近于平直的面由于受力而发生弯曲变形，变成了曲面而表现出来的构造。

褶皱的形态虽然多种多样，但从单一褶皱面的弯曲看，其基本形态有两种：背斜和向斜。背斜是指两侧褶皱面相背倾斜的上凸弯曲；向斜是指两侧褶皱面相对倾斜的下凹弯曲。就褶皱内地层时代而言，背斜核部地层较老，向翼部地层时代逐渐变新；向斜恰好相反。

（二）断裂构造

断裂构造是由于岩层受力发生脆性破裂而产生的构造。它与褶皱构造的不同之处在于,褶皱构造岩层仅发生弯曲变形,连续性未受到破坏;而断裂构造岩层的连续性受到破坏,岩层块沿破裂面发生位移。根据相邻岩块沿破裂面的位移量,又可分为节理和断层。

（三）岩层产状

走向:岩层面与水平面的交线方向。

倾向:岩层垂直于走向的倾斜方向,即向下延伸的方向。

倾角:岩层面与水平面的夹角。

第三章　凿岩与爆破

第一节　矿岩性质

一、影响凿岩爆破的性质

影响凿岩爆破的性质主要有以下几种。

（一）强度

矿岩的强度是指岩石承受载荷的能力，即开始破坏的极限临界应力值。矿岩的强度有抗拉强度、抗剪强度、抗压强度等。

矿岩的抗压强度介于 200～300 MPa 范围，抗剪强度只有抗压强度的 8%～12%，抗拉强度只有抗压强度的 2%～6%，其数值的大小顺序是：单向抗拉强度＜单向抗剪强度＜单向抗压强度＜两向抗压强度＜三向抗压强度。因此，要使矿岩破坏，应尽可能使其处于拉伸、剪切的状态。

（二）弹性、塑性和脆性

弹性是矿岩除去外力后，恢复其原来形状和体积的性能。弹性大的矿岩，在凿岩爆破时不易破坏。在破坏前具有明显残余变形的矿岩称为塑性矿岩，几乎没有残余变形的矿岩称为脆性矿岩。金属矿山经常遇到的矿岩大多数属于脆性矿岩。

（三）硬度

硬度是矿岩抵抗工具侵入的能力。凡是用刃具切削或挤压的方法凿岩，首先必须使工具侵入矿岩才能达到钻进的目的。因此，研究硬度具有重要意义。矿岩的硬度取决于其组成，即取决于矿物颗粒的硬度、形状、大小、晶体结构以及颗粒间胶结物的情况等，硬度越大凿岩越困难。

（四）磨蚀性

磨蚀性一般指在矿岩表面与工具作用过程中，矿岩对工具的磨损。磨蚀性越强，对工具的磨损越大，对凿岩工作越不利。

二、岩石的分级

此处所讲的对岩石(矿石)的分级主要是反映岩石的凿岩性能。岩石的可钻性是表示在岩石上钻(凿)孔时,破碎岩石的难易程度的一种概念,也可代表一种综合指标。研究岩石可钻性的主要目的是:合理选择和正确使用凿岩设备,以取得最佳效果。

(一)岩石的坚固性分级

岩石坚固性分级是目前矿山广泛应用的一种分级方法。这种分级方法认为,岩石破碎的难易程度和岩体的稳定性这两个方面趋于一致,也就是说,岩石难以破碎的程度也较为稳定。这一分级方法是由苏联学者普罗特基雅柯诺夫按当时采掘工业水平提出的。对岩石依上述原则进行定量分级的方法,称为普氏分级法。它根据岩石坚固性的不同,将岩石划分为十级,见表3-1。

表 3-1 普氏岩石分级表

等级	坚固程度	代表性岩石	f
Ⅰ	最坚固的岩石	最坚固、最致密和韧性强的玄武岩石及石英岩;其他各种特别坚固的岩石	20
Ⅱ	很坚固的岩石	很坚固的花岗岩、石英斑岩、硅质片岩、某些石英岩、最坚固的砂岩和石灰岩	15
Ⅲ	坚固的岩石	致密的花岗岩及花岗质岩石、很坚固的砂岩和石灰岩、石英质矿脉、坚固的砾岩、很坚固的铁矿石	10
Ⅲa	坚固的岩石	坚固的石灰岩、不坚固的花岗岩、坚固的砂岩、坚固的大理岩、白云岩、黄铁矿	8
Ⅳ	相当坚固的岩石	一般的砂岩、铁矿石	6
Ⅳa	相当坚固的岩石	硅质页岩、页岩质砂岩	5
Ⅴ	中等坚固的岩石	坚固的黏土质岩石、不坚固的砂岩和石灰岩	4
Ⅴa	中等坚固的岩石	各种不坚固的页岩、致密泥质岩	3
Ⅵ	相当软弱的岩石	软的页岩、很软的石灰岩、白垩、岩盐、石膏、冻土、无烟煤、普通泥灰岩、裂缝发育的砂岩、胶结砾石、岩质土壤	2
Ⅵa	相当软弱的岩石	碎石质土壤、裂缝发育的灰岩、凝结成块的砾石和碎石、坚固的软硬化黏土	1.5
Ⅶ	软土	致密的黏土、软弱的烟煤、坚固的冲积-黏土质土壤	1.0
Ⅶa	软土	轻砂质黏土、黄土、砾石	0.8

表 3-1（续）

等级	坚固程度	代表性岩石	f
Ⅷ	壤土状土	腐殖土、泥煤、轻砂质土壤、湿砂	0.6
Ⅸ	松散土	沙、山坡堆积、细砾石、松土、采出的煤	0.5
Ⅹ	流动性土	流沙、沼泽土壤、含水黄土及含水土壤	0.3

（二）岩石的可钻性分级

这种分级方法是单项分级，采用两个指标：一是凿碎比功，即破碎单位体积岩石所需要的功，它表示岩石钻凿的难易程度；二是钎刃磨钝宽度，它反映岩石的磨蚀性。

岩石根据凿碎比功的大小分为七级，按钎刃的磨钝宽度分为三级，见表 3-2 及表 3-3。这一分级方法由东北大学提出。大量矿山实践证明，这种分级与凿岩难易程度的相关性很高。

表 3-2　岩石可钻性级别表

岩石级别	软硬程度	凿碎比功（能）$W/(\text{J/cm}^3)$
Ⅰ	极软	$W<20$
Ⅱ	软	$20<W<30$
Ⅲ	较软	$30<W<40$
Ⅳ	中硬	$40<W<50$
Ⅴ	较硬	$50<W<60$
Ⅵ	硬	$60<W<70$
Ⅶ	极硬	$W>70$

表 3-3　岩石磨蚀性分级表

岩石级别	磨蚀性	钎刃磨钝宽度/mm
一	弱	<0.2
二	中	$0.3\sim0.6$
三	强	>0.8

第二节　地下凿岩设备

一、凿岩机械分类

凿岩机械根据应用的动力可以分为气动(风动)、液压、电动、内燃、水压,气动的有气动凿岩机和气动潜孔钻机,液压的有支腿式和导轨式,电动的有手持式、支腿式和导轨式;按用途分为掘进凿岩台车(钻车)和采矿凿岩台车;按行走方式分为轨轮式、履带式和轮胎式;按辅助设备可以分为支腿式、钻架式和台车式。

凿岩机械型号应该表示出每种产品的名称、结构形式、用途和主要规格,从而使人们一看到凿岩机械的型号就有一个明晰的概念。凿岩机械的型号是按类、组、型分类原则编制的,一般由类、组、型代号与主要参数代号两部分组成。如需增添特性代号时,其特性代号置于类、组、型代号与主要参数代号之间。

二、凿岩机具

矿山井巷掘进和矿石回采工作主要采用凿岩爆破的方法,通常需要在岩石和矿石中钻凿不同深度、不同直径的孔眼。根据所钻凿的孔深和孔径的不同,分为浅孔凿岩、中深孔凿岩及深孔凿岩。

一般孔深小于 3～5 m、孔径为 30～46 mm 的称为浅孔,孔深为 5～15 m、孔径为 50～70 mm 的称为中深孔,孔深大于 15 m、孔径大于 90 mm 的称为深孔。

(一)钎头

钎头是直接破碎矿岩的部分,它的形状、结构、材质、加工工艺等是否合理,都直接影响凿岩效率及其本身的使用寿命。依钎头形状、尺寸的不同,其上硬质合金可分为片状和柱齿状两种。硬质合金片镶制的钎头有一字形钎头、十字形钎头等。钎头直径通常为 38～43 mm。

(二)钎杆

钎杆是由钎梢、钎身、钎肩和钎尾等组成的。钎杆断面形状通常有内切圆直径为 22 mm、25.4 mm 的中空六角形和直径为 32 mm 的中空圆形,中心孔径为 5～7 mm。在钎杆断面积相等的条件下,六角形断面的抗弯能力、相对强度都比圆形断面的更佳,并且排粉间隙大,排粉效果好。因此,浅孔凿岩用的钎杆,大都是中空六角形断面。

(三)气动凿岩机

气动凿岩机也称风动凿岩机,是用压气驱动,以冲击为主,间歇回转(内回转式凿岩机)或连续回转(独立回转式凿岩机,也称外回转式凿岩机)的一种小直径的凿岩设备。目前我国地下金属矿山凿岩作业主要还是用气动凿岩机,少数有条件的矿山采用液压凿岩机。同时,在铁路、公路、水电建设和国防施工中气动凿岩机也是不可缺少的重要施工机具。气动凿岩机按支撑方式分为四种机型。

1. 手持式凿岩机

这类凿岩机较轻,一般在 25 kg 以下,工作时用手扶着操作。它可以打各种小直径和较浅的炮孔,一般只打向下的孔和近于水平的孔。由于它靠人力操作,劳动强度大,冲击能和扭矩较小,凿岩速度慢,现在地下矿山很少用它。属于此类的凿岩机有 Y3、Y26 等型号。

2. 气腿式凿岩机

如前所述,这类凿岩机安装在气腿上进行操作,气腿能起支撑和推进作用,这就减轻了操作者的劳动强度,凿岩效率比前者高,可钻凿深度为 2～5 m、直径为 34～42 mm 的水平或带有一定倾角的炮孔,为矿山广泛使用。YT-23(7655)、YT-24、YT-28、YTP-26 等型号均属于此类凿岩机。

3. 上向式(伸缩式)凿岩机

这类凿岩机因气腿与主机在同一纵轴线上,并连成一体,又有"伸缩式凿岩机"之称,专用于打 60°～90°的向上炮孔,主要用于采场和天井中凿岩作业。一般其质量为 40 kg 左右,钻孔深度为 2～5 m,孔径为 36～48 mm,YSP-45 型凿岩机属于此类。

4. 导轨式凿岩机

该类型凿岩机机器质量较大(一般为 35～100 kg),一般安装在凿岩钻车或柱架的导轨上工作,因而称为导轨式。它可打水平和各个方向的炮孔,孔径为40～80 mm,孔深一般在 5～10 m 或以上,最深可达 20 m。YG-40、YG-80、YGZ-70、YGZ-90 等型号属于此类。

(四)液压凿岩机

液压凿岩机按其配油方式可分为有阀型和无阀型两大类。前者按阀的结构又可分为套阀式和芯阀式(或称外阀式);按回油方式分,又有单面回油和双面回油两种,在单面回油中,又分前腔回油和后腔回油两种。常用型号有 YYG-20、YYG-260B、YYG-90A(单面回油)、YYG-80(双面回油)。

液压凿岩机的结构与气动凿岩机基本相同,主要由冲击机构、转钎机构、钎尾反弹吸收装置和机头部分(内含供水装置与防尘系统等部分)组成。

(五)掘进凿岩台车

掘进凿岩台车也称掘进凿岩钻车,掘进凿岩台车主要用于地下矿山巷道、铁路与公路隧道、水工涵洞等地下掘进工程,也可用于钻凿锚杆孔、充填法或房柱法采矿的炮孔,它适用于巷道断面为 $3.2\sim150$ m² 的场合。

掘进凿岩台车的机构主要包括推进器、钻臂、操作台、动力系统(压气、电、水、液压)和行走底盘。

(六)采矿凿岩台车

采矿凿岩台车也称钻车,是为回采落矿而进行钻凿炮孔的设备。不同的采矿方法,需要钻凿不同方向、不同孔径、不同孔深的炮孔,因此也就有了不同种类的地下采矿凿岩台车。

凿岩台车的基本动作有行走、炮孔的定位与定向、推进器补偿、凿岩机推进、凿岩钻孔五种功能,分述如下。

(1)凿岩台车的行走

地下采矿钻车一般都要能自行移动,行走方式可分为轨轮、履带、轮胎,行走驱动力可由液压马达或气动马达提供。

(2)炮孔的定位与定向

采矿钻车要能按采矿工艺所要求的炮孔位置与方向钻孔,炮孔的定位与定向动作由钻臂变幅机构和推进器的平移机构完成。

(3)推进器的补偿运动

推进器的前后移动又称为推进器的补偿运动,一般都由推进器的补偿油缸完成。

(4)凿岩机的推进

在采矿钻车凿岩作业时,必须对凿岩机施加一个轴向推进力(又称轴压力),以克服凿岩机工作时的后坐力(又称反弹力),使得钻头能够贴紧炮孔底部的岩石,以提高凿岩钻孔的速度。凿岩机的推进动作是由推进器完成的。

(5)凿岩钻孔

这是钻车最基本的动作,由凿岩系统完成。

除了以上五种基本功能外,还有钻车的调水平、稳车、接卸钻杆、夹持钻杆、集尘等辅助功能。

为完成钻车的各个动作,钻车必须具备相应的机构,这些不同的机构又可划分为三大部分。

(1)底盘

底盘可完成转向、制动、行走等动作。钻车底盘的概念常把内燃机等原动机也包括在内,是工作机构的平台。

(2)工作机构

钻车的工作机构可完成炮孔定位、定向、推进、补偿等动作,由定位系统和推进系统组成。

（3）凿岩机与钻具

凿岩机与钻具可完成破岩钻孔作业，凿岩机有冲击、回转、排碴等功能。凿岩机可分为液压凿岩机与气动凿岩机两大类，钻具由钎尾、钻杆、连接套、钻头组成。

（七）潜孔钻机

潜孔钻机的工作原理和普通冲击回转式风动凿岩机一样。风动凿岩机将冲击回转机构组合在一起，冲击能通过钻杆传递给钻头；而潜孔钻机将冲击机构（冲击器）独立出来，潜入孔底，无论钻孔多深，钻头都是直接安装在冲击器上，不用通过钻杆传递冲击能，因而减少了冲击能的损失。潜孔钻机也正是由于冲击机构潜入孔底而得名，其中潜孔钻机分露天和地下两大类。地下潜孔钻机由于受空间限制，一般结构紧凑、体积小、拆装方便，多数采用钻架支撑；大型地下潜孔钻机自带行走机构。地下潜孔钻机的穿孔直径为 80～200 mm，以孔径 100 mm 左右为主。露天潜孔钻机分为轻型、中型和重型。轻型一般本身不带空压机和行走机构，另配空压机和钻架，近几年生产的也有自带行走机构的，机体质量在 10 t 以下，孔径 100 mm 左右；中型一般自带履带式行走机构，不带空压机，机体质量 15～20 t，孔径 150～170 mm；重型自带空压机和履带式行走机构，机体质量 30～50 t，孔径大于 200 mm。

QZJ 型井下潜孔钻机不论 80A、100A 或 100B 型，构造和工作原理都基本相同，由钻具、回转供风机构、推进调压机构、操纵机构、凿岩钻架（支柱）等部分组成。

第三节　露天凿岩设备

一、露天潜孔钻机

潜孔钻机是我国金属露天矿的重要钻孔设备。潜孔钻机除钻凿露天矿的主爆破孔外，还用于预裂孔、锚杆孔、地下水疏干孔及边坡处理孔的钻凿。露天潜孔钻机按吨位和钻孔直径不同，分为以下三种。

（1）轻型潜孔钻机。机体质量小于 10 t，钻孔直径为 80～100 mm，由管路供给压气，电动履带自行。

（2）中型潜孔钻机。机体质量 10～15 t，钻孔直径为 150 mm，由管路供给压气，电动履带自行。

（3）重型潜孔钻机。机体质量大于 20 t，钻孔直径为 200～250 mm，自带空气压缩机，电动履带自行。

履带行走装置上是型钢焊接的机架,机架右侧为司机室,内装钻机的操纵装置;机架左侧是除尘器,被压气从孔内吹出的岩粉经防尘罩被吸入除尘器,除尘后的废气从排气管排出。钻架由两根槽钢和连接钢件焊接制成,铰接在机架前端,可用主轴带动钻架起落机构使之俯仰,定位后将销子插入撑竿的内外套管内,使之固定。回转机构用滑板装在钻架上,可以操纵推压提升机构使之沿钻架上下移动。主钻杆的上下端分别扭接在回转机构和冲击器上,冲击器在回转机构带动下旋转,并由推压提升机构给予轴推力。为了增加钻进时的稳定性,在钻架下端装有托钎器和千斤顶。在主钻杆旁边的下送杆器和上送杆器上装有副钻杆,主钻杆钻完后,可用送杆器将它送至主钻杆上面,扭接在回转机构和主钻杆上,两根钻杆连接后的钻孔深度可达 17.5 m。机架后端的上部装有推压提升机构的电动绞车,下部装有主电动机。主电动机通过皮带驱动主轴,主轴可通过齿轮和链传动使履带行走,还可以通过齿轮传动使钻架起落机构运转。

二、牙轮钻机

KY-310A 型牙轮钻机孔径为 250~310 mm,孔深为 18 m,适用于大中型露天矿山。KY-310A 型钻机的构造特点是:以三牙轮钻头作钻具,滑架式顶部回转,钻具转速能无级调节,封闭链条一齿条连续加压,进给速度能无级调节,可选用干式或湿式除尘并具有履带自行式行走机构。它主要由钻具、钻架与机架、回转供风机构、加压提升机构、接卸及存放钻杆机构、起落钻架机构、稳车千斤顶、行走机构、除尘系统、司机室和机棚的净化装置,以及风、水、油、电的控制系统等部分组成。

第四章　地下采矿工程

第一节　矿床开拓方法

矿床埋藏在地下数十米至数百米,甚至更深。为了开采地下矿床,必须从地面掘一系列井巷通达矿床,以便人员、材料、设备、动力及新鲜空气能进入井下,采出的矿石、井下的废石、废气和井下水能排运到地面,亦即要建立矿床开采时的行人、运输、提升、通风、排水、供风、供水、供电、充填等系统,这一工作称为矿床开拓。这些系统不一定每个矿山都有,例如,用充填法开采时才有充填系统,用平硐开拓时可不设机械排水系统。

矿床开拓是矿山的主要基本建设工程。一旦开拓工程完成,矿山的生产规模等就已基本定型,很难进行大的改变。矿井开拓方案的确定是一项涉及范围广、技术性与政策性很强的工作,应予以重视。

开拓井巷按照所担负的任务,可分为主要开拓井巷和辅助开拓井巷两类。用于运输和提升矿石的井巷称为主要开拓井巷,如作为主要提运矿石用的平硐、竖井、盲竖井、斜井、盲斜井以及斜坡道等;用于其他目的的井巷,一般只起到辅助作用的称为辅助开拓井巷,如通风井、溜矿井、充填井、石门、井底车场及阶段运输平巷等。

矿床开拓方法都以主要开拓井巷来命名,例如,主要开拓巷道为竖井时,称为竖井开拓法。地下矿床开拓方法很多,作为开拓方法分类,应力求简单,概念明确,并且要能够适应新技术发展的需要。一般,开拓方法分成两大类,即单一开拓法和联合开拓法。凡在一个开拓系统中只使用一种主要开拓井巷的开拓方法称为单一开拓法;在一个开拓系统中,同时采用两种或多种主要开拓井巷的开拓方法称为联合开拓法。例如上部矿体采用平硐开拓,下部矿体采用盲竖井开拓,这就构成了联合开拓法。

随着井下无轨采矿设备的出现,开始出现斜坡道开拓的矿井。斜坡道是用于行走无轨设备的斜巷,无轨设备可以从地面直驶井下工作地点,但斜坡道施工工程量大,只有特大型矿山才用斜坡道运送矿石。

一、竖井开拓法

主要开拓巷道采用竖井的开拓方法称为竖井开拓法。当矿体倾角大于45°或小于15°,且埋藏较深时,常采用竖井开拓。由于竖井的提升能力较大,故常用于大中型矿井。竖井开拓法在矿床开采中被广泛采用。

竖井内的提升容器可以是罐笼或箕斗,或既有罐笼又有箕斗,这些井筒分别称为罐笼井、箕斗井和混合井。罐笼提升灵活性大,但生产能力低;箕斗提升能力大,但不能提升人员和材料,装矿、卸矿系统复杂。一般认为,矿石年产量在30万t以下,井深在300 m左右时,采用罐笼提升;矿石年产量超过50万t,深度大于300 m时,通常采用箕斗提升;当开拓深度较大、地质条件复杂、施工困难时,为减少开拓工程量和适当减少井筒数目,可考虑采用混合井。

竖井根据其与矿体位置的不同有下盘竖井、上盘竖井、侧翼竖井和穿过矿体的竖井四种。

(一)下盘竖井开拓法

每个阶段从竖井向矿体开掘阶段石门通达矿体。这种开拓方法是竖井开拓中应用最多的方法。

下盘竖井井筒处于不受矿体开采影响的安全位置,不需留保护矿柱。其缺点是竖井越深,特别是矿体倾角较小时,石门长度越大。

(二)上盘竖井开拓法

每个阶段从竖井向矿体开掘阶段石门,阶段石门穿过矿体后再在矿体或下盘岩石中开掘阶段运输平巷。上盘竖井开拓法的缺点是一开始就要开掘很长的阶段石门,基建时间长,初期投资大。

(三)侧翼竖井开拓法

侧翼竖井开拓法是指将主竖井布置在矿体走向一端的端部围岩或下盘围岩中的开拓方法。此时从竖井向矿体开掘阶段石门后只能单向掘进阶段运输平巷,故矿井的基建速度慢。

(四)穿过矿体竖井开拓法

当矿体倾角很小,平面投影面积很大时,可采用竖井穿过矿体开拓法。若采用下盘竖井开拓,则石门长度非常长。采用竖井穿过矿体方案需留保安矿柱。当矿体埋藏深度不大,矿体倾角很缓时,保安矿柱矿量不大,矿石损失有限。例如在开采水平及缓倾斜矿体时较广泛采用这种方法。

二、斜井开拓法

用斜井作为主要开拓巷道的开拓方法称斜井开拓法。它主要适用于倾角

$15°\sim45°$的矿体、埋藏深度不大、表土不厚的中小型矿山。但采用胶带运输机的斜井可适用于埋藏较深的大型矿井,且可实现自动化。斜井开拓与竖井开拓相比具有施工简便、投产快等优点,但开采深度及生产能力受提升能力限制,不能太大。

根据所用的提升容器,对斜井倾角有不同的要求:胶带运输机,不大于$18°$;串车提升,不大于$25°\sim30°$;箕斗和台车,不小于$30°$。但是倾角大的斜井施工和铺轨都很复杂,一般使用很少。斜井按其与矿体的相对位置,可分为脉内、下盘、侧翼三种。

(一)脉内斜井开拓法

脉内斜井开拓是将斜井开掘在矿体内靠近底板的位置上,它适用于矿体倾角稳定、底板起伏不大、矿体厚度不大的缓倾斜矿体。

(二)下盘斜井开拓法

斜井通过阶段石门与矿体联系,石门长度视围岩稳固程度而定,要求斜井上部矿体开采时产生的压力不致影响斜井的维护为宜,一般不小于 5 m。考虑这段距离时,还应该考虑到斜井车场布置时与阶段运输平巷相连所需的距离。

当矿体倾角小于或等于所选用的提升容器要求的极限倾角时,斜井倾角与矿体倾角相同;反之,斜井必须呈伪倾斜开掘。

(三)侧翼斜井开拓法

这种开拓方法主要是用于矿体受地形或地质构造的限制,无法在矿体的其他部位布置斜井时;特别是矿体走向不大时,侧翼式开拓有可能减少运输费用和开拓费用。

胶带运输机斜井开拓在我国有应用,最大长度已达 800 m 以上。

三、平硐开拓法

以平硐为主要开拓巷道的开拓方法称为平硐开拓法。平硐开拓法只能开拓地表侵蚀基准面以上的矿体或部分矿体。矿体赋存高度较大时,可以采用多个平硐开拓,一般最低的平硐称为主平硐,它担负上部各阶段矿石的集中运输任务,上部各阶段的矿石都通过溜井(个别矿用地表明溜槽)溜放到主平硐。上部各阶段可以与地面贯通,也可不贯通,但为了施工、排废石和通风方便,多数矿山都与地表贯通。

主平硐与上部各阶段间人员、材料和设备的运送,有时通过辅助井筒(竖井、斜井、盲竖井、盲斜井)提升,有时也通过地面公路连通上部各平硐口。

平硐开拓法在我国矿山中应用较广,主平硐最长的达 7 000 多米。这类长平硐开拓时,为缩短基建时间,常采取在平硐的中部位置开掘措施井(斜井、竖井)的办法进行多头掘进。

平硐开拓法具有施工简单,速度快,无须开掘井底车场以及不需要提升、排水设备等主要优点,凡具备平硐开拓条件的矿山一般都优先选用平硐开拓法。

平硐开拓法视平硐与矿体的相对位置关系有穿脉平硐开拓法和沿脉平硐开拓法。这主要是取决于外部运输及工业场地与矿体联系的方便程度。

（一）穿脉平硐开拓法

主平硐与矿体垂直或斜交的平硐称为穿脉平硐。根据平硐进入矿体时所在的位置可分下盘穿脉平硐和上盘穿脉平硐两类。

主平硐从矿体上盘进入矿体。为使其不受下部矿体开采时岩层移动的影响,开采平硐下部的矿体时,需要留保安矿柱。

（二）沿脉平硐开拓法

平硐开掘方向与矿体走向平行的平硐称沿脉平硐。根据其所在位置可分为脉外平硐和脉内平硐两类。

这种开拓方法投资少、出矿快,并可起到勘探作用,所以多为小型矿山所采用。

四、斜坡道开拓法

近几十年来,以铲运机为代表的地下无轨采矿设备广泛使用。铲运机集铲装、运输、卸载三功能于一体,不需经过中转环节,因而工作简单、效率高、产量大。特别是大型地下自卸汽车得到了广泛应用。斜坡道就是适应无轨设备通行而产生的。

斜坡道是一种行走无轨设备的倾斜巷道。用斜坡道作为主要开拓巷道的开拓方法称为斜坡道开拓法。斜坡道一般宽 4～8 m,高 3～5 m,坡度为 10％～15％。使用大型设备时斜坡道弯道半径大于 20 m,使用中小型设备时大于 10 m,路面结构根据其服务年限可以是混凝土路面或碎石路面。斜坡道开拓适用于开采大型或特大型的矿体;斜坡道的形式有螺旋式和折返式两种。

五、联合开拓法

采用两种或两种以上的主要开拓巷道联合开拓一个井田的方法称联合开拓法。

用平硐开拓时,平硐以下矿体的开拓以及某些埋藏较深的矿床,或者生产矿井深部发现新矿体时,限于提升能力的关系,对深部矿体采用盲井开拓都可构成联合开拓。

联合开拓法根据井筒类型的不同可分为平硐与盲井（盲竖井、盲斜井）联合开拓法、竖井与盲井(盲竖井、盲斜井)联合开拓法、斜井与盲井(盲竖井、盲斜井)联合开拓法、斜坡道联合开拓法。

（一）平硐与盲井(盲竖井、盲斜井)联合开拓法

平硐以下矿体采用盲竖井或盲斜井开拓的平硐与盲井联合开拓法。受地形限制,采用盲井开拓,下部矿体可以大幅度减少石门长度,但是增加了提升系统,加大了工程量和运输的转运环节。这种方法一般在下列条件下应用:

（1）矿体部分赋存在地平面以上,部分赋存在地平面以下;上部采用平硐溜井开拓法,采用平硐与盲井(盲竖井、盲斜井)联合开拓法开拓地平面以下的矿体。

（2）矿体全部赋存在地平面以下,但地表地形限制不能开掘明竖井或明斜井,故采用平硐与盲井(盲竖井、盲斜井)联合开拓法开拓地平面以下的矿体。

（二）竖井与盲井(盲竖井、盲斜井)联合开拓法

一般在下述情况下应考虑用竖井与盲竖井或盲斜井联合开拓:

（1）矿体埋藏深度较大,或者井田深部发现了新矿体,现有井筒在深部开拓其提升能力不能满足要求时。

（2）矿体深部倾角显著改变,或石门长度大大增加时。

上部矿体采用明竖井开拓,深部开拓用多段盲竖井开拓。明竖井开拓深度取决于单井最大提升能力。深部采用多段盲井开拓可加大提升能力,缩短石门长度。

（三）斜井与盲井(盲竖井、盲斜井)联合开拓法

斜井与盲井(盲竖井、盲斜井)联合开拓法的原理同竖井与盲井(盲竖井、盲斜井)联合开拓法。

（四）斜坡道联合开拓法

斜坡道联合开拓法就是以斜坡道作为主井或副井与其他开拓巷道或斜坡道联合开拓矿体的方法。

第二节　主要开拓巷道

一、各种主要开拓巷道的特点

（一）平硐与井筒的比较

与井筒开拓相比,平硐开拓具有以下许多优点:

（1）施工简单,基建速度快。

（2）掘进费用低,无须开掘井底车场和硐室,因此基建投资少。

（3）平硐用电机车运输，比井筒开拓用绞车提升的费用低，而且不需要提升设备、井架及绞车房。

（4）采用自流排水，排水费用低，无须水泵房、水仓等设施。

（5）平硐运输要比井筒提升安全可靠。

正是由于平硐开拓有许多优点，所以不少矿山宁可选用数千米长的平硐开拓矿体，也不采用井筒开拓法。

（二）竖井与斜井的比较

竖井与斜井相比具有以下特点：

（1）提升能力。竖井长度比斜井小，允许的提升速度大，因此生产能力比斜井大得多。但是用钢绳胶带运输机的斜井，也具有较大的生产能力，而且生产能力不受井筒长度的影响。

（2）开拓工程量。竖井断面比斜井小，长度也比斜井短；斜井开拓的石门长度比竖井短，斜井井底车场比竖井简单，掘进工程量小。

（3）施工技术。竖井施工技术和掘井装备比斜井复杂，斜井施工比较简单。

（4）生产经营费。竖井提升速度快，提升长度小、阻力小，因此提升费用比斜井低。斜井由于长度大，钢绳、管道长度大，阻力大，维修量大，因此其提升和排水费用均比竖井大。

（5）安全方面。斜井维护条件差，特别是用钢绳提升时，易发生脱轨和断绳跑车事故；竖井井筒维修条件好，提升故障少。

综上所述，从使用角度来看，竖井优越性较大；从施工技术和施工速度来看，斜井优越性较大。在实际工作中，大、中型矿山使用竖井较多，小型矿山使用斜井较多。

（三）斜坡道与井筒的比较

斜坡道与竖井、斜井相比，其突出的优点是掘进快，投产早。斜坡道掘进时采用包括凿岩台车和铲运机在内的一整套无轨自行设备，效率很高，掘进速度也很快。一般开采浅部矿体时，两年左右的时间就可投产。一条单一斜坡道既可作主井出矿，又可作副井运送材料、人员等，只要配以通风系统就可形成生产系统。当开采较深矿体时，可另开掘竖井出矿，斜坡道改作副井，通行各种无轨设备，并运送材料、人员。

斜坡道的缺点是巷道工程量大，比竖井掘进量多 3～4 倍。此外，无轨设备投资大，维修技术复杂，采用内燃机动力无轨设备通风费用高也是一个缺点。

二、主要开拓巷道类型选择的影响因素

（一）地形条件

矿床埋藏在地表侵蚀基准面以上时应尽可能选择平硐,平硐以下的矿体可用盲竖井或盲斜井开拓。当盲井井口距地表高程不很大时,有的矿山将盲井卷扬机房设在地表,避免开凿复杂的井下卷扬机硐室。

（二）矿井规模及开采深度

选用竖井或是斜井,首先取决于选用的提升容器在矿床开采深度范围内能否匹配矿井的生产能力。一般竖井提升和斜井用胶带运输机时能在较大的开采深度下满足较大的矿井生产能力,适用于大型矿井。斜坡道开拓可以达到较大的生产能力,但深度加大时(一般不宜超过 300 m),无轨设备运输费用升高,经济上不合理。串车、台车提升的斜井,适合于中小型生产能力的矿山。在选择主要开拓巷道类型时应先进行提升能力计算和设备选型。

（三）矿体倾角

用竖井开拓缓倾斜矿体时,深部石门长度增大,而缓倾斜矿体用斜井开拓时,石门长度很短。仅从这一点考虑,急倾斜矿体宜用竖井,倾角 $10°\sim40°$ 的矿体宜用斜井,倾角小于 $18°$ 且规模较大时可用胶带运输机斜井。但最终还应综合考虑生产能力、埋藏深度和围岩物理力学性质来选定。

（四）围岩物理力学性质

井巷通过流沙层、含水层、破碎及不稳固岩层时,需要采取一些特殊掘进措施,在这方面竖井施工要比斜井、斜坡道有利得多,因此应考虑采用竖井。

上述各因素常是相互影响的,要进行综合考虑和技术经济比较来选定主要开拓井巷的类型。

第三节　辅助开拓工程

任何一个矿井,要保持正常生产,必须要有两个或两个以上通达地面的独立出口,以利于通风及安全出入。主要开拓巷道一般只供提升和运输矿石。辅助开拓巷道主要是提供矿井的通风,上下人员、设备和材料,提升废石,有时任务过于饱满,还将兼负提升一部分矿石的任务。辅助开拓巷道还应完成溜矿、输送充填料、布设管道及其他为进行采矿而开掘的各种专用硐室设施等。辅助开拓巷道包括副井(平硐)、通风井、溜井、充填井、石门、井底车场及井下硐室等。

具体而言,辅助开拓巷道工程的作用有:

（1）备用出口,安全规程规定要求地下开采不得少于两个安全出口。

（2）井下通风,需有单独的进风与出风井巷。

（3）解决提升与水平运输的衔接。

（4）满足人员上下、设备调配、废石排出、变电、排水、地下破碎装载、充填、机修等要求。

一、副井硐

副井硐是指副井与副平硐,和主井、主平硐是相对应的,也属Ⅰ级保护物。它的作用是辅助主井硐完成一定量的提升任务,并作为矿井的通风和安全通道。副井硐根据需要可安装提升或运输设备、行人管道间隔,通过它辅助提升设备、材料和人员,或者提升废石和一部分矿石。

在不同的开拓方法中,副井硐有不同的配置要求。竖井开拓,用罐笼井作提升井时,一般不开副井,由罐笼井来承担副井的作用;用箕斗井或混合井作提升井时,由于井口卸矿会产生大量粉尘,影响入风,故安全规范规定,不允许箕斗井和混合井作为入风井。为解决入风问题,必须开掘副井,与另掘专为排风的通风井构成一个完整的通风系统。罐笼井也需与另掘专为排风的通风井构成成对的通风系统。斜井开拓,斜井装备串车或台车时,和竖井的罐笼井一样,可以不开副井,利用串车或台车进行辅助提升,并作为入风井使用;主斜井装备箕斗时,必须开掘副井;若主斜井装备胶带运输机,在胶带运输机一侧又铺设轨道作辅助提升时,可以不开副井;单是装备胶带运输机,仍需单独开掘副井。副井为竖井时,提升容器为罐笼,罐笼可以是单层或双层,单罐或双罐。副井中应设管缆间和梯子间,人梯应随时保持完好,以作备用安全出口。副井为斜井时,可用串车或台车提升。

至于平硐开拓,其辅助开拓系统有多种形式:

（1）通过副井(竖井或斜井)联系平硐水平以上各个阶段。此副井可以开成明井,直接与地面联系;也可开成盲井经主平硐与地面联系。提升量大的矿山应尽量采用明井。

（2）在主平硐水平以上每个阶段或间隔一个阶段用副平硐与地面联系。这种副平硐可用来通风或排放废石;若兼作其他辅助运输用时,要从地表修筑山坡公路或装备斜坡卷扬,以便和工业场地相联系。

（3）采用上面两种结合形式,即用副竖井提升人员、设备和材料,而用副平硐排放废石。

副井硐的具体位置,应在确定开拓方案时和主井硐的位置做统一考虑。副井硐位置确定的原则也和主井硐相同,所不同的只是副井硐与选矿厂关系不大,不受运矿因素的影响。副井硐与主井硐的关系,既可集中布置又可分散布置。

如地表地形和运输条件允许,副井应尽可能和主井靠近,两井之间保持不小于 30 m 的安全防火间距,这种布置形式称为集中布置。如地表地形条件和运输条件不允许做集中布置,则副井只能根据工业场地、运输线路和废石场位置等另外选点,两井筒间会相隔很远,这种布置形式称为分散布置。

一般大中型矿山,矿石运输量和辅助提升工作量均较大,只要地表地形条件和运输条件许可,以集中布置更为有利。

井筒开拓时,副井的深度一般要超前主井一个阶段。而平硐开拓,副井的高度一般要满足最上面一个阶段的提升要求。

二、风井硐

每个矿井都必须有进风井和出(回)风井。副井及用罐笼提升的主井均可作入风井,也可作回风井。箕斗主井一般不得作进风井用,但可作回风井用。由于用抽出式通风时,回风井要密闭,用压入式时进风井要密闭,而提矿主井及其井架、井口建筑密闭困难,因此,有条件时可设专用风井。风井的类型有竖井、斜井,也有平硐,所以一般风井是泛指通风井与通风平硐。每一个生产矿井,为满足通风的要求,至少要有一个进风井(进风平硐)和一个回风井(回风平硐)。凡井口不受卸矿污染、不排放废石的井筒或平硐,如罐笼井、不受溜井卸矿污染的主平硐等,都可用作进风井。而回风井则需要专门开掘。从节省基建工程量着眼,有时也可利用矿体端部的采场天井作回风井用。此时,天井的断面和它的完好程度应该满足回风要求。回风井一般不应考虑作为正常生产时的辅助提升和主要行人通道。专用风井的数量与矿井采用的通风系统有关。采用全矿井统一的通风系统,至少要有两个供通风用的井硐;采用分区通风的矿井,则每个分区也至少要有两个供通风用的井硐。分区之间通风是互相独立的。通常在下列条件下考虑采用分区独立的通风系统:

(1)矿床地质条件复杂,矿体分散零乱,埋藏浅,作业范围广,采空区多且与地表贯通。这时,用集中进风和集中回风可能风路过长、漏风很大,不利于密闭。而用分区通风可减少漏风、减少阻力且便于主通风机迁移。

(2)围岩或矿石具有自燃危险的、规模较大的矿床。

(3)矿井年产量较大,多阶段开采,为了避免风流串联,采用分区通风。

通风井的位置与通风的布置形式有关。主井为箕斗井时,以箕斗井作回风井,改由副井进风;主井为罐笼井时,以罐笼井作进风井,另掘回风井回风。两井相距不得小于 30 m;如井口采用防火建筑,也不得小于 20 m。

按进风井和出风井的位置关系,风井布置有中央并列式、中央对角式和侧翼对角式三种。

（1）中央并列式。中央并列式入风井和回风井采用集中式布置在矿体中央。主井为箕斗井时，由主井回风；主井为罐笼井时，为减少漏风，最好由主井进风、副井回风，此时人员若从副井进出会处于污风流中。

（2）中央对角式。中央对角式入风井位于井田中央，两个回风井位于井田的两端。

（3）侧翼对角式。侧翼对角式入风井布置在井田的一端，回风井布置在井田的另一端，由罐笼井入风。同样，如果用箕斗提升，还要另开副井进风。

三、阶段运输巷道

矿床开拓如按开拓巷道的空间位置，可分立面开拓和平面开拓。竖井、斜井、风井、溜井、充填井以及矿石破碎系统等的布置，包括确定其位置、数量、断面形状及尺寸等，属于立面开拓。井底车场、硐室、阶段运输巷道、石门等的布置，则属平面开拓。

阶段平面开拓又分运输阶段和副阶段。运输阶段一般是指形成完整的阶段运输及通风和排水系统并与井筒有直接运输连接的阶段水平。在运输阶段内，开掘有井底车场、硐室、阶段运输巷道、石门等工程。它能将矿块运搬的矿石直接运出地表，或将矿块生产所需要的设备、材料、人员等，不经转运直接运往矿块下部水平。副阶段则是指上下运输阶段之间增设的中间阶段。副阶段和运输阶段的区别是：它不和井筒直接连接，需通过其他巷道才能与运输阶段相连接。

运输阶段按运输的方式不同，又可分为一般运输水平和主要运输水平。凡采用分散运输，即从每个阶段内的采场放出的矿石，直接经运输平巷运往井底车场，有独立运输功能的均属一般运输水平。主要运输水平是指上部各阶段的矿石通过其他运输方式集中运往此运输水平，而后运往井底车场或破碎系统。

常用阶段运输巷道布置如下所述。

（一）单一沿脉布置

这种布置可分为脉内布置和脉外布置。按线路布置形式又可分为单轨会让式和双轨渡线式。

除会让站外，其运输巷道皆为单轨，重车通过空车待避或相反，因此通过能力小，多用于薄或中厚矿体中。

当阶段生产能力增大时，采用单轨会让式难以完成生产任务。在这种情况下，采用双轨渡线式布置。即在运输巷道中设双轨线路，在适当位置用渡线连接起来。这种布置形式可用于年产量 20 万～60 万 t 的矿山。

在矿体中掘进巷道的优点是能起探矿作用，并能顺便采出矿石，减少掘进费用，装矿方便。但矿体沿走向变化较大时，巷道弯曲多，对运输不利。因此，脉内布置适用于规则的中厚矿体、产量不大、矿床勘探不足和品位低不需回收矿柱的情况。

当矿石稳固性差、品位高、围岩稳固时,采用脉外布置,有利于巷道维护,并能减少矿柱的损失。对于极薄矿脉,应使矿脉位于巷道断面中央,以利于掘进时适应矿脉的变化。如果矿脉形态稳定,主要考虑巷道维护时,应将巷道布置在围岩稳固的一侧。

（二）下盘双巷加联络道布置

这种布置分为下盘环形式和折返式。

下盘沿走向布置两条平巷,一条为装车巷道,一条为行车巷道,每隔一定距离用联络道按环形或折返式连接起来。这种布置是从双轨渡线式演变来的。其优点是行车巷道平直有利于行车,装车巷道掘在矿体中或矿体下盘围岩中,巷道方向随矿体走向而变化,有利于装车和探矿。装车线和行车线分别布置在两条巷道中,生产安全、方便,巷道断面小,有利于维护。其缺点是掘进量大。

这种布置多用于中厚和厚矿体中。

（三）沿脉平巷加穿脉布置

这种布置一般多采用下盘脉外平巷和若干穿脉配合。从线路布置上讲,采用双线交叉式,即在沿脉巷道中铺双轨,在穿脉巷道中铺单轨。沿脉巷道中双轨用渡线连接,沿脉和穿脉用单开道岔连接。

这种布置的优点是阶段运输能力大,穿脉装矿生产安全、方便、可靠,还可起探矿作用。其缺点是掘进工程量大,但比环形布置工程量小。

这种布置多用于厚矿体,阶段生产能力为 60 万～150 万 t/a。

（四）上下盘沿脉巷道加穿脉布置（即环形运输布置）

线路布置上设有重车线、空车线和环形线。环形线既是装车线,又是空、重车线的连接线。从卸车站驶出的空车,经空车线到达装矿点装车后,由重车线驶回卸车站。环形运输的最大优点是生产能力可以很大,穿脉装车生产安全、方便,也可起探矿作用。其缺点是掘进工程量很大。这种布置通过能力可达150 万～300 万 t/a,多用于规模大的厚和极厚矿体中,也可用于几组互相平行的矿体中。当开采规模很大时,也可采用双线的环形布置。

（五）平底装车布置

这种布置方式主要是随着高效率的装矿设备和平底装车结构的出现而发展起来的。这种布置有两个主要特点:一是装矿设备直接在运输水平上装车;二是装矿点之间的距离不可能很远,一般只有 6～8 m。如果采用有轨装岩设备,装矿点与运输巷道连接困难,这种布置的行车和调车与上述漏斗闸门装车的相同。

必须指出,上述仅是一些基本的布置形式,而在实际布置中矿体的形态、厚度和分布等往往是复杂多变的,生产上要求也是不同的,因此阶段运输巷道的布置也必须根据具体条件,灵活掌握。

四、溜井

溜井是指利用自重从上往下溜放矿石的巷道。它在平硐开拓或竖井开拓的矿山获得广泛应用。习惯所指的溜井有两种:一种是供上部阶段转放矿石或废石到下部阶段或下部矿仓,为一个或多个阶段服务的,称为主溜井,它属于辅助开拓巷道;另一种是供采场内转放矿石到阶段运输巷道,为一个或多个采场服务的称为采场溜井。采场溜井属于采准巷道。

溜井放矿简单可靠,管理方便,开采水平与主要运输水平之间的高差越大,穿过的矿岩越稳固,这种放矿的优越性就越是突显。如平硐开拓矿山,将主平硐以上各阶段采下的矿石,经溜井转放到主平硐,可以实现集中运输。竖井开拓矿山,将几个阶段的矿石集中溜放到下部某一阶段,可以实现集中破碎和集中出矿。这对于节省提升、运输设备,节约动力及材料消耗,都将发挥重要的作用。但也要看到,溜井放矿对于黏结性很大的矿石,或选矿对破碎程度有特殊要求的,并不能适用。溜井放矿的缺点是一旦溜井出现故障,将会影响到阶段的运输能力和竖井的提升能力。因此,正确选择和设计溜井的形式、结构参数、生产能力以及合理位置等,是矿床开拓工作中的一项重要任务。

溜井按其开掘的倾角、溜放阶段的数目以及溜放过程中能否控制等不同,具有多种形式。

与倾斜溜井相比,垂直溜井易于施工,便于管理,矿石呈中心落矿,对井壁的冲击磨损小,磨损主要在上口;但中心落矿冲击力大,矿石容易冲碎。倾斜溜井通向溜井的石门长度较长,溜井大量磨损在溜井底壁。

与多阶段溜井相比,单阶段溜井的施工与管理都较简单,而且可以在溜井内储矿,这对降低矿石在溜井内的落差,减轻矿石对溜井壁的冲击磨损,调节上下阶段矿石的运输量,都是十分有利的。多阶段卸矿溜井中储矿高度受到限制,由于落差高,放矿冲击力大,对溜井壁的磨损也较为严重。

与多阶段分支溜井相比,分支溜井的分支处不易加固,且易堵塞;分支对侧溜井壁的磨损比较严重,而且分支较多时难以控制各阶段的出矿量。采用分段控制溜井每个阶段都要设置闸门与转运硐室,它可以控制各阶段的矿石溜放,限制矿石在溜井中的落差,减轻矿石对溜井壁的冲击与磨损;但对这些设施的安装与控制,使生产管理复杂化。

瀑布式溜井是上阶段溜井与下阶段溜井间通过斜溜道相连,矿石以瀑布的形式从斜溜道溜下。这种结构形式相对缩短了矿石在溜井中的落差高度,对减轻溜井壁的冲击磨损能起一定的作用。但对施工和处理堵塞工作带来很大困难。所以,除在岩层整体性好、稳固、坚硬的地段以及生产规模不大的矿山有使用外,一般应用较少。

五、井底车场

井底车场是井下生产水平连接井筒与运输大巷间的一组近似平面的开拓巷道。它担负着井下矿石、废石、设备、材料及人员的转运任务,是井下运输的枢纽。各种车辆的卸车、调车、编组均在这里进行,因此要在井筒附近设置储车线、调车线和绕道等。同时它又是阶段通风、排水、供电及服务等的中继站。在这里设有调度室、候罐室、翻车机操纵室、水泵房、水仓及变电整流站等各种生产服务设施。

井底车场根据开拓方法的不同分为竖井井底车场和斜井井底车场;根据对应井筒的作用分为主井井底车场和副井井底车场;根据井筒提升设备分为罐笼井井底车场和箕斗井井底车场及混合井井底车场;根据井底车场的形式分为尽头式井底车场、折返式井底车场及环形式井底车场。

（一）竖井井底车场

竖井井底车场按使用的提升设备分为罐笼井底车场、箕斗井底车场、罐笼-箕斗混合井井底车场和以输送机运输为主的井底车场;按服务的井筒数目分为单一井筒的井底车场和多井筒(如主井、副井)的井底车场;按矿车运行系统分为尽头式井底车场、折返式井底车场和环形井底车场。

尽头式井底车场用于罐笼提升。其特点是井筒单侧进、出车,空、重车的储车线和调车场均设在井筒一侧,从罐笼拉出来空车后,再推进重车。这种车场的通过能力小,主要用于小型矿井或副井。

折返式井底车场的特点是井筒或卸车设备(如翻车机)的两侧均铺设线路。一侧进重车,另一侧出空车。空车经过另外铺设的平行线路或从原线路变头(改变矿车首尾方向)返回。折返式井底车场的优点主要是:提高了井底车场的生产能力;由于折返式线路比环形线路短且弯道少,因此车辆在井底车场逗留时间显著减少,加快了车辆周转;由于运输巷道多数与矿井运输平巷有关,弯道和交叉点大大减少,简化了线路结构,运输方便、可靠,操作人员减少,为实现运输自动化创造了条件。列车主要在直线段运行,不仅运行速度高,而且运行安全。

环形井底车场与折返式相同,也是一侧进重车,另一侧出空车,但其特点是由井筒或卸载设备出来的空车经由储车线和绕道不变头(矿车首尾方向不变)返回。

双井筒井底车场的主井为箕斗井,副井为罐笼井。主、副井的运行线路均为环形,构成双环形的井底车场。

为了减少井筒工程量及简化管理,在生产能力允许的条件下,也有用混合井代替双井筒,即用箕斗提升矿石,用罐笼提升废石并运送人员和材料、设备的。此时线路布置与采用双井筒时的要求相同。

(二)斜井井底车场

斜井井底车场有折返式和环形式两种。环形式用于箕斗井提升或胶带提升,对于使用串车提升的斜井多用折返式井底车场。

斜井与井底车场的连接方式有旁甩式(甩车道)、吊桥式、平场式三种。

1. 甩车道连接

甩车道是一种既改变方向又改变坡度的过渡车道,用在斜井内可从井筒的一侧(或两侧)开掘。

2. 平车场连接

平车场连接只适用于斜井与最下一个阶段的车场连接。车场连接段重车线与空车线坡度方向是相反的,以利于空车放坡,重车在斜井接口提升。

3. 吊桥连接

吊桥连接是指从斜井顶板出车的平车场。它有平车场的特点,但它不是与最下一个阶段连接,而是通过能够起落的吊桥连通斜井与各个阶段之间的运行。吊桥放落时,斜井下来的串车可以直接进入阶段车场,这时下部阶段提升暂时停止;当吊桥升起时,吊桥所在阶段的运行停止,斜井下部阶段的提升可以继续。

吊桥连接是斜井串车提升的最好方式。它具有工程量最少、结构简单、提升效率高等优点;但也存在着在同一条线路上摘挂空、重车,增加了推车距离和提升休止时间等缺点。使用吊桥时,斜井倾角不能太小,否则,吊桥尺寸过长,重量太大,安装和使用均不方便,而且井筒与车场之间的岩柱也很难维护;倾角过大,对下放长材料很不方便,而且在转道时容易掉道。根据实践经验,斜井倾角大于20°时,使用吊桥效果较好。吊桥上要过往行人,吊桥密闭后又会影响上下阶段通风,故只宜铺设稀疏木板,以保证正常工作。

吊桥与甩车道比,钢丝绳磨损较小,矿车也不易掉道,提升效率高,巷道工程量少,交叉处巷道窄,易于维护;但下放长材料不及甩车道方便。

六、硐室

(一)水仓及水泵房

用竖井、斜井或斜坡道开拓地平面以下的矿床,均需在地下设置水泵房及水仓,使矿坑水能从井底车场汇流至水仓,澄清后由水泵房的水泵排出至地表。

水泵房及水仓的设置由矿井总的排水系统来决定,并与矿井的开拓系统有着密切的关系。一般矿井的排水系统分直接式、分段式及主水泵站式。

直接式是指各个阶段单独排水,此时需要在每个阶段开掘水泵房及水仓,其排水设备分散,排水管道复杂,在技术和经济上是不合理的,应用也较少。

分段式是指串接排水,各个阶段也都设置水泵房,由下一阶段排至上一阶段,再由上一阶段连同本阶段的矿坑水,排至更上一阶段,最后集中排出地表。这种方式的水头是没有损失的,但管理非常复杂。

多阶段开拓的矿山,普遍采用主水泵站式,即选择涌水量较大的阶段作为主排水阶段,设置主水泵房及水仓,让上部未设水泵房阶段的水下放至主排水阶段,并由此汇总后一齐排出地表。这种方式虽然损失一部分水头能量,但可简化排水设施,且便于集中管理。

（二）机车检修硐室

一般在机车检修硐室中进行电机车的例检、清洗、润滑、小修等。

机车检修硐室根据需要有扩帮型、专用型、尽头型三种类型。扩帮型最简单,只需在适当位置,将井底车场一侧扩宽即可。扩帮型只适用于机车检修工作量很小时。

机车库硐室工程量一般为 $200\sim400$ m^3,其长度取决于同时检修机车台数。机车库中应有机车检修地坑。

（三）无轨自行设备检修硐室

无轨内燃自行设备检修工作量大且复杂,所以凡有直达地表辅助斜坡道的矿山,无轨自行设备检修工作多在地表进行。但有些老矿山改变原设计采用无轨自行设备,没有直达地表斜坡道,只好在地下开掘无轨自行设备检修硐室。为了避免无轨自行设备与有轨运输设备的工作互相干扰和保证安全,某些矿将无轨自行设备检修硐室、井下破碎硐室及主排水泵站集中设一专用阶段,其无轨自行设备检修硐室采用平面布置。

有的矿山无条件为无轨自行设备开拓专门阶段。为了解决有轨运输与无轨自行设备工作互相干扰的矛盾,采用两条石门,一条专供无轨自行设备使用,一条供有轨运输。无轨自行设备检修硐室位于两条石门之间。

（四）医疗站

井下应设医疗站,以便进行医务紧急处理。每班井下同时工作人数不足 80 人时,有一间即可,人数大于 80 人时应有两间,工程量为 $30\sim85$ m^3,医疗站内应有药品柜、问诊床、担架、消毒洗手池等。

（五）调度室

调度室一般由两格组成。一格供调度员调度和指挥井下运输用,另一格供检修人员值班使用。年产量小于 30 万 t 的矿山,调度室的工程量可为 30 m^3;大于 30 万 t 的矿山,工程量可为 60 m³。

（六）候罐硐室

候罐硐室供工人等候上井和下井及分工用。设计中每人座位宽可取 0.4 m,可设一排或两排长凳。硐室长 10～15 m,宽 1.5～3.6 m,工程量为 40～150 m³。

（七）防火材料硐室

防火材料硐室的结构一般与机车检修硐室相似,内铺有轨道,但硐室规格不同,主要用来存放井下防火材料。井下防火材料主要有砖、混凝土、黏土、立柱、通风管道等。年产量小于 30 万 t 的矿山,硐室轨道上能容下 10～12 车防火材料即可。年产量为 30 万～80 万 t 的矿山,除轨道上能停放 6～8 车防火材料外,还需另设防火材料间。年产量大于 80 万 t 的矿山,轨道上应停放 8～10 车防火材料且另有防火材料间。防火硐室的工程量为 100～200 m³。

第四节　地面辅助工程

一、生产设施

（一）主井周围的设施

主井周围有井架、井口房、矿石仓、卷扬机房和变电所等生产设施。

井架是用来支撑天轮的金属支架,其结构有普通式和斜支式两种。罐笼井的井架高度由容器高度、过卷高度及设备间安全距离决定。箕斗井的井架高度除以上高度外还要加上卸载高度。

井口房的作用是夏天防雨,冬天取暖,进风井冬天防冻,保护井筒安全,防止滚石、泥石流、雪崩等侵害主井。

箕斗井提升时,矿石提升到地表卸入矿仓,用其他运输方式转运至选矿厂,矿仓的另一作用是减少提升与运输的相互干扰。

卷扬机房是安设卷扬机的场所,内有变电所、配电间、卷扬机（电动机、减速器、控制台、高度指示器、卷筒）、休息室等。

（二）副井周围的设施

副井周围有井架、井口房、卷扬机房、变电所、空压机房、机修厂、锻钎厂、木材场、材料仓库、充填系统、沉淀水池、干燥室、更衣室、浴室。

副井周围有供应井下动力的空压机房（空压机、配电室、变电室）、变电所和完成设备检修的地面检修车间,完成钎头和钎杆修理任务的锻钎厂,存放材料设备的木材场、仓库,供应地下用水的沉淀水池。采用充填采矿法的矿山还有充填系统。

（三）风井周围的设施

风井周围的设施比较简单,有出风用的扩散塔、通风机房（配电室、变电室、主通风机、控制室）。采用巷道反风的矿山还有反风装置。

（四）其他设施

矿山地表除采矿工业场地外,还有地面炸药库等。炸药库应位于人烟稀少比较偏僻的地方,有公路或铁路相通;选矿厂应位于坡度为 10°～20° 的斜坡上;废石堆应位于远离生活区主导风流的下风侧;尾矿坝是存放选矿场尾矿的地方,一般位于偏僻的山沟。

二、生活设施

生活设施分为生活性设施（生活区）和生产性设施（生产区）。

（一）生活区

生活区应该远离生产区,选择就近城镇居住和生活,距离一般控制在 30～40 km 内。

（二）生产区

生产性生活设施大部分位于上下人员的副井周围,主要有浴室,供井下人员更换工作服时洗浴;干燥房,井下工作条件艰苦,常有淋水,工作服需要加热干燥。除此以外,还应有办公场所和食堂、卫生所等。

三、地面管线

（一）运输路线

地下开采的金属矿山地面的运输线路有:

（1）矿石从主井运往选矿厂,有公路或铁路。

（2）废石从副井运往废石场,一般均为窄轨铁路。

（2）人员往返于生活区和工作地点。

（4）材料、设备从附近站场运回仓库、材料场,从仓库、材料场运往副井。

（5）生产的精矿运往附近的站场。

（二）各种通信、动力线路

地下开采的金属矿山地面的各种通信、动力线路有:

（1）通信用的内外部电话线、有线电视信号线。

（2）供应生产、生活用的动力线。

（3）生产指挥用的各种生产信息监控线。

（三）各种生产生活管网

地下开采的金属矿山地面的各种生产生活管网有:

（1）井下排往地表水池的排水管。

（2）供应井下生产用水的供水管。

（3）生活用的上下水管。

（4）北方矿山生产、生活用的取暖热水管。

（5）供应井下生产的压风管。

（6）输送尾矿用的尾矿输送管。

四、地面总图布置

（一）总图布置的概念

总图布置是根据采矿工艺，矿石和废石及尾矿运输、加工工艺的要求，在节省投资、有利管理的前提下，结合矿区地形、矿体赋存、水文、气象等自然条件，按照安全、卫生、环保的有关规定对矿山地面设施的各组成部分进行全面的、立体的规划和布置，使其相互联系、相互配合，形成彼此协调的有机总体。

（二）总图布置的任务

（1）选择场地，进行矿山地面总体布局的研究。

（2）根据总体布局的规划，进行场地内各种建筑物、构筑物的位置确定、布置地面的各种设施。

（3）全面解决矿山各种设施的运输联系、矿山与外部的运输联系、各类管线的布设。

（三）总图布置注意事项

（1）空压机房位于上风侧，靠近副井。

（2）机修厂、设备库等运输条件要好，距离要近。

（3）各种设施注意防火、防水。

（4）废石堆位置要处于下风侧。

（5）炸药库远离生产生活区。

（四）运输线路的布置原则

（1）尽量避免交叉或穿过生活区。

（2）尽量避免坡度变化较大。

（3）尽量与基建时的路线一致。

（4）符合各自线路的布置原则。

（5）尽量避免从高压线下穿过。

第五章　智能化开采技术

第一节　智能化无人综采技术发展

一、我国采煤技术发展概况

采煤技术是煤矿生产的核心技术,核心技术的突破必将带动矿井生产建设的关键技术和相关技术的进步。采煤技术的发展首先体现在采煤方法的发展上,特别是采煤工艺的发展上。依靠科学技术进步是我国煤炭工业发展的重要方针。采煤方法改革的根本出路在于发展机械化、自动化、智能化,从而实现安全、高效、绿色开采的目的。

我国煤炭赋存条件多样,开采条件复杂。中华人民共和国成立后,经过不断的采煤方法改革,发展了以长壁采煤方法为主的采煤方法体系。长壁采煤技术的发展为机械化采煤创造了条件,采煤机械化水平逐年提高。

中华人民共和国成立初期,绝大多数煤矿的设备设施极为简陋,采煤方法多采用无支护的穿硐式和高落式。在三年经济恢复时期推行了以壁式体系为主的采煤方法。1952 年,国营煤矿采用以长壁式为主的正规采煤方法。第一个五年计划期间,继续进行采煤方法改革。1957 年,全国采煤机械化程度达 12.57％。自从开始采用综合机械化采煤技术设备,我国煤炭开采走上现代化发展的道路。

20 世纪 50～70 年代我国采煤技术以炮采为主,50 年代末 60 年代初开始探索机械化采煤技术,到 70 年代开始发展综合机械化采煤技术。我国综合机械化采煤技术的发展大体经历了以下几个阶段:

(1) 20 世纪 70 年代开始发展综采技术,1974—1979 年我国成套引进 43 套综采设备,进入了对外国先进综采技术消化和吸收阶段。

(2) 20 世纪 80 年代开始在统配煤矿全面发展综采,1979—1987 年我国先后引进了 100 多套综采设备,并和先进产煤国家进行了广泛的技术交流,加速了我国综采技术的发展。

(3) 20 世纪 90 年代后,综采综放向高产高效方向快速发展。

近年来,由于对采煤方法进行了改革,一批煤矿跨入了现代化安全高效煤矿的行列。神府矿区采用大采高综采技术,工作面年单产已接近 10 Mt。

建设高产高效矿井的根本目的是促进煤矿经济效益的提高,我国近年来的实践也充分体现了这一点。全国煤炭供应保障能力显著增强,大型煤炭基地建设稳步推进。2022 年,14 个大型煤炭基地产量占全国总产量的 95% 左右,产量超过亿吨的煤炭省区有 8 个,产量比重为 84.1%。神华集团、同煤集团、山东能源集团、陕煤集团、中煤集团、兖矿集团、山西焦煤集团、冀中能源集团、河南能源集团等 9 家企业产量均超亿吨,总产量 1.41×10^9 t,占全国总产量的 38.2%。

二、综采技术发展概况

目前,我国煤炭综采装备水平已接近或达到世界先进水平。综采工作面实现自动化生产,难度极大,发达国家也没有很成熟的技术和应用案例。综采是我国煤矿最主要的采煤工艺,近几年国内有很多单位开展了有关自动化综采工作面的研究,提高综采工作面生产的自动化水平也是当前国际采矿界研究的热点。

综采工作面工作环节复杂,设备数量多,设备之间相互制约、相互协调,任何设备都无法脱离其他设备而单独完成任务,同时这些设备的任何一个动作还受地质条件的限制。一个标准的综采工作面一般由多台设备构成,核心设备有采煤机、刮板输送机、液压支架、转载机、破碎机和带式输送机,实现自动化的难度很大。随着自动化技术的发展及采煤装备水平的提高,在地质条件允许的情况下实现自动化采煤逐渐具备了可行性。

在工作面采煤机、刮板输送机、液压支架等设备实现单机自动控制功能的基础上,通过工作面三机与顺槽监控中心的联网通信,实现监控中心对三机的实时监测与控制。目前对自动化智能化综采工作面的主要设备和控制技术的研究主要体现在以下几个方面。

（一）液压支架智能控制系统

20 世纪 90 年代,煤炭科学研究总院太原分院、郑州煤矿机械公司、北京煤矿机械公司分别自主开发出电液控制系统,但受当时的技术水平和煤炭行业状况限制而未能推广。

（二）采煤机智能系统

近年来,国产采煤机在远程控制、自动记忆割煤等自动化方面做了大量的研究,经过自主创新,国产采煤机已接近国际先进水平,具有了采煤机运行参数、故障参数、姿态参数等在线感知能力,并具有在线实时修改的记忆截割功能、机械无线收发信号功能及基于 3DVR 数字化平台的远程数字化监控功能,这些技术与国外先进采煤机基本一致,且在相关的巷道远程监控、截割轨迹规划等关键技术上还有所突破。这些技术已应用到西安、平顶山等制造商生产的部分采煤机上。

美国和澳大利亚的煤炭企业自 20 世纪 80 年代以来，在工作面采用了计算机技术、大功率采煤机牵引变频控制技术、液压支架电液控制技术和刮板输送机软启动变频技术，实现了工作面采煤机、液压支架、刮板输送机联动的自动化采煤。DBT、JOY 两家国际综采设备高端供应商提供的工作面成套综采设备，能形成一套独立、完善的综采自动化控制体系。德国 DBT 公司以液压支架 PM4 电液控制系统为基础搭建的全自动化无人刨煤机综采工作面成套设备，已成功投入生产应用；美国 JOY 公司也研究开发了具有自动化功能的滚筒采煤机综采工作面计算机控制系统。

（三）工作面运输系统

目前，我国自主研发的刮板输送机已形成系列化，其智能化主要体现在软启动控制、刮板链自动张紧、单链断链预警、双链断链保护停机和运行工况监测，并在关键部位布置状态感知传感器，实现刮板输送机根据煤量大小进行自主决策而调整运行参数及故障预警。随着综采技术的不断推广和发展，我国已经具有研究开发、生产制造刮板输送机的能力，并成功地开发研制出多系列适应我国国情的综采和综放工作面输送设备，基本满足了国内市场的需求。现在我国中、小功率刮板输送机已具备成型技术，并有成熟的制造能力；运输量小于 1 500 t/h、装机功率小于 800 kW 的中型和重型输送设备与国外的产品水平基本相当。近些年来通过对引进设备的消化、吸收和国产化举措，我国也研制开发了诸如槽宽12 m、装机功率 2×700 kW，运输能力 2 500 t/h 的大功率刮板输送机，并已在一些大型矿井投入使用。其中，各种规格的交叉侧卸式机头、材质强度达 70 kg 级的铸造槽帮及中板，以及超重型工作面刮板输送机所必需的一些结构部件也得到推广和应用。

同时，随着科学技术的不断进步，一些新的技术也不断应用于刮板输送机。液力耦合器、限矩摩擦离合器、调速耦合器和变频等软启动技术用于设备的过载保护，液压紧链器、自动伸缩机尾等机电一体化技术用于设备的自动化控制，以尽可能地减轻煤炭开采的劳动强度，提高煤矿生产效率。而速度、温度等工况监测、监控装置，直线度检测，上窜下滑检测控制也正在不断地应用于刮板输送机的运行控制中。

智能刮板输送机控制系统包括三机语音集控装置、刮板输送机智能控制装置（ASCS 系统）、煤量检测装置、防爆变频器、电气监控装置、链条自动张紧装置以及破碎机红外安全装置。该系统具有刮板输送机启停控制、正反转控制、重载软启动、机头机尾动态功率平衡、正常运行时的链速调整以及链条张紧力控制等驱动控制特性,具有就地与远程监控,以及采煤机、刮板输送机、转载机和带式输送机运输能力自动匹配等相关功能。

20 世纪 80 年代以来,美国和澳大利亚的煤炭企业在工作面应用了计算机技术、大功率电牵引采煤机、电液控制的液压支架和具有软启动功能的刮板输送机,实现了工作面三机自动化及井下环境安全信息实时监测。美国 CAT 公司和 JOY 公司的输送设备具有国际先进水平,我国进口的多为这两家的产品。从国外进口的输送设备有很好的运行表现,工作面刮板输送机实际使用寿命已超过 20 Mt。对进口的先进输送设备进行总结,其最突出的特点为:

(1) 技术性能和结构处于领先水平。CAT 公司和 JOY 公司各自保持其传统的设计风格。CAT 公司的中部槽是以轧制分体槽帮为基础槽形的组焊结构,JOY 公司的中部槽是以挡板铸造槽帮和铲板槽帮为基础槽形的组焊结构,中板和底板都采用高强耐磨钢板,具有很长的使用寿命。

(2) 软启动驱动技术广泛应用。软启动驱动技术对刮板输送机性能和运行可靠性影响极大。采用软启动驱动技术可提高刮板输送机的启动性能,吸收运转过程中遭受的意外冲击,降低冲击对传动装置的影响。

(3) 国外煤矿设备制造企业为满足煤矿对输送装备的需求,能不失时机地推出更加先进的输送设备。目前,刮板输送机最大装机功率已达到 $3 \times 1\,400$ kW,输送能力达 5 000 t/h,工作面铺设长度 450 m,可满足可采储量 10 Mt 以上工作面的配套要求。我国神东矿区进口的刮板输送机实际过煤量已超过 20 Mt。

(四) 工作面系统集成

工作面系统集成是利用信息化、数字化技术,实现顺槽主控计算机和地面指挥控制中心对综采工作面设备的各种数据实时显示及远程监控。

我国煤矿综采工作面生产设备(如采煤机、液压支架、刮板输送机等主要生产设备)具备数据传输功能。各设备的监控系统能对所有重要的工作参数,如温度、电流、冷却水量、速度和位置等参数进行监测。经过积极的探索和大量的实践工作,在工作面采煤机、刮板输送机、液压支架等设备实现单机自动控制的基础上,通过工作面三机与顺槽监控中心通信,实现监控中心对三机的实时监测与控制。

国外综采工作面广泛应用了远程通信和网络化集中控制技术,如德国 Eick-hoff 生产的 SL500 采煤机利用供电电缆的控制芯线或先导芯线将顺槽集中控制站与采煤机、液压支架控制系统、刮板输送机、转载机相连,实现了工作面设备和顺槽设备的远程通信和集中自动化控制。

三、无人开采技术概况

目前国内外无人开采技术主要在薄煤层中应用。薄煤层开采一直是困扰煤炭行业的难题，特别是极薄煤层开采更为困难，因此无人开采技术在薄煤层中发展相对较快。目前，薄煤层机械化无人开采技术大致有以下几种：综合机械化工作面开采技术、刨煤机工作面开采技术、螺旋钻机无人工作面开采技术、煤锯无人工作面开采技术。

（一）综合机械化工作面开采技术

国外情况主要如下：苏联研制的 KTO 型综采机组，适用于厚度 0.45～0.9 m、倾角 1°～20°的煤层，采用从平巷向两个方向的无支护房式采煤法，利用留在煤房间宽 0.5 m 的煤柱来控制顶板。美国研制的"卡尔巴特马依涅耳"综采机组，适用于开采厚度大于 0.9 m 的煤层，煤房长度可达 210 m，煤房宽 2.95 m，用宽 0.9～1.0 m 的煤柱支撑顶板，煤损达 33%～35%。机组由采煤机、带式输送机、自动推进台等组成。苏联研制的 KBB 综采机组，适用于厚度 0.5～0.9 m、倾角 35°以下的煤层，采用双滚筒采煤机，滚筒沿水平轴线转动。苏联研制的 KM-103 型综采机组，适用于厚度 0.45～1.20 m、围岩中等稳定以上的煤层。苏联研制的使用气垛支架的 2K3B 综采机组，适用于厚度 0.3～0.6 m、围岩中等稳定的煤层。德国威斯伐利亚贝克瑞特公司研制的 S4-K（2×400 kW）型拖钩刨和滑行刨可以应用在坚硬的煤层中。布朗公司生产的 KHS-k、KHS-n 型紧凑型刨煤机，海茨曼公司生产的 CAM 单向旋转式连续刨煤机都处于先进水平。

国内情况主要如下：我国研制的薄煤层采煤机，20 世纪 60 年代为 MLQ 系列，适用于采高 0.8～1.5 m；70 年代为 BM 系列滚筒采煤机，适用于采高 0.75～1.3 m；80 年代主要为 MG150B 型采煤机；进入 90 年代后，为新一代 MG200/450-BWD 型薄煤层采煤机，该采煤机采用了多电机驱动、交流变频调速、无链牵引等技术。薄煤层工作面采高比较小，要求采煤机机身矮，且通常功率不应低于 100 kW；机身尽可能短，以适应煤层的起伏变化；要有足够的过煤和过机空间高度；尽可能实现工作面不用人工开切口进刀；有较强破岩过地质构造能力；结构简单、可靠，便于维护和安装。

（二）刨煤机工作面开采技术

在 20 世纪 80—90 年代，我国曾研制了多种型号的刨煤机（包括滑行刨煤机和拖钩刨煤机），以解决薄煤层的开采问题，并在一些局矿的使用中取得了不俗的成绩，然而由于推广的力度不够大，以及用户对这种形式的采煤机种也有一个逐步认识的过程，国内使用刨煤机的工作面不多。近年来刨煤机的研发取得了很大的进展,国产刨煤机在一些局矿的成功使用,以及采用德国 DBT 公司生产的刨煤机主机与国内设备配套,取得了一些成功经验,使国内煤炭行业对采用刨煤机开采薄煤层有了许多新的认识。

刨煤机是一种较适合于薄煤层,集落煤、装煤和运煤于一体的自动化采煤机械。经过多年的改进和发展,刨煤机开采薄煤层具有经济、高效的特点,并且刨煤机具有结构简单、易于掌握、维修操作方便、装煤效果好、块煤率高、煤尘少等优点。在比较稳定的地质条件下开采薄煤层,刨煤机是相当经济和有效的。

(三)螺旋钻机无人工作面开采技术

该采煤法广泛应用于开采围岩较稳定的薄煤层和极薄煤层,工人可在采煤工作面以外的地点操作机电设备,完成工作面的破煤、装煤、运煤等各工序。

采用螺旋钻机采煤可最大限度地回收薄及极薄煤层煤量,还可以用来钻采边角煤柱和各种煤柱,提高了资源回收率。螺旋钻机采煤法最大的特点是用人少、工效高,可大大改善现场工人的作业环境和安全环境,实现无人开采。

(四)煤锯无人工作面开采技术

每 0.5～1 m 安装一组碎煤刀,煤锯与牵引钢丝绳相连,使钢丝绳压紧煤壁,做往复切割运动,煤锯拉出一个槽沟,随着槽沟加深,煤壁在矿山压力的作用下自行垮落破碎,然后靠煤炭自溜运出工作面。采用气垛支架,该支架是由几个具有弹性的加固橡胶囊组成,充入压缩空气后橡胶囊紧贴煤层顶底板,支撑力0.5 MPa 左右。

四、国外智能化综采技术

自第一个综合机械化采煤工作面在英国诞生以来,经过不断完善和提高,综采技术装备日益成熟。20 世纪 70 年代后期,各先进产煤国家的综采工作面不断创出高产高效的新纪录。进入 20 世纪 90 年代,高产高效矿井综采工作面年产的世界纪录不断被刷新,且综采多向一矿一面发展。目前,国外高产高效综采工作面正向"设备重型化,工作面大型化"的方向发展。综采工作面长度已达到450 m,工作面最大推进长度已达 6 000 m,最大采高已达 6.0 m。采煤机装机功率超过 2 000 kW,牵引速度达到 15～21 m/min,生产能力达到 75 t/min。同时,采煤机均装备了以计算机为核心的电控系统,采用先进的信息处理和传感技术,对采煤机的运行工况及各种技术参数、信息进行采集、处理、显示、储存和传输。目前,国外生产条件很好的长壁工作面,大力提高机械化的标准,不断提高自动化和智能化程度,逐步实现了离机操作和无人操作。

以 DBT 公司研究开发的以液压支架 PM4 电液控制系统为基础的全自动化无人刨煤机综采工作面,基本上实现了无人作业。

在综采工作面,国外尚无智能化无人开采的成功先例,但澳大利亚正在研制远程控制全自动无人长壁工作面开采技术。澳大利亚联邦科学与工业研究组织(CSIRO)专门从事煤矿综采自动化技术和无人工作面的自动化装备和技术的研究,近年来启动了 Landmark 研究计划,探索先进、安全、高效的自动化技术和模式,期望研发出能够代替人工实际操作的系统模式。截至目前,取得了一系列的成果,主要包括利用陀螺仪进行采煤机位置三维检测、综采工作面工况与环境检测、利用以太网技术的采煤机通信技术研究,综采设备健康故障分析,工作面设备自动找直技术研究,综采工作面可靠性技术研究等。

五、我国智能化综采技术

近十年来,以神东矿区为代表的现代化矿井采用先进的管理模式和国际一流装备,进行 4～6.2 m 一次采全高开采,不断刷新工作面高产高效纪录,工作面年产超过 10 Mt。目前大采高工作面技术装备发展迅速,装备可靠性相对较高,可满足工作面年产量 5～10 Mt 要求;较薄煤层工作面技术装备主要受采高限制,机面高度在 1～1.3 m 以下的采煤机功率小,故障率高,影响开机率,许多设备需要进口。

我国高产高效较薄煤层工作面,按照工作面装备区分,主要有下列两种类型:

(1) 全套国产新型综采装备,达到日产 10 000 t、年产 3 Mt 以上的生产能力。

(2) 国产液压支架、重型刮板输送机,配以进口的电牵引采煤机,达到日产 10 000～15 000 t 以上、年产 4 Mt 的生产能力。

第二节　智能化无人综采的关键技术

黄陵矿业公司智能化无人综合机械化采煤工作面的生产过程以无人跟机作业为目标,其主要技术难点在于需要进行远程遥控生产,这是集自动化、检测、视频、通信、控制、计算机等多种技术的综合应用,关键技术如下。

一、液压支架全工作面跟机自动化与远程人工干预技术

在液压支架电液控制系统实现全工作面跟机自动化的基础上,将电液控制系统的数据与液压支架视频相结合,通过监控中心远程操作台对液压支架进行人工干预,以满足复杂环境下液压支架的自动化控制。

二、采煤机全工作面记忆截割与远程人工干预技术

在采煤机实现全工作面记忆截割的基础上,将采煤机实时数据与煤壁视频相结合,通过监控中心远程操作台对采煤机进行人工干预,以满足复杂环境下采煤机的自动化控制。

三、工作面视频监控技术

根据工作面实际情况,设计并安装高清晰度视频监控系统,实现了在井下监控中心和地面指挥控制中心对整个综采工作面的视频监控,尤其是煤壁监控摄像仪采集的视频上传至监控中心,提高了煤岩界面可视化程度。由红外线传感器获得采煤机位置,通过软件处理实现摄像仪画面跟随采煤机的无缝切换。

每3台支架安装1台煤壁摄像仪,每6台支架安装1台支架摄像仪,重点部位安装云台摄像仪,实现对工作面的全方位监控。

四、综采自动化远程集中控制技术

将综采工作面主要设备,包括采煤机、液压支架、运输系统、供电系统、供液系统等通过自动化控制系统连接起来,实现在井下监控中心和地面指挥控制中心的远程集中控制,并实现"一键启停"。

五、智能化集成供液控制系统

通过PLC控制技术,将远程配液、乳化液泵站、喷雾泵站、高压过滤、变频控制等系统串联起来,形成智能化集成供液控制系统,提高了供液系统自动化水平及运行效率,降低了系统损耗及能源消耗。

六、超前支护自动控制技术

采用具有多个伸缩单元的交错迈步式电液控制超前支架。在电液控制系统数据和视频监测的基础上,以"数据＋视频＋模型"为技术支撑的远程控制系统,可实现对超前支架的远程监控和自动化控制。

七、基于姿态数据的采煤机记忆截割

现阶段采煤机自动化主要表现为记忆截割功能,记忆截割功能可分为记忆学习、记忆截割、记忆中断、记忆修改等4个方面。其中记忆学习是采煤机在割煤过程中分析、记忆自身的关键运行状态参数,并按工艺段进行保存;记忆截割是采煤机根据记忆数据进行自动割煤的过程;记忆中断是采煤机在记忆截割过

程中遇到异常情况,暂时中断记忆截割,进入手动割煤的过程;记忆修改是采煤机在记忆截割过程中工作面发生变化时,需要调整采煤机的滚筒高度或牵引速度,并将调整后的数据记录下来,覆盖原来的记忆数据的过程。

（一）采煤机姿态测量

国内自动化采煤工作面采煤机一般需要安装用于测量摇臂高度的摆角传感器;行走部位安装位置编码器,用于测量采煤机行走位置信息,精度在厘米级,可以实现相对于刮板输送机±20 mm的定位精度与低至0.01 m/min的测速;机身安装用于测量采煤机机身前后、左右倾斜的倾角传感器。这些测量数据基本构成了采煤机记忆截割所需的参数要素,结合采煤机机械机构模型,就可以实现对采煤机姿态的测量。

（二）记忆学习过程

即人工示教过程,是由采煤机操作人员通过采煤机操作面板或遥控器控制采煤机示范切割1刀煤,形成1个割煤循环。在此过程中操作人员会根据煤层的变化情况调节滚筒高度,根据液压支架移架速度、刮板输送机负载能力等因素调整采煤机牵引速度,采煤机控制器将记录采煤机姿态测量数据（行程位置、牵引行走速度、采煤机姿态角度和滚筒高度等）,并根据记忆策略对监测数据进行整理、分类、压缩、存储。采煤机为了能更好地执行记忆截割,将记忆数据根据自身位置和方向分为不同的工艺段,系统预留14个工艺段,采煤机在进行记忆学习时,系统默认第1个工艺段序号为1,当采煤机方向改变时,系统会增加一个工艺段,工艺段序号自动加1,当采煤机完成一个割煤循环（即采煤机再次经过同一位置时方向与第一次相同）时,系统自动结束记忆学习,并保存记忆数据,再次进入自动模式时系统会根据本次记忆数据进行自动割煤。

（三）记忆截割过程

采煤机记忆截割是采煤机在自动模式下,依据记忆学习数据,根据采煤机位置自动切换到相对应的工艺段,并随着采煤机位置的变化自动调整采煤机左右滚筒高度和牵引速度,实现自动割煤的过程。

采煤机在进行记忆截割过程中,当发生异常时,如煤层厚度变化、出现断层等,需要采煤机操作人员根据情况进行一定人工干预,如异常情况仅是在本次割煤过程中出现,则选择中断记忆截割,进行人工手动割煤,在采煤机越过该段异常煤壁时,再次进入记忆截割。如该段煤层状态确实发生了变化并将延续,可进入在线修改模式,采煤机操作人员进行手动操作,系统将记录下修改后的采煤机运行状态数据,并覆盖原有记忆数据,在下次执行该工艺段记忆截割时,系统将按新的记忆数据进行自动割煤。

八、刮板输送机弯曲度检测与工作面调直技术

刮板输送机和液压支架的直线度是保障工作面直线度的基础,按照两者之间的连接关系,工作面直线度控制方法可以分为以液压支架为基准的调直方法和以刮板输送机为基准的调直方法。

(1)以液压支架为基准的调直方法是利用液压支架间的位移传感器、激光列阵、图像识别等方式,获取相邻支架相对位置,在移架过程中使支架两两对齐,从而控制液压支架群组的直线度;然后以液压支架为基准,通过推移刮板输送机控制刮板输送机直线度。这种方式需要安装大量传感器,故障点多,可靠性低;液压支架两两对齐过程中不但存在对齐误差累计,而且缺少工作面调直的绝对参考方向,极易导致工作面调直精度降低、调直方向与回采巷道方向不一致。

(2)以刮板输送机为基准的调直方法在澳大利亚 LASC 系统中广泛使用,技术路线与方向比较明确,其原理是利用高精度惯性导航装置检测采煤机的姿态与运行轨迹,根据采煤机与刮板输送机的几何约束关系,由采煤机运行轨迹反演出具有绝对方位的刮板输送机轨迹,并以此为基准,通过控制液压支架推移量动态地对刮板输送机轨迹进行修正,实现对工作面的调直。

针对工作面调直问题,采用以刮板输送机为基准的技术路线,进行了大量研究与试验工作。

(1)联合国内专业科研院所共同研制了一款集初始对准(寻北)、惯性导航与航位推算技术为一体的小型化自主导航系统。其中初始对准技术在惯性器件精度满足要求的前提下保证设备在扰动中的寻北精度,高精度光纤陀螺为系统提供高精度的惯性基准信号,里程计组合导航技术保证了设备定位精度。工程验证时,在凸凹不平的地面进行跑车试验,并使用差分北斗卫星定位系统 GNSS(定位精度等于 40 mm)对试验数据进行精确比对验证,系统上电先进行自对准,跑车总里程约 350 m,跑车时间大于 60 min。由于跑车过程里程计和惯性导航装置安装角误差未精确标定,为消除里程计和惯性导航装置安装角误差带来的导航误差,验证组合导航功能和精度情况,跑车过程按照环形轨迹进行跑车试验。从起始点开始沿停车场转一圈后回到起始点,惯性导航装置跑车前后在该同一起始点的坐标定位偏差即导航误差。跑车过程中,同时接受差分北斗卫星定位信息以及惯性导航解算的位置信息,两者行进轨迹比对。

(2)现阶段国内主流采煤机到巷道通信站的稳定可靠通信距离一般不超过600 m,全双工通信速率不超过 50 kbit/s,且存在向第三方开放机载通信链路的难度。为了将采煤机机载惯性导航及视频或雷达数据远距离传输至巷道集控中心,针对工作面特殊工况与动态变化特性,采用工业 WiFi 通信技术,重点解决

工作面采煤机运动过程中在不同基站间的漫游切换问题,大采高工作面单台基站在信号无遮挡的情况覆盖半径约为 70 m,考虑临界点的问题,实际在工作面部署 2 台基站,采煤机上安 1 台无线终端与 2 路定向天线,机载 4 路摄像仪接入该无线终端。在正常生产过程中,测试机载摄像仪的最大回应时间为 118 ms,最小回应时间 1 ms,平均回应时间为 8 ms,其中回应时间超过 100 ms 的占比约为 10%,漫游切换期间会出现 1~2 包的丢包现象,视频无明显卡顿现象,对于导航数据通过应用协议的丢包重传机制基本能够满足速传要求。

(3)在获取到采煤机的运行轨迹后,首先需要转换为以采区坐标系为参考坐标的绝对方位坐标,按实际采煤工艺,采煤机过后的液压支架需开始移架、推移刮板输送机,因此由惯性导航装置测量的采煤机运行轨迹转换而来的刮板输送机弯曲曲线永远不是实时的,即上一刀形成的刮板输送机实际轮廓只能在下一刀进行测量。基于该特性,采用一刀测量、一刀矫直的方式来实施工作面直线度的动态矫正。测量刀过程中,工作面调直系统控制液压支架按满量程进行移架,推移刮板输送机,保证在测量刀完成后刮板输送机弯曲形状与惯性导航装置所测量形状是一致的,即可以认为惯性导航装置测量的采煤机轨迹就是刮板输送机弯曲曲线;矫直刀过程中,工作面调直系统基于测量刀形成的刮板输送机弯曲曲线与目标矫直曲线,计算出每台液压支架移架距离,并控制液压支架按该距离进行移架,按最大量程推移刮板输送机,从而在开采过程中逐步实现对工作面直线度的矫直。

目前基于国产惯性组合导航装置的刮板输送机弯曲度测量与矫直系统即工作面自动调直系统正在平煤十矿井下进行工业性试验,在井下实际应用过程中形成当前工作面测量刀的刮板输送机曲线。从目前试验情况来看,基于惯性组合导航的工作面自动调直的技术路径可行,刮板输送机弯曲度的测量精度满足工作面现场要求,但受地质条件、推移传感器可靠性以及开关阀流量不易控制问题约束,液压支架自动移架精度还不能满足自动调直的要求,仍需人工在现场或远程进行干预,因此下阶段改进的重点仍旧是液压支架跟机移架工艺以及对移架的精确控制,以提高自动化效率。

第六章　充填采矿法

随着工作面的推进,用充填料充填采空区进行地压管理的采矿方法称为充填采矿法。充填体起到支撑围岩、减少或延缓采空区及地表的变形与位移。因此,它也有利于深部及水下、建筑物下的矿床开采。充填法中的矿柱可以用充填体代替,所以用充填法开采矿床的损失、贫化率可以是最低的。国内外在开采贵重、稀有、有色及放射性矿床中广泛应用充填采矿法。

充填采矿法按工作面的类型及其工作面推进方向不同,分为单层充填采矿法、上向分层充填采矿法、下向分层充填采矿法、分段充填采矿法、阶段充填采矿法、方框支柱充填采矿法及分采充填采矿法;按充填料的性质不同充填采矿法分为干式充填采矿法、水砂充填采矿法、尾砂充填采矿法和胶结充填采矿法;按回采工作面与水平面的夹角不同可分为水平回采、倾斜回采和垂直回采三种;按回采工作面的形式不同又分为进路回采方案、分层回采方案、分段回采方案与阶段回采方案。

充填采矿法一般用于开采矿石中等稳固以上、围岩稳固性差的矿体,或用于围岩虽稳固,但地表需保护不允许崩落的矿山。

第一节　单层充填采矿

单层充填采矿法多用于开采水平微倾斜和缓倾斜薄矿体,或者上盘岩石由稳固到不稳固、地表或围岩不允许崩落的矿体。

一、单层壁式充填采矿法

湘潭锰矿的单层充填采矿法可作为典型。湘潭锰矿的矿体厚度为 1.8～2.5 m,倾角 25°～30°,有少量夹石层。直接顶板为震旦纪叶片状黑色页岩,厚 3～127 m,不透水,但含黄铁矿,易氧化自燃,易崩落。直接顶板的上部为富含裂隙水的砂质页岩,厚 70～200 m,不允许崩落。直接底板为黑色页岩,其下部为砂岩,稳固性较好。

阶段高 20～30 m,矿块沿倾斜长度不大于 50 m,以不超过电耙耙运有效距离为原则;工作面沿走向可以连续推进,不留矿柱,故矿块沿走向的长度原则上可不限制,但为增加阶段内同时回采的矿块数多取 60～80 m。

（一）采准切割

因矿体下盘起伏不平,故阶段运输巷道布置在下盘脉外。距矿体底板 8～10 m,每隔 20～40 m 掘进溜矿井,切割巷道沿矿体底板掘进,并连通各矿石溜井作为人行、通风、排水等之用。每个矿块自切割巷道的溜井上口处沿矿体的底板逆倾斜开切割上山,与上部脉内平巷贯通,切割上山的高度应与矿体厚度相等。上部脉内平巷除为本阶段充填安装管道以外,还作为回风、材料及人行通道。尚未出矿的溜矿井作采场的进风与人行通道,亦可在适当的位置布置双格井,其中一格用于溜矿。

（二）回采

回采由切割上山与切割巷道的相交部位开始。由于顶板稳固性差且易氧化自燃,因此回采工作面未沿壁式全长落矿,而是逆倾向以宽 1.2 m 的小断面推进,每次推进 2 m。崩下的矿石用电耙运搬,先将矿石耙至切割平巷,再转耙至出矿溜井。

支柱需紧跟工作面,落矿后立即支护。最大悬顶距为 4.8 m,充填步距 2.4 m,控顶距 2.4 m,支柱间距 0.7～0.9 m,排距为 1.2 m。

（三）充填

充填采用水砂充填,充填料是自采石场采下并破碎至 40 mm 的碎石。充填前的准备工作包括清理待充场地、建滤水密闭结构、架设充填管道等。矿山称滤水设施为堵砂门子,其作用是将充填料拦截在计划充填区内,而将水滤出。其中,隔离采矿工作面与充填空间的堵砂门子称为帮门子,隔离充填采空区与切割平巷的堵砂门子称为堵头门子。

堵头门子由立柱墙与砂帘子组成。帮门子的立柱墙是在原有的两根立柱之间补加一根立柱;而堵头门子的立柱墙是密集立柱。立柱墙均需在外侧用横撑加固,必要时还要用废钢丝绳进一步加固。立柱墙内钉滤水帘子,滤水帘子由高粱秆、稻草、芦苇等材料编织而成,挂在立柱墙上用竹条或木条钉紧。顶梁与顶板之间的缝隙需用碎帘子或稻草堵严实。为防止跑砂,底板处需将帘子折回0.2 m。此外,还有半截门子,用于控制水流方向或进一步拦截泥沙,这种门子只需在立柱墙的下半部钉砂帘子即可。

充填是逆倾斜分段进行的,先自下而上分段拆除立柱,再分段进行充填。分段拆柱与分段充填的长度应视顶板稳定程度决定。若不分段充填则支柱难以回收。一般几个小时至一个班就可完成一个步距的充填工作。

二、单层削壁充填采矿法

矿石品位较高的薄矿体,为保证开采时的正常工作空间宽度,必然要采下部分围岩,若将废石与矿石混合开采,在经济上不合理。此时可将矿石与围岩分别采下,矿石运走,岩石留在采空区作为充填料。这种采矿方法称为分采充填采矿法或削壁充填采矿法。回采时,若矿石比围岩稳固则先爆破围岩,围岩比矿石稳固则先采矿石。

回采工作自下而上分层进行,用上向式凿岩机钻凿浅孔,同时将爆破矿石与围岩的炮孔凿完,然后分别爆破。爆破矿石前,应铺设隔离垫板,以防止矿石贫化损失。用人工运搬矿石时,可用木板、铁板、废运输带等作垫板;若用电耙运搬,最好的仍然是混凝土垫板。有的矿山为防止爆破粉矿过多落入充填料造成损失,采用小孔径间隔装药,松动爆破落矿。

先采矿石的工艺由下列工序组成:矿岩凿岩、爆破矿石、喷雾洒水、撬毛、运搬矿石、清理粉矿、拆板、爆破岩石、喷雾洒水、撬毛、平整充填料表面、铺板。

开采围岩的厚度最好既能满足回采工作空间的宽度需要,又正好填满采空区。

第二节　上向分层充填采矿法

上向分层充填采矿法的矿块多用房式回采。将矿块划分为矿房与矿柱,先采矿房后采矿柱;矿柱的回采是在阶段或若干矿房采完后进行的,视围岩或地表是否允许崩落,使用与矿房回采相同或不同的采矿方法。

回采自下而上分层进行,随着工作面的推进,用充填料逐层充填采空区。充填体除支撑上下盘围岩、维护采空区进行地压管理外,还作为继续上采的工作台。

上向分层充填采矿法按充填料的性质及其输送方法不同,分为干式充填采矿法、水力充填采矿法、胶结充填采矿法三种。

一、干式充填采矿法

干式充填采矿法的矿块布置方式,根据矿体厚度及矿岩稳固程度不同而定。当矿体厚度小于 10~15 m 时,一般沿走向布置;矿体厚度大于 10~15 m 时,垂直走向布置。但目前垂直走向布置矿块的充填法大多不用干式充填。

（一）矿块构成要素

矿房长 30~60 m,宽为矿体的水平厚度,间柱的宽度取决于矿柱的回采方法、矿岩稳固程度及人行通风天井是否在间柱之中,矿房的面积主要取决于矿石的稳固程度。矿石稳固时为 300~500 m²,矿石极稳固时可达 800~2 000 m²。

阶段高度一般为 30~60 m,加大阶段高度,可以增加矿房矿量,降低采切比及损失贫化率。但是,当矿体厚度不大而倾角变化大时会造成溜矿井的架设困难。溜井溜放矿石多,下部磨损大,维护困难。

无二次破碎底部结构,底柱高度一般为 4~5 m,顶柱 3~5 m。

（二）采准切割

采准工程包括阶段运输巷道、矿块人行通风天井、联络道、充填天井及溜矿井在底柱中的部分、回风巷道。

切割工程是在矿房拉底水平的中央沿采场的长轴方向掘进拉底平巷。

溜井的下部在底柱中的一段是掘进形成,采空区内的部分是在充填料内顺路架设而成。采用木料支护时溜井断面为方形、矩形,用混凝土支护则为圆形。溜井短边尺寸或内径由溜放矿石的块度决定,一般为 1.5~1.8 m。每个矿房的溜井数应不少于两个,爆破时应将落矿范围内的溜井上口盖住,而用另一个溜井出矿。溜井位置的确定以运搬矿石距离最小为原则。阶段运输巷道采用脉内布置形式,这样便于布置溜井。矿块人行通风天井设于间柱之中,并靠近上盘,以便将来改为回采间柱的充填天井。天井用联络道与矿房连通,上下两联络道的间距为 6~8 m。

为了减少采切工程,也可以在充填料中顺路架设人行井,这样还能适应矿体的形态变化。充填天井一般不储存充填料,故其倾角大于充填料自然安息角即可。为便于充填料的铺撒,充填天井应布置在矿房的中部靠上盘的地方。为保证安全,任何顺路井不得与充填井布置在同一垂面上。

（1）不留矿石底柱的拉底方法。拉底由阶段运输巷道开始,用浅孔扩帮到矿房边界,矿石出完后,用上向式凿岩机挑顶两次,使拉底高度达到 6 m 左右。撬毛清理松石后,将矿石出完,在拉底层底板上铺 0.3 m 的钢筋混凝土底板,并在原运输巷道的位置上架设模板,浇灌混凝土假巷,混凝土厚度为 0.3~0.4 m。在溜矿井的设计位置浇灌放矿溜口及溜矿井,若人行井顺路架设还需浇灌人行井。然后下充填料充填,当充填高度达到假巷上部 1 m 时,再浇灌 0.2 m 厚的混凝土垫板,以防矿石与充填料混合,造成贫化损失。

（2）留矿石底柱的拉底方法。由运输巷道打溜矿井接通拉底巷道。若人行井也顺路架设,还要打人行井。在拉底巷道中用浅孔扩帮到矿房边界,然后在拉底层上铺 0.3 m 的钢筋混凝土底板,拉底即告完成。

不留矿石底柱的拉底方法,需浇灌人工假巷,工作量大,效率低,若阶段运输巷道为脉内布置,相邻采场互相干扰大,但避免了将来回采底柱的麻烦。

留矿石底柱的拉底方法简单、方便、效率高,但将来回采底柱困难,底柱回采安全性差、贫化损失率高。

（三）回采及充填工作

大量回采是由下向上水平分层逐层回采,采完一层及时充填一层。回采一个分层的作业有凿岩爆破、洒水撬毛、矿石运搬、砌筑隔墙、接高顺路井、充填及浇灌混凝土垫板等,上述作业之总合叫作一个分层的回采循环。

回采分层高度为 1.5～2 m。用上向式或水平式凿岩机浅孔落矿,前者可一次集中把分层炮孔全部打完,然后一次或分次爆破。上向孔凿岩工时利用率高,辅助作业时间少,大块产出率低,但打上向孔操作条件差,在节理发育的地方作业不够安全;整个分层一次爆破时,需拆除所有设备及管线,凿岩与运搬难以平行作业,所以用上向孔落矿时多采用分次爆破。水平孔落矿顶板平整,作业安全,凿岩与运搬可同时平行作业,但每次爆破矿石量少,辅助作业时间比重高。

矿石运搬使用电耙,电耙坚固耐用,操作简便,维修费用低,并可辅助铺撒充填料,但采场四周边角的矿石不易耙尽,需辅以人工出矿。此外,需在充填料上铺高强度的混凝土垫板,不然贫化损失增加。

为了防止将来回采间柱时,矿石与充填料相混,需预先将充填料与间柱分开。分开的方法是在矿房充填体与间柱之间浇灌或砌筑混凝土隔墙,隔墙的厚度为 0.5～1.0 m,接高顺路井可与砌隔墙同时进行。为提高效率减轻劳动强度,一些矿山使用了先充填后筑墙的方法,即先用混凝土预制砖的干砌体构成隔墙的模板,然后开始采场干式充填。当充填至应充高度还差 0.2 m 时停止,由充填井下混凝土,同时浇灌隔墙、混凝土垫板及顺路井井壁。

干式充填料为各种废石,要求含硫不能太高,无放射性,块度不超过 300 mm,以便充填料的铺撒。

干式充填系统简单,由矿山废石场或采石场将充填料运至矿山充填井,下放至采场充填巷道(上一阶段运输巷道)水平,再由采场充填井下放至采场充填。混凝土可在采场充填巷道内搅拌后经采场充填井用管道送至工作面。

当厚度较小的矿体使用干式充填采矿法时,为便于全部或部分利用自重进行采场矿石及充填料的运搬,可将回采工作面变倾斜。

二、上向水平分层水力充填采矿法

水力充填是利用水力将充填料输送到充填地点,水滤出后,充填料填充于回采空间。水力充填的压头可以是自然压头,也可以是机械加压;充填线路可以是沟道、管道、钻孔或其组合。采用水力充填的采矿方法称为水力充填采矿法。水力充填采矿法也多将矿块划分为矿房和矿柱分别进行回采。

按充填料的种类不同,水力充填又分为水砂充填与尾砂充填两种。前者充填料为碎石、砂、炉渣等,后者为选矿厂尾砂。

水力充填采矿法虽然充填系统复杂,基建投资费用高,但充填体致密,充填工作易实现机械化,工人作业条件好,广为矿山采用。

（一）矿块构成要素

影响阶段高度的因素与干式充填法相同,一般为 30～60 m。矿体倾角大、矿体规整时,可选取较大的阶段高度。

间柱的宽度为 6～8 m,矿岩稳固性差时取大值。阶段运输巷道布置在脉内时,需留顶柱,顶柱厚度为 4～5 m;留矿石底柱时,底柱高 5 m 左右。采用混凝土假巷时,可不留底柱。

（二）采准切割

在矿体的上下盘布置脉外沿脉运输巷道。为减少采切工程量,在矿房与矿柱的交界处布置穿脉运输巷道,形成穿脉装矿的环形运输系统。在矿房内布置一个充填天井、两个溜矿井和一个人行滤水井。溜矿井与人行滤水井的下部需穿过底柱,是掘进形成的,其余部分在充填料中随充填顺路架设而成。矿房面积较大时,需在拉底水平掘进拉底巷道。

溜矿井常用圆形断面,内径 1.2～2 m。溜矿井可用预制混凝土构件或钢板溜井组成,采场的滤水井兼作人行井,在内部架设台板及梯子。也有矿山采用滤水塔滤水。滤水塔不兼人行,是用孔网为 $\phi50$ mm×50 mm 的金属网或钢板网卷成直径 460 mm 的圆筒,并用直径 100 mm 的塑料管把滤水塔与排水井连通,用排水井排水。滤水塔外包金属丝网、尼龙纤维布、麻布等滤水材料。

切割工作与干式充填采矿法基本相同,但有两个问题需要注意:

（1）拉底层中钢筋混凝土底板的强度要大,很多矿山使用厚 0.8～1 m 的钢筋混凝土底板,配双层钢筋。两层钢筋间距 700 mm,主筋直径 12 mm,副筋直径 6～8 mm,平面上网格为 300 mm×300 mm;要求混凝土标号达 150 号。

（2）顺路天井要有锁口装置,以防止充填料从顺路天井与底柱矿石接合部的缝隙中流出（亦称跑砂）而造成事故。

（三）回采工作

大量回采工艺过程由凿岩爆破、洒水撬毛清理松石、矿石运搬、清理采场矿石、筑混凝土隔墙、加高顺路天井、充填、铺设混凝土垫板等工序组成。大量回采是逐层进行的,采完一层,及时充填一层,并使作业空间保持一定的高度:垂直孔落矿应保持在 2～2.2 m,水平孔落矿可低些。

加大分层高度可减少清场、铺设混凝土垫板的数量及浇灌混凝土隔墙的次数,有利于提高效率。但加大分层高度,使运搬及充填时采场空间高度加大,对采场的安全不利。

采用水平浅孔落矿时,分层高度一般为 $8\sim2$ m。有的矿山矿石较稳固,先用上向中深孔落矿,然后再用水平浅孔光面爆破护顶,此时分层高度可达 $4\sim5$ m。一些矿石很稳固的矿山,为了减少充填工艺的重复次数,回采两个分层的矿石后才充填一次,这种工艺称"两采一充",此时出完矿的空场高度可达 $6\sim8$ m。

为防止运搬矿石时,设备将充填料与矿石一起运走,造成矿石贫化,以及防止高品位粉矿落入充填料中造成损失,所以在充填料上必须铺设隔离垫板。目前多用浇灌混凝土及水泥砂浆形成垫板。

回采空间靠充填料支撑或靠充填料强化矿柱与围岩自身支撑力进行支撑。采场顶板矿石欠稳时,可用锚杆局部支护。上盘局部不稳的也可用木料支撑。

(四)充填

充填前应对充填管道、通信、照明等系统的线路进行检修,架设采场内的充填管道,加高顺路天井,修筑隔墙,进行采场设备的移运与吊挂。

主干管道多用钢管,采场管道可用内径 $100\sim150$ mm 的塑料管。架设管线时要求平直,易装易拆,并能在一定范围内移动。为了检查管道是否通畅或漏水,充填前应先通清水 10 min。充填时以充填天井为中心,由远而近分条后退。尾砂充填的最初落砂点应远离人行滤水井,以保证滤水井附近的尾砂有较粗的粒径和足够的渗透系数。充填高度为 $3\sim4$ m 时,可分为 $2\sim3$ 次完成。

每次充填结束,需用清水清洗管道 $5\sim10$ min。整个充填过程中,砂仓、搅拌站、砂泵、管路沿线及采场内应有专人巡视,以便掌握系统运行及充填情况。

混凝土隔墙及顺路天井的砌筑方法有两种。第一种是先砌筑隔墙、接高顺路天井再充填,另一种是先充填再砌筑隔墙、接高顺路天井。前者要架设模板,工人劳动强度大,材料(特别是木料)消耗大,而且充填完后还要再送一次混凝土供铺设垫板之用。因此,很多矿山使用混凝土预制砖干砌体代替隔墙模板和顺路天井的外侧模板,先充填,而后再浇灌隔墙、顺路天井并在充填料表面铺混凝土垫板。顺路天井内侧模板可使用质轻、耐用、安装拆卸方便的塑料模板。

三、胶结充填采矿法

用干式、水砂、尾砂充填料充填采空区,虽可以承受一定的压力,但它们都是松散介质,受力后被压缩而沉降,控制岩移效果差。回采矿房时需砌筑混凝土隔墙、浇灌钢筋混凝土板,但回采矿柱时,隔墙隔离效果不理想,还需要建立用于水力充填料及混凝土输送的两套系统及排水、排泥设施。

目前,为更有效地控制岩移,保护地表,降低矿石损失贫化指标,国内外的矿山越来越多地采用胶结充填采矿法。使用胶结充填料进行充填的充填采矿法,称为胶结充填采矿法。

胶结充填的实质,就是在松散充填料中加入胶结材料,使松散充填料凝结成具有一定强度的整体,使之最大限度发挥控制地压与岩移、强化矿岩自身支撑能力的作用。目前最常用的胶结材料仍是硅酸盐水泥。

(一)矿块构成要素

将矿块划分为矿房与矿柱,先用胶结充填法回采矿房,再用水力充填法回采矿柱。因为胶结充填成本高于水力充填,故将矿房的尺寸设计得比矿柱小。矿房尺寸应根据被开采矿床的矿岩稳固程度及矿房开采以后形成的"人工柱子"能保证第二步回采矿柱时的安全需要来决定。

(二)采准切割

切割工作留矿石底柱时,自拉底巷道用浅孔扩帮至采场边界,即完成采场的拉底,拉底层的高度为 2～2.5 m。采用人工底柱时自穿脉巷道扩帮至采场边界,矿石出完后,挑顶一层,使拉底高度不小于 5 m。将矿石出完并清理干净后,在预留假巷及顺路井的位置架设模板,然后下胶结充填料充填,充填高度为 3 m,分层作业空间高度约为 2 m。

(三)回采及充填

回采分层高度为 2～2.5 m。为提高效率、减少辅助作业时间,在矿岩稳固程度允许的条件下,可以使用"两采一充"工艺。落矿多用上向浅孔;矿石稳固性差时,也可以使用水平浅孔落矿,但爆破、通风等耗用的总时间多。采场运搬可用无轨设备或电耙,或者是两者的配合。矿石运搬完后,若采场全断面一次充填,此时可将凿岩、运搬设备悬吊在工作面顶板上;若采场分成两段,一段出矿、一段充填时,可将设备移运至未充填的地方即可。

充填前,应将采场底板的粉矿清扫干净,这样做除可减少矿石损失外,还有利于两层混凝土的胶合。接高顺路井只需内侧单面架设模板,顺路井周围的胶结充填料需进行捣实。胶结充填料的水灰比合适时,人行井无须考虑兼作滤水之用。

采场充填工作,是利用胶结充填料自身的流动性及搅拌站与充填地点的高差,采取自流并辅以人工耙运来进行的。

为了保护地表和围岩,降低矿石的损失贫化,采场最后充填时,充填料必须紧密地接触采场顶板,才能有效承受地压,充分体现胶结充填的优点,这一工作称"接顶"。常用的接顶方法有两种,人工接顶与加压接顶。

用人工接顶时,沿采场的长度方向将最后一个分层需充填的空间分成 1～2 m 宽的条带,在条带交界处按充填顺序架设模板,然后逐条浇注充填料。当充填至顶板 0.5 m 时,改用浆砌块石或混凝土预制块接顶,将残留的空间全部填满。这种接顶方法可靠,但劳动强度大,效率低,木料消耗量大。

加压接顶是利用砂浆泵、混凝土泵、混凝土输送机等机械设备对胶结充填料加压,使之沿管道压入接顶空间。接顶充填前应对接顶空间进行密封,以防充填料流失,而且输送充填料的管道出口应尽量高些。这种方法简单易行,接顶压力高,接顶密实,劳动生产率高,木料消耗少,但投资费用高,接顶效果不易检查。

此外,体积较大的接顶空间,也可打垂直钻孔进行接顶充填。

第三节　下向倾斜分层充填采矿法

下向水平分层充填采矿法在分层充填中很难做到密实接顶,充填料脱水后收缩,在充填料的上部常常留有 0.2～0.5 m 的空隙,不能有效地控制地压、限制岩移。若采用加压充填消灭空隙,则需增加大量专用设备。为解决这一问题,也可采用下向倾斜分层充填。现用金川龙首矿下向倾斜分层充填采矿法作为典型方案。

龙首矿矿床生成于超基性岩体的中下部,呈似层状、扁豆状产出,富矿体的四周包裹贫矿体,矿体倾角 65°～80°,矿区断层、裂隙发育,矿石破碎,且受强烈风化的煌斑岩脉穿插、破坏。矿体厚度 30～100 m,沿走向长 450～550 m,矿石品位高,并含多种稀有、贵重金属。要求开采时尽可能地降低矿石损失率并保护远景贫矿资源。为此,金川龙首矿经过多年的探索,成功地使用了下向倾斜分层胶结充填采矿法。

(1)矿块构成要素。阶段高 30 m。由于矿体厚大,矿块垂直走向布置。充填天井的一侧布置回采进路时,矿块长 25 m,两侧布置进路时长 50 m。

(2)采准切割。在矿体近下盘处掘进沿脉运输巷道。沿走向每隔 50 m 在矿块中开溜矿井,并用厚度为 4.5～6 mm 的钢板全焊接护壁、钢板后充填混凝土。掘进充填天井通穿脉充填平巷为上部分层开采后,充填井在胶结充填料中顺路形成,每分层垂直矿体走向掘进分层横巷 7,规格为 2.5 m×2.5 m,作为初始切割巷道。

(3)回采及充填。分层高度为 2.5 m。分层倾角视充填料的流动角而定,用细砂胶结充填为 3°～5°,用粗骨料胶结充填为 8°～10°。分层用进路回采,随采随充。回采进路垂直分层横巷布置,可以间隔回采,也可以依次回采。回采进路规格为 2.5 m×(3～4) m。相邻两条进路共用一个充填小井,充填小井与穿脉充填平巷连通。使用气腿式凿岩机浅孔落矿,30 kW 电耙出矿。矿石经回采进路、分层横巷、溜矿井落至沿脉运输巷道,用振动放矿机装车运出。因为上分层的充填料是胶结体,且铺了金属网。所以,回采进路不需再进行支护。

进路底板矿石清理干净后,在进路与分层横巷的结合部做木板隔墙,并用立柱加固,再钉上草袋、塑料编织布等滤水材料后开始充填。充填料经过沿脉充填平巷、穿脉充填平巷、充填小井进入待充进路,充填料的输送全用电耙。建滤水隔墙的目的是滤出充填前后清洗耙道而进入进路的多余水。每个进路的充填必须一次连续完成,不能多次充填,不然难以保证质量。最末的进路与分层横巷同时充填。

六角形进路高 4 m,上、下宽 3 m,腰宽 5 m。先用高 2.5 m 的普通进路采两层,再采高 2 m、宽 4 m 采一隔一的预备层,采后封口充填。接着采高进路护帮层,采高 4 m、宽 3 m,再适当扩帮至腰宽 5 m,也是采一隔一。以下分层就可按正常六角形断面开采。

采场平场后,将耙矿时换下的废钢丝绳留在进路底板上,待下层回采时从顶板露出来的钢丝绳供挂耙矿滑轮之用。

在六角形进路内,顶板充填体被两帮充填体托住,两帮未采矿石又托着两帮充填体,故可提高作业的安全。据对六边形断面采场稳定性非线性有限元分析研究,六角形进路的应力集中系数比正方形进路降低三四倍,且把进路两帮的拉应力变为压应力,增加了进路周围充填体与矿石的承载能力,提高了进路的稳定性。据现场调查,自使用六角形进路回采以来,采场从未发生因冒顶、片帮而引起的重大安全事故。

第四节　矿柱回采

用两步骤回采的充填法(主要是上向分层充填法),在矿房回采后,矿房已为充填材料所充满,就为回采矿柱创造了良好的条件。在矿块单体设计时,必须统一考虑矿房和矿柱的回采方法及回采顺序。一般情况下,采完矿房后应当及时回采矿柱,否则矿山后期的产量将会急剧下降,而且矿柱回采的条件也将变差(矿柱变形或破坏巷道需要维修等),增加矿石损失。

矿柱回采方法的选择除了考虑矿岩地质条件外,主要根据矿房充填状态及围岩或地表是否允许崩落而定。

一、胶结充填矿房的间柱回采

矿房内的充填料形成一定强度的整体。此时,间柱的回采方法有上向水平分层充填法、下向分层充填法、留矿法和房柱法。

当矿岩较稳固时,用上向水平分层充填法或留矿法随后充填回采间柱。为减少下阶段回采顶底柱的矿石损失和贫化,间柱底部高 5~6 m,需用胶结充填,其上部用水砂充填。当必须保护地表时,间柱回采用胶结充填,否则,可用水砂充填。

留矿法随后充填采空区回采矿柱,可用于具备适合留矿法的开采条件之处。由于做人工漏斗费工费时,一般都在矿石底柱中开掘漏斗。充填采空区前,在漏斗上存留一层矿石,将漏斗填满后,再在其上部进行胶结充填,然后再用水砂或废石充填。

在顶板稳固的缓倾斜或倾斜矿体中,当矿房胶结充填体形成后,可用房柱法回采矿柱。在矿房充填时,应架设模板,将回采矿柱用的上山、切割巷道和回风巷道等预留出来,为回采矿柱提供完整的采准系统。

当矿石和围岩不稳固或胶结充填体强度不高时,应采用下向分层充填法回采间柱。

胶结充填矿房的间柱回采劳动生产率高,与用同类采矿方法回采矿房基本相同。由于部分充填体可能损坏,矿石贫化率为 $5\% \sim 10\%$。

二、松散充填矿房的间柱回采

在矿房用水砂充填或干式充填法回采,或者用空场法回采随后充填(干式或水砂充填)的条件下,如用充填法回采间柱,需在其两侧留 $1 \sim 2$ m 矿石,以防矿房中的松散充填料流入间柱工作面。如地表允许崩落,矿石价值又不高,可用分段崩落法回采间柱。间柱回采的第一分段,应能控制两侧矿房上部顶底柱的一半,这样,顶底柱和间柱可同时回采;否则,顶底柱与间柱分别回采。

回采前将第一分段漏斗控制范围内的充填料放出。间柱用上向中深孔、顶底柱用水平深孔落矿。第一分段回采结束后,第二分段用上向垂直中深孔挤压爆破回采。这种采矿方法回采间柱的劳动生产率和回采效率均较高,但矿石损失和贫化较大。因此,在实际中应用较少。

三、顶底柱回采

如果回采上阶段矿房和间柱时构筑了人工假底,则在其下部回采底柱时,只需控制好顶板暴露面积,用上向水平分层充填法就可顺利地完成回采工作。

当上覆岩层不允许崩落时,应力求接顶密实,以减少围岩和下伏岩下沉。如上覆岩层允许崩落时,用上向水平分层充填法上采到阶段水平后,再用无底柱分段崩落法回采上阶段底柱。

由于采准工程量小且回采工作简单,无底柱分段崩落法回采底柱的优越性更为突出,但单分层回采不能形成菱形布置采矿巷道,其一侧或两侧的三角矿柱无法回收。因此,矿石损失及贫化率较大。

第五节　进路充填采矿法

一、工艺技术特点

进路充填采矿法(简称进路充填法)适用于矿岩极不稳固、矿石品位高、经济价值大的矿体。矿体厚度从薄到极厚、倾角从缓到急倾斜均可采用。进路充填法开采的顶板跨度小,回采作业安全性高。

进路充填法和分层充填法的工艺基本相同,实际上就是将分层划分成多条进路进行回采。矿体厚度小于 20 m,进路沿走向布置;矿体厚度大于 20 m,进路垂直走向布置;当矿体厚度较小,小于 5 m 时,即为单一进路回采。进路断面一般为 2 m×2 m～3 m×3 m;采用浅孔凿岩台车和铲运机出矿时,进路断面一般为 4 m×4 m～5 m×5 m。进路既可以采用间隔回采,也可以采用连续顺序回采。同时回采进路数根据矿体厚度而定,一般有 2～5 条进路可以同时回采,每条进路回采结束后即进行充填。

进路充填法矿石回收率高、贫化率低,但回采充填作业强度大、劳动生产率较低,并要求进路充填接顶。采用高效的凿岩台车和铲运机出矿,可以有效地提高采场综合生产能力。

进路充填法分为上向进路充填法和下向进路充填法。

二、上向进路充填法

上向进路充填法的特点是,自下而上分层回采,每一分层均掘进分层联络道,以分层全高沿走向或垂直走向划分进路,这些进路顺序或间隔回采。整个分层回采和充填作业结束后,进行上一分层的回采。

回采进路形成向下倾斜的帮壁,以便于非胶结充填或减少水泥的使用量。分层内进路可以连续回采,也可以间隔回采。如果精心作业,第二步回采可以使贫化率很小或者几乎没有贫化,这种方法叫作(连续)倾斜进路回采。通常采用矩形进路间隔回采。为避免相邻进路回采时造成严重的贫化损失,第一步回采后需进行胶结充填;也可以在第一步回采时采用较窄的进路,第二步回采时采用较宽的进路,以降低水泥的用量。当进路两侧均为充填体时,进路下层可以用低灰砂比 1：(20～30)胶结充填。

三、下向进路充填法

当开采矿岩极不稳固但价值又很高的矿体时,适合采用下向进路充填法开采。其特点是回采顺序为由上而下进路回采,除第一层中的进路外,每一层的进路都是在胶结充填料形成的人工顶板下进行回采作业。

第六节　分采充填采矿法

一、工艺技术特点

当矿脉厚度小于 0.3～0.4 m 时,若只采矿石,工人无法在其中工作,必须分别回采矿石和围岩,使其采空区达到允许工作的最小厚度(0.8～0.9 m)。采下的矿石运出采场,而采掘的围岩充填采空区,为继续上采创造条件。这种采矿法称为分采充填法(也叫削壁充填法)。

这种采矿法常用来开掘急倾斜极薄矿脉,矿块尺寸不大,一般为阶段高度 30～50 m,矿块长度 50～60 m;顶柱高度 2～4 m,底柱高 2～4 m,品位高及价值高的矿石,可以用钢筋混凝土作底柱而不留矿石底柱;分层高度 1～2 m,溜井间距用铲运机出矿为 20～30 m,用电耙出矿为 20～25 m。

采矿工程主要是运输平巷、人行天井和溜井,切割工程是拉底平巷。运输巷道一般切下盘岩石掘进,便于更好地探清矿脉。天井布置有两种方式:一种为中央先行天井与一侧(或两侧)顺路天井,另一种为采场一侧先行天井、另一侧顺路天井。为了缩短运搬距离,常在矿块中间设顺路天井。

自下向上水平分层回采时,可根据具体条件决定先采矿石还是先采围岩。当矿石易于采掘,有用矿物又易被震落,则先采矿石;反之,先采围岩(一般采下盘围岩)。

先崩矿石时,由于脉幅薄,夹制性大,宜采用小直径钻机钻凿深度不超过1.5 m 的浅孔,孔距 0.4～0.6 m。矿脉厚度小于 0.6 m 时,采用一字形布孔;大于 0.6 m 时,采用之字形布孔。为了减少崩矿对围岩的破坏,降低矿石贫化率,采用小直径药卷或间隔装药等措施进行爆破。在落矿之前,应铺设垫板(木板、铁板、废运输带等)或喷射混凝土垫层,以防粉矿落入充填料中。为了提高崩矿质量,在一个回采分层内可采取分次崩矿措施。

由于矿脉很薄,开掘的围岩往往多于采空区所需充填的废石,此时应设废石溜井将多余废石运出采场。当采幅宽度较大时,可采用耙斗为 0.15 m³ 的小型电耙运搬矿石和耙平充填料。应用分采充填法的矿山,为了给回采工作面创造机械化条件,可增大采幅宽度。

用分采充填法开采缓倾斜极薄矿脉时,一般逆倾斜作业。回采工艺和急倾斜极薄矿脉相似,但充填采空区常用人工堆砌,体力劳动繁重,效率更低。可用电耙和板式输送机在采场内运搬矿石，采幅宽度一般比急倾斜矿脉要大。

这种采矿法在铺垫板质量达不到要求时，矿石损失较大（7%～15%）；矿脉很薄落矿时，不可避免地带下废石混入矿石中，贫化率较高（15%～50%）。因此，铺设垫板的质量好坏是决定分采充填法成败的关键。

尽管这种方法存在工艺复杂、效率低、劳动强度大等缺点，但对开采极薄的贵重金属矿脉，在经济上仍比混采的留矿法优越。

第七节　方框支架充填采矿法

开采薄矿脉过去多采用横撑支柱或木棚支架采矿法，但由于坑木消耗很大、工艺复杂、效率很低，目前我国已很少应用，而被其他采矿法所取代。在矿体厚度较大（中厚以上），矿石和围岩极不稳固，矿体形态极其复杂（厚度、倾角和形状变化很大），矿石贵重等条件下，方框支架充填采矿法是一种有效的采矿方法。

这种采矿法的特点是，用方框支架配合充填支护采空区。每次回采的矿石等于方框支架大小的分间，每分间矿石采出后立即架设方框并把它楔紧，然后进行充填（一般为干式充填），并沿走向布置矿块方框支架来进行充填推进。

回采工作可以从阶段水平底板开始，或者从顶板开始，留底柱情况很少见。第一分层回采时，方框要架设在地梁上（两个方框的长度），在其上部铺木板作为方框支架的基础，为下阶段回采创造有利的条件。溜矿井和行人天井，均设置在方框支架中（间隔4～6个方框），用木板与充填料隔开。最上一层方框进行落矿作业，第二层进行矿石运搬（一般为人力运搬）；在每一作业层方框上铺设木板，作为工作台。

当矿体厚度大于12 m时，垂直走向布置矿块，用垂直分条或短矿块进行回采。由于存在支架和充填劳动强度很大、劳动生产率很低、坑木消耗很大、不便实行机械化开采、回采成本很高等严重缺点，这种采矿法只在极其不利的矿山地质条件下应用。

第八节　充　填　技　术

一、概述

充填采矿法的充填技术从充填料输送和充填体在采空区的存在状态上划分为干式充填法、水力充填法和胶结充填法。充填料的形态不同，采用的输送方式也不同，充填采矿法整个充填系统可以分为充填材料的制备、充填材料的输送、采场充填3个环节,充填材料分为充填料、胶凝剂、改性材料。充填料主要有3大来源,露天采石或砂石、露天开采排弃废石、尾矿。

（一）充填方式

通常按照充填材料和输送方式,将矿山充填分为干式充填、水力充填和胶结充填3种类型。

1. 干式充填

干式充填是将采集的块石、砂石、土壤、工业废渣等惰性材料,按规定的粒度组成,对所提供的物料经破碎、筛分和混合形成的干式充填材料,用人力、重力或机械设备运送到待充采空区,形成可压缩的松散充填体。

2. 水力充填

水力充填是以水为输送介质,利用自然压头或泵压,从制备站沿管道或与管道相连接的钻孔,将山砂、河砂、破碎砂、尾砂或水淬炉渣等水力充填材料输送和充填到采空区。充填时,使充填体脱水,并通过排水设施将水排出。水力充填的基本设备(施)包括分级脱泥设备、砂仓、砂浆制备设施、输送管道、采场脱水设施以及井下排水和排泥设施。管道水力输送和充填管道是水力充填最重要的工艺和设施。砂浆在管道中流动的阻力,靠砂浆柱自然压头或砂浆泵产生管道输送压力去克服。

3. 胶结充填

胶结充填是将采集和加工的细砂等惰性材料掺入适量的胶凝材料,加水混合搅拌制备或胶结充填料浆,沿钻孔、管、槽等向采空区输送和堆放浆体,然后使浆体在采空区中脱去多余的水(或不脱水),形成具有一定强度和整体性的充填体;或者将采集和加工好的砾石、块石等惰性材料,按照配比掺入适量的胶凝材料和细粒级(或不加细粒级)惰性材料,加水混合形成低强度混凝土;或将地面制备成的水泥砂浆或净浆,与砾石、块石等分别送入井下,将砾石、块石等惰性材料先放入采空区,然后采用压注、自淋、喷洒等方式,将砂浆或净浆包裹在砾石、块石等的表面,胶结形成具有自立性和较高强度的充填体。

充填采矿法均具有充分回收资源、保护远景资源和保护地表不塌陷三大功能,同时具备充分利用矿山固体废料的功能。由于金属矿山的固体废料源主要为废石、尾砂和赤泥,故根据三大固体废料源可将充填分为废石胶结充填、尾砂充填和赤泥胶结充填三大类型。

（二）充填法采矿的生态功能

常规的矿山充填只是作为采矿工艺或采空区处理的一个工序,主要从经济目标或技术目标出发。事实上,矿山充填尤其是能充分利用矿山固体废料的矿山胶结充填,不但能在复杂条件下充分地回采矿产资源,而且能够减少矿山固体废料的排放和保护地表不受破坏。矿山充填具有四大主要的工业生态功能,即提高资源利用率、储备远景资源、防止地表塌陷和充分利用固体废料。

1.　充分回采矿石资源

矿山充填的首要任务之一是充分回采矿石。众所周知,矿产资源相对于人类是不可再生的,充分利用矿产资源已是当代人的首要任务。另外,对于一些高品位矿床的开采,从矿山企业的经营目标出发,也应该尽可能提高回采率,以便使矿山获取更好的经济效益。

2.　远景资源保护

随着可持续发展战略在全球范围内的推行,矿产资源的合理开发不再仅仅局限于充分回收当代技术条件下可供利用的资源,而应该充分考虑到远景资源能得到合理保护。当代被采矿体的围岩极有可能是远景资源,能在将来得到应用。但按照目前通常的观念,这些远景资源是不计入损失范畴的,因为它们在现有技术条件下不能被利用,或根本还不能被认识到将来的工业价值。因而,在当代采矿活动中很少考虑远景资源在将来的开发利用,事实上在远景资源还不能被明确界定的条件下也难以综合规划。因此,在开发当代资源的过程中,远景资源往往受到极大破坏,如崩落范围的远景资源就很难被再次开发,或即使能开发也增加了很大的技术难度。

3.　防止地表塌陷

采矿工业在索取资源的同时,因开采而在地下形成大量采空区,即矿石被回采后,遗留在地下的回采空间。无论是崩落采矿法的顶板崩落,还是空场法的采空区失稳塌陷或顶板强制崩落,都会造成大量土地和植被遭受破坏。用充填法开采矿床时,回采空间随矿石的采出而被及时充填,是保护地表不发生塌陷、实现采矿工业与环境协调发展的最可靠的技术支持。

4.　充分利用矿山固体废料

目前的工业体系实际上是一个获取资源和排放废料的过程。采矿活动是向环境排放废弃物的主要来源,其排放量占工业固体废料排放量的 $80\%\sim85\%$。可见,现在的采矿工业模式显著增加了地表环境的负荷,不能满足可持续发展战略的要求。采用自然级配的废石胶结充填、高浓度全尾砂胶结充填和赤泥胶结充填技术,不但具有充填效率高、可靠性高和采场脱水量少的工艺性能、可输性好和流动性好的物料工作性能、胶凝特性优良的物理化学性能、充填体抗压强度高和长期效应稳定的力学性能等,而且能够充分利用矿山废石和尾砂(或赤泥)。因此,矿山充填可以将矿山废弃物作为资源被重新利用,达到尽可能地减少废料排放量的目标。

二、充填材料

(一)充填材料的分类

1. 按粒级分类

根据充填材料颗粒的大小,可将充填材料分为块石(废石)、碎石(粗骨料)、磨砂及戈壁集料、天然砂(河砂及海砂)、脱泥尾砂和全尾砂等几类。

(1)块石(废石)充填料

主要用于处理空场法或留矿法开采所遗留下来的采空区。块石充填料的粒级组成因矿山和岩性而异,难以进行统计分析,充填料借助重力或用矿车和皮带输送机卸入采场,在这一过程中由于碰撞、滚磨等原因块石的颗粒级配将明显变小。

(2)碎石(粗骨料)充填料

主要用于机械化水平分层充填法,以及分段充填采矿法,用水力输送。也可加入胶结剂制备成类似混凝土的充填料。

(3)磨砂及戈壁集料充填料

当分级尾砂数量不足时,可采用一部分磨砂或戈壁集料补充。

(4)天然砂(河砂和海砂)充填料。

这类充填材料与磨砂一样,也是用于脱泥尾砂的数量不足或选矿厂尾砂不适合用作充填料的情况。

(5)脱泥尾砂充填料

这是使用最广泛的一种充填材料,其来源方便,成本低廉,只需将选矿厂排出的尾砂用旋流器脱泥。这种充填料全部用水力输送,既适合于各种分层或进路充填法,也适用于处理采空区。

(6)全尾砂充填料

选矿厂出来的尾砂不经分级脱泥,只经浓缩脱水制成高浓度或膏体充填料。目前,高浓度或膏体全尾砂充填料在添加水泥等胶结剂后,主要用于分层或进路充填采矿法中,采用泵压输送或自溜输送方法。

2. 按力学性能分类

根据充填体是否具有真实的内聚力,可将充填材料分为非胶结和胶结两类。

(1)非胶结充填材料

前面所述的各种充填材料均可作为非胶结充填料,但对尾砂来说,由于含细微颗粒多,脱水比较困难,在爆破等动荷载作用下存在被重新液化的危险,因此,在目前的工程技术水平条件下,全尾砂充填料一般需加入水泥等胶结剂制备成胶结充填料。

（2）胶结充填材料

一般情况下,块石、碎石、天然砂、脱泥尾砂和全尾砂均可制备成胶结充填材料或胶结充填体。对于不适宜用水力输送的块石或大块的碎石来说,可借助于重力或风力先将其充入采空区,然后在其中注入胶结水砂(尾砂)充填料以形成所谓的胶结块石充填体。

3. 按在充填体内的作用分类

在充填采矿过程中,充填到采场或采空区的砂、石或其他物料统称为充填材料。常用的充填材料可分为三大类,即惰性材料、胶凝材料和改性材料。

（1）惰性材料

在充填过程中和充填体内,材料的物理和化学性质基本上不发生变化,是充填材料的主体。常用的有尾砂、河砂、山砂、人造砂、废石、卵石、碎石、戈壁集料、黏土、炉渣等。惰性材料是充填材料的主体。在建筑用混凝土中,粒径大于 5 mm 的碎石、卵石、块石称为粗集(骨)料,粒径小于 5 mm 的砂称为细集(骨)料。尾砂作为惰性充填材料在国内外均得到了广泛应用。应注意有的矿山在尾砂中 MgO 的含量较高,可能会影响充填体的强度。若惰性材料中含有硫、磷、碳等,会降低充填体的强度,并危害井下劳动条件和环境。

（2）胶凝材料

在环境的影响下,材料本身的物理和化学性质发生变化,使充填料凝结成具有一定强度的整体。主要的胶凝材料有水泥、高水材料和全砂土固结材料等。常用的有水泥、高水材料、全砂土固结材料、磨细水淬炉渣、磨细炼铜炉渣、磨细烧黏土、硫化矿物、磁黄铁矿、石灰、石膏和粉煤灰等。

至今,胶结充填中的胶凝材料仍然广泛采用通用水泥,它由硅酸盐水泥熟料与不同掺入量的混合材料配制而成。水泥胶结充填材料则是指以水泥为主要胶凝材料的充填材料,该材料是目前应用最为广泛的充填材料。具有代表性的水泥胶结充填材料主要有低浓度尾砂胶结充填材料、细砂高浓度胶结充填材料、全尾砂高浓度胶结充填材料和膏体胶结充填材料。为节省胶凝材料,广泛采用各种活性混合物材料,其特点是就近采购活性混合材料,散装运至充填料制备站,将其进行加工,湿磨至其火山灰活性和水硬性表现出来时,再直接混入充填料中,送入井下进行充填。最常用的活性混合材料为高炉矿渣、炼铜反射炉渣、其他水淬炉渣、粉煤灰和熟石灰等。

（3）改性材料

加入充填料中用以改善充填料的质量指标,例如提高料浆流动性或充填体强度、加速或延缓凝固时间、减少脱水等。常用的有速凝剂、缓凝剂、絮凝剂、早强剂、减水剂及水等。

采用改性材料是为了改进充填材料的某种性能或提高充填质量和降低充填成本。改性材料包括絮凝剂、速凝剂、缓凝剂、早强剂、减水剂以及加气剂等。

絮凝剂可使水泥在充填体内均匀分布,提高充填体强度或降低水泥用量,消除充填体表层的细泥量。为使细粒级快速沉淀和脱水,必须在加入絮凝剂的同时,对矿浆进行搅拌。因此,使用絮凝剂的效果如何,除了正确地选用合适的絮凝剂外,还与矿浆中固体颗粒碰撞的频率和碰撞的效率有关,也就是要确定合理的搅拌能量、搅拌时间、矿浆各点速度梯度、矿浆浓度以及搅拌桶的结构形式等。矿山常用的絮凝剂有聚丙烯酰胺、聚二甲酯二甲基丙烷磺酸、聚丙烯酸、聚乙烷乙二烯氯化铵等。

缓凝剂是能延缓水泥的凝结时间,并对胶结体的后期强度没有不良影响的改性材料。常用的缓凝剂有酒石酸、柠檬酸、亚硫酸、酒精废液、蜜糖、硼酸盐等。

速凝剂是能加快水泥的凝结时间,并对胶结体的后期强度没有太大影响的改性材料。常用的速凝剂有 $CaCl_2$、$NaCl$ 和二水石膏,$CaCl_2$ 的用量一般不超过水量的 30%。

早强剂是能提高水泥早期强度和缩短凝结时间,并对充填体后期强度无显著影响的改性材料,常用的早强剂有无机早强剂类、有机早强剂类以及复合早强剂类。无机早强剂类的硫酸钠,有减少用水量和提高各项物理力学指标之作用。

减水剂为表面活性材料,它吸附在胶凝材料和惰性材料的亲水表面上,增加砂浆的塑性,在料浆坍落度基本相同的条件下,是一种能减少拌合用水量和提高强度的改性材料。国产减水剂多达几十种。

加气剂可以使充填料浆的体积增加,从而可以使充填采空区局部达到充填体接顶。如加入铝粉 $0.3\sim0.8$ kg/m³,可以使充填体的体积增加 25%～35%。

（4）水

胶凝材料需要水以实现水化反应。水又是各种改性剂的溶剂或载体,同时它还作为充填料浆的输送介质。因此,水中所含杂质对胶凝材料有影响。

（二）对充填材料的要求

井下充填用的充填材料需要量大,要让它能切实起到支撑围岩的作用,而又不恶化井下条件,必须满足下列要求:

（1）能就地取材、来源丰富、价格低廉;

（2）具有一定的强度和化学稳定性,能维护采空区的稳定;

（3）能迅速脱水,要求一次渗滤脱水的时间不超过 4 h;

（4）无自然发火危险及有毒成分;

（5）颗粒形状规则,不带尖锐棱角;

（6）水力输送的粗粒充填料,最大粒径不得大于管道直径的 1/3,粒径小于

1 mm 的质量分数也不超过 15％,沉缩率不大于 10％;

（7）用尾砂作充填料,所含有用元素要充分综合利用,含硫量必须严格控制（一般要求黄铁矿质量分数不超过 8％,磁黄铁矿质量分数不超过 4％）,选矿药剂的有害影响也必须去除,而且一般要进行脱泥。

三、胶凝材料

为了提高充填体的强度,使充填体具有一定的稳定性,在充填体内要加入胶凝材料。矿山充填使用的胶凝材料有硅酸盐水泥、高水速凝材料、全砂土固结材料。

（一）水泥

矿山及工程常用及使用最多的是硅酸盐水泥,凡是以适当成分的生料烧至部分熔融,所得的以硅酸盐为主要成分的硅酸盐水泥熟料,加入适量石膏和一定量的混合材料,磨细制成的水硬性胶凝材料,均称为硅酸盐水泥。生料是指生产水泥的原料,成分主要含有氧化钙、氧化硅、氧化铝、氧化铁等,主要原材料有石灰质原料（石灰石、大理石、贝壳、白垩）、黏土质原料（黏土、黏土质页岩、黄土、河泥）、辅助材料（铁粉、矾土、硅藻土）、矿化剂（萤石）等。

将按一定比例配好的原料经磨细得到生料,放入窑中经 1 450 ℃的高温煅烧后,成为熟料。再加入石膏和一定的混合材料磨细,就是水泥。

（二）高水材料

高水速凝材料（简称高水材料）是一种具有高固水能力、速凝早强性能的新型胶凝材料。高水材料在煤矿作为沿空留巷巷旁充填支护材料,在金属矿充填采矿中作为充填胶凝材料得到了推广应用,在生产实践中显示出很多优越特性。

高水材料是选用铝矾土为主料,配以多种无机原料和外加剂等,像制造水泥那样经破碎、烘干、配料、均化、煅烧及粉磨等工艺制成的甲、乙两种固体粉料,甲、乙两种固体粉料的比例为 1∶1,是一种新型的胶凝材料。

1. 物理性能

高水材料能将 9 倍于自身体积的水固结成固体,形成高结晶水含量的人工石。体积比含水率高达 90％的高水材料甲、乙两种浆液混合均匀后,5～30 min 之内即可凝结成固体,并且其强度增长迅速,1 h 的抗压强度达 0.5～1.0 MPa,2 h 强度达 1.5～2.0 MPa,6 h 强度达 2.5～3.0 MPa,24 h 强度达 3.0～4.0 MPa,3 d 强度可达 4.0～5.0 MPa,最终强度可达 5.0～8.0 MPa。组成高水材料的甲、乙两种固体粉料与水搅拌制成的甲、乙两种浆液,输送或单独放置可达 24 h 以上不凝固、不结底,具有良好的流动性,可泵时间长,易于实现长距离输送。高水材料硬化体压裂后,在不失水的情况下,存放一段时间,硬化体还能恢复强度。高水材料硬化体具有弹塑性的特征,当其单向受压后,原有的裂隙被压密,呈现弹性变形,当外力继续加大,材料变形达到屈服极限后,并没有发生脆性破坏,只出现一定程度的破裂,仍具有一定的残余强度。材料本身无毒、无害、无腐蚀性。随着养护龄期的增长,硬化体的强度也随之增加,而且在 24 h 之内,固结体强度的增长速度极快,24 h 后,其强度的增长速度明显减缓。这说明高水材料的凝结速度快、早期强度高。这些特点非常有利于矿山充填,有利于缩短采充循环周期,提高采场综合生产能力。

2. 稳定性能

(1) 高水材料的碳化。在高水材料的应用环境中,会遇到不同的气体环境,有些气体对高水材料硬化体的稳定性影响较大,而有些气体对硬化体影响较小。在自然条件下,二氧化碳气体对高水材料硬化体影响较大。二氧化碳气体的浓度越大,越容易引起硬化体的碳化反应,使抗压强度降低。碳化与湿度也有较大关系,湿度越大,高水材料硬化体越容易发生碳化反应。

(2) 高水材料的热稳定性。高水材料硬化体中的主要物相是钙矾石,它在硬化体中起着骨架作用,其他的物相填充于其中,水是主要的填充物,大量存在于高水材料硬化体中,但水以中性水分子的形式存在,结合力较弱,容易失去。保持含水量对稳定硬化体内部结构是至关重要的。当硬化体处于不同的温度环境时,因温度的变化而失水,对其结构会造成破坏。在干热、无二氧化碳气体存在的条件下,高水材料硬化体可以在 90 ℃ 以下的温度环境中稳定存在。

(3) 高水材料的耐蚀性。高水速凝材料在应用中会遇到不同的溶液环境,特别是在充填采矿的应用中,由于所处的矿山地质条件不同,高水材料硬化体会与环境中不同的含有盐类、酸类或碱类的水溶液相接触,从而发生一系列的物理、化学反应,使高水材料硬化体的内部结构遭到破坏,引起强度下降。

(三) 全砂土固结材料

全砂土固结材料(简称全砂土材料)是以工业废渣(如沸腾炉渣、钢渣、高炉水淬矿渣等)为主要原料,再加入适量的天然矿物及化学激发剂,经配料后,直接磨细、均化制成的一种粉体物料。该材料对含黏土量高的砂土及工业垃圾(如矿山尾砂)具有很强的固结能力,它是一种新型的胶凝材料。

全砂土固结材料突出的优点是:

(1) 以工业废渣为主要原料,不用燃烧,节约能源,设备投资少,生产工艺简单;生产成本低,经济效益明显;由于综合利用工业废渣,从而减少了环境的污染,变废为宝,变害为利。

(2) 对含黏土量高的砂土有很强的固结能力。

(3) 全砂土硬化体具有早期强度高的明显特性。在矿山充填过程中,在与

425 号水泥用量相同的条件下,其早期强度可达到水泥的 2 倍以上。

　　1. 物理性能

　　全砂土固结材料的终凝时间长达 7 h,28 d 抗折强度达 10 MPa,强度标号达到 525 号普通水泥。普通水泥标号越高,抗折抗压比越小,而全砂土固结材料的抗折抗压比不仅高于 525 号普通水泥,而且高于 425 号普通水泥,这说明全砂土固结材料具有早强、高强及高抗折强度等力学性能。

　　砂土固结材料的细度和颗粒分布直接影响全砂土固结材料的质量和产量。粒度太小,需要粉磨的时间增加,产量降低,这会使全砂土固结材料的加工成本增大。而粒度太大,就会造成安定性不良,强度不高。抗压强度受龄期的影响也很大,强度随着龄期的增长而增大。

　　2. 稳定性能

　　全砂土固结材料稳定性能主要包括抗碳化性,耐酸、碱、盐侵蚀性以及热稳定性,抗冻性等方面。

　　(1) 碳化

　　未碳化的全砂土硬化体试件的平均抗压强度是 2.8 MPa,碳化 28 d 后,全砂土硬化体试件残余平均强度为 0.7 MPa,可见其抗压强度损失 75%。全砂土固结材料的胶凝产物是水化硅酸钙,提高全砂土胶凝剂含量,这些胶凝物质的强度高且其性能稳定,不易受风化作用的影响,全砂土硬化体碳化后,硬化体强度下降的幅度较小。

　　(2) 耐酸、碱、盐侵蚀

　　呈晶体-凝胶网络结构而均匀分布的全砂土固结材料,具有固结细粒级砂土的作用,当掺入细粒级的砂土后,使界面的黏结力增强,硬化体密实性改善,从而抵抗外界侵蚀能力增强。因此,全砂土硬化体对 Na_2CO_3、$MgCl_2$ 单倍海水以及 NaOH 等侵蚀溶液具有良好的耐侵蚀能力。

　　(3) 热稳定性能

　　在温度较低(40 ℃、60 ℃、80 ℃)时,失水率很小。

　　(4) 抗冻性能

　　全砂土硬化体的抗冻性能在很大程度上取决于硬化体的抗渗性,全砂土硬化体所具有的高密实度及其优良抗渗性使全砂土硬化体具有良好的抗冻性能。

　　(四) 赤泥

　　赤泥胶结充填剂是利用赤泥的活性,研究开发出的一种低成本并具有优良性能的胶结材料。

　　各种氧化铝生产工艺中的原料均经过配料、熟料煅烧及细磨浸出。赤泥中均含有硅酸钙等水硬性矿物,都具有潜在的水硬活性,可以由碱性激化剂石灰

(CaO)和酸性激化剂石膏$(CaSO_4 \cdot 2H_2O)$激化其活性而产生凝固强度,但由于赤泥溶出工艺的差异,混联法赤泥粒径较烧结法赤泥粗,沉降脱水较快。

由于烧结法特殊的生产过程,从而使赤泥的化学成分、颗粒级配及物理力学性能等方面具有许多特点,其中赤泥的潜在水硬活性是最具利用价值的特性之一。

针对赤泥的潜在活性特点及物理特性,可采用加热活化、添加活性激化剂等方法,使赤泥的活性得到激化和提高。其中添加活性激化剂的方法对矿山充填更具重要意义,它可使赤泥不经煅烧而直接加以利用。同时由于矿山充填时充填料均以浆状输送至井下,含有一定水分的赤泥可满足技术要求,可省去热耗大、成本高的烘干过程。

赤泥活性激化剂使赤泥中原存在的自由水转变为结晶水、胶凝水,最终使赤泥胶结硬化。正是由于赤泥的上述特性,使其成为一种被广泛使用的矿山充填用胶结剂。

赤泥胶凝材料由两组强度性能与工作性能较优的赤泥胶凝材料配方而成。

第一组的主要成分为赤泥与石灰,以石灰作为赤泥活性的激化剂。这种赤泥胶凝材料的配比简单、加工及原料成本较低。一般在加入粉煤灰作为掺和料后直接用来作为矿山胶结充填材料,作为胶结剂使用时,用量较高,故称为普通赤泥胶结料或普强赤泥。

第二组主要成分为赤泥、石膏、石灰、矿渣,以石膏和石灰作为激化剂。这种赤泥胶凝材料所需原料成分较多,加工成本较高,但其胶结性能更好,用于矿山充填与矿山尾砂混合后甚至超过普通425号硅酸盐水泥的胶结性能。因此,可以作为矿山充填的胶结剂,称为高效赤泥胶结料或高强赤泥。

赤泥胶结充填剂的矿山充填性能远优于水泥胶结充填料,主要表现:

(1)由于赤泥比表面积大,颗粒内部毛细孔发育,其保水性能好,料浆不脱水浓度低,赤泥全尾砂料浆的不脱水浓度为58%,比水泥全尾砂料浆78%的不脱水浓度降低了20%。

(2)由于赤泥含有大量黏粒及胶粒,故料浆稳定性好,赤泥全尾砂料浆在流动性很好的低浓度条件下,也能保证料浆的稳定性,料浆不产生离析,充入采空区具有很好的流平性,这一性能对于窄长的充填工作面及缓倾斜工作面的充填接顶具有十分重要的意义。

(3)被破坏后的愈合能力强。当赤泥胶结充填体产生微裂破坏后,能愈合而重新获得强度,并且其强度还会继续增长。

四、充填材料输送

(一)充填材料输送方式

根据采用的充填料和输送方式以及矿体回采方向和充填方式不同,充填采矿法分为上向分层(或进路)充填法、下向分层(或进路)充填法和嗣后充填采矿法;按充填料的性质不同充填采矿法又分为干式充填采矿法、水砂充填采矿法、尾砂充填采矿法、胶结充填采矿法;按回采工作面与水平面的夹角不同又可分为水平回采、倾斜回采、垂直回采三种;按回采工作面的形式不同又分为进路回采方案、分层回采方案、分段回采方案与阶段回采方案,充填料的形态不同,采用的输送方式也不同,充填料的输送方式有风力输送、水力输送、干式输送、膏体泵输送。

1. 块石充填料干式输送

干式输送的一般均为块石充填料,大多是通过充填井溜入井下,在井下被矿车或皮带运输机转运充入采场或采空区,采用的动力为重力和机械。

新桥矿使用两步回采的底部漏斗分段空场砸后充填采矿法。第一步先采矿柱,采完后形成人工矿柱;第二步回采矿房,采完后充填采空区以控制地压。

充填料运输方式与充填方式是两个既有区别又有联系的工作过程,充填料的运输方式一定程度上决定着充填方法。

2. 颗粒状充填料风力输送

注意充填料必须破碎到块度小于 70 mm,才能通过储料天井溜放到各中央风力充填站。各充填站均安装有风力充填机。用水泥作胶结剂,从风力充填站沿平巷铺设有固定管道;在采区铺设移动式管道,其直径为 175 mm 或 200 mm。通过调整配料叶轮的转速、充填料给料量和压缩空气量,适应充填站至采场工作面的不同距离以及管道弯头阻力和不同充填料岩性。风力充填管道长达 370 m,如果包括弯头和岔道在内,理论吹送距离可达 600 m。

3. 颗粒状充填料水力输送

水力输送充填料和风力输送充填料基本相同,是将充填料破碎到一定粒径,装入管道依靠水力将充填料输送到采场,如果动力不足,输送中可以添加水泥浆输送泵增加动力,完成输送任务。

(二)固液两相流的管流特性

固体颗粒加入水中且呈悬浮状时,称这种两相流为悬液。固体颗粒的加入不但使悬液的密度高于清水,而且使悬液的黏性变大。固体颗粒的加入会影响液体在层流条件下的流速分布和黏度,添加不同固体颗粒的不同悬液,以及细颗粒的含量不同,悬液的流变特性也不同。根据悬液性质不同分为牛顿体和非牛顿体。当悬液浓度不高时,其悬液多为牛顿体;当悬液浓度较高时,尤其是细颗粒含量较高时,这种悬液多为非牛顿体。

充填管道系统所输送的料浆是水与固体颗粒混合组成的两相流。充填材料的水力输送涉及流体力学的许多领域。在流体力学中,一般来说,固体质量分数小于70%的矿山尾砂充填料属于非牛顿流体,而全尾砂膏体充填料则属于塑性结构流体。

固液两相流的管道输送,根据固体颗粒的组成不同,可以有以下3种输送模式。

1. 均质流

固体颗粒以细颗粒为主,固液混合物在浓度较高时具有非牛顿体的特性。随着固体浓度增大,颗粒之间很快形成絮网结构,黏性急剧增加,颗粒自重由宾汉剪切力及浮力支持,或由紊动扩散作用维持其均匀的悬移运动,因此在垂线上固体浓度分布十分均匀,这种管道输送模式称为均质流。

2. 非均质流

固体颗粒以粗颗粒为主,固液混合物由于没有细颗粒形成絮网结构,在固体浓度不是很高时,依然保持牛顿体的性质。当浓度达到很高时,尽管也出现宾汉剪切力,但其绝对值一般比较小。固体颗粒的沉速虽然因浓度增加而减小,其减小的程度要比均质流小。固体颗粒以推移和悬移的形式运动。随着固体浓度的增大,紊动强度不断减弱,颗粒与颗粒之间因剪切运动而产生的离散力变得越来越重要。但在固体浓度不是很高时,颗粒运动的惯性力是主要的,垂向浓度分布具有明显的梯度。这种管道输送模式称为非均质流。

3. 非均质-均质复合流

固体颗粒组成中,粗、细颗粒分布范围很广,固、液混合物在固体浓度达到一定程度以后,细颗粒形成絮网结构与清水一起组成均质浆液,粗颗粒则在浆液中自由下沉。随着固体浓度的提高,越来越多的粗颗粒物质成为浆液的组成部分。当固体浓度超过某一临界值时,整个水流转化成均质浆液。这种管道输送模式称为非均质-均质复合流,其最大特点是具有良好的流动性。就管内流动来看,相同固体浓度及相同管径下复合流的阻力远低于相同流速下非均质流的阻力。

均质流也有层流和紊流两种流态。对于清水水流,可以流动雷诺数2100作为临界雷诺数来区分管流的层流与紊流。对于固液两相均质悬液来说,雷诺数表达式中的黏度会因浓度变化而变化,还与流型有关,因而判别均质固液两相流流态的雷诺数表达式也就变得相当复杂。区分层流与紊流的临界雷诺数大小,与雷诺数本身的表达式有关,需根据不同流型分别计算。

和均质流相比较,非均质流除了垂向浓度分布有明显的梯度以外,对于一定流动尺度的水力坡度与流速关系来说，两者也有明显的差别。

非均质-均质复合流的情况就更加复杂。

充填料浆管运输中可能会出现两类不稳定流，一类是浆体水击，另一类是不满管流。这两类不稳定流对管道有很大的破坏作用，从而容易引起破管、堵管现象的发生，威胁管道的安全运行。

（三）膏体流的管流特性

1. 结构流特征

矿山充填料浆浓度由低到高，黏度相应增大，有阻止固体颗粒沉降的趋势。充填料浓度大于沉降临界浓度后，浆料的输送特性将由非均质流转为伪均质结构流，理想的结构流浆体沿管道的垂直轴线没有可测量的固体浓度梯度，表现为非沉降性态。这种料浆体在管道中与管道的摩擦力若大于等于浆体的质量，在没有外加压力的推动时，料浆不能利用自重压头自行流动。当管道中存在着足以克服管道阻力的压力差时，物料可沿管道流动。

高浓度充填料可视为结构流，可以借助自重输送；膏体充填料属于结构流范畴，一般需要外加泵压才能输送。

形成结构流的临界浓度值一般很难简单确定，料浆的临界浓度会随着固体物料密度及物料粒度的组成而发生变化。一般是料浆固体物料密度越小、粒度越细，其临界浓度越低。

2. 膏体充填料的特征

（1）全尾砂膏体充填料的固体质量分数一般为 75%～82%，而全尾砂与碎石相混合的膏体充填料的固体质量分数则可达 81%～88%。

（2）坍落度是表征膏体充填料可泵性的指标。一般情况下，可泵性较好的全尾砂充填料的坍落度为 10～15 cm，全尾砂与碎石相混合的膏体充填料的坍落度为 15～20 cm。

（3）为获得高浓度的膏体充填料，常采用过滤机、浓密机或离心式脱水机对选矿厂送来的低浓度尾砂进行脱水。膏体充填料的泵送常用双活塞泵或混凝土泵。

（4）膏体充填料中一般加入水泥制备成胶结充填料。由于膏体充填料浓度高和充入采空区后不需脱水，避免了水泥的离析和流失。因此，为获得同样强度的胶结充填体，膏体充填料要比普通浓度的脱泥尾砂充填料节省 1/3～2/3 的水泥。

反映膏体流变特性的指标为稳定性、流动性和可泵性。由于充填材料的物理化学性质对膏体充填料的流变特性有着重大影响，因此，在测定其流变参数前，应首先测试充填料的密度、堆密度、孔隙率、含水量、颗粒级配、化学组分、不同料浆浓度和不同灰砂比时试件的单轴抗压强度、内聚力和内摩擦角、试件的养护特性等。

（5）膏体充填料的形成需要相当数量的细粒级物料，才能使其在高稠度下获得良好的稳定性和可输性，达到不沉淀、不离析、不脱水以及形成管壁润滑层的特性。这种膏体物料不透水，因此充填物料的渗透性便失去了意义，改变了传统充填料浆渗透性大于 10 cm/h 的要求，这使得全尾砂的充填应用具有更好的工艺基础，而且超细粒级全尾砂物料（尾泥）的固有缺点，可以在膏体充填料浆的输送工艺中转化为技术经济上的优势。粗集料不能单独在高浓度条件下输送，将其与细物料混合后形成膏状，以细物料作为载体，则可通过泵压输送。由粗细物料混合而成的膏体充填料与全尾砂膏体相比，可以形成密度更大、力学强度更高、沉降压缩率更小的充填体。

（6）可泵性是膏体泵送的一个综合性指标，其实质是反映膏体在管道泵送过程中的流动状态，这一综合指标反映膏体在泵送过程中的流动性、可塑性和稳定性。流动性取决于固、液相的比率，也就是膏体的浓度和粒度组成。可塑性则是克服屈服应力后，产生非可逆变形的一种性能。而稳定性则是抗沉淀、抗离析的能力。可泵性是膏体充填料的关键性输送特征指标，还反映了膏体在管路系统中对弯管、锥形管、管接头等管件的通过能力。要保证膏体物料能在管内顺利地输送，必须同时满足管壁摩擦阻力小、物料不离析和性态稳定等要求。如果所产生的摩擦阻力较大，输送泵的负载也随之增大，泵送距离以及流量也会受到限制，管内膏体的压力过大甚至会出现泵送困难。如果膏体在输送过程中产生离析现象，就会引起管道堵塞事故。输送过程中，膏体的性态不能发生大的变化，尤其是膏体材料的坍落度、强度、泌水性等特性不应发生大的变化。

（7）膏体料浆的流动性能用坍落度来表征最为直观。与高浓度全尾砂坍落度的力学意义相同，膏体充填料坍落度是因膏体自重而坍落，又因内部阻力而停止的最终形态量。它的大小直接反映了膏体物料流动性特征与流动阻力的大小。可泵送的膏体物料的坍落度可在一个范围内变化，坍落度过小则所需泵送压力很大。实验发现，全尾砂加碎石的膏体坍落度为 4~6 cm 时仍能泵送，但此时的膏体呈现一定的刚度，其断面呈垂直截面，阻力损失过高。此时膏体中的碎石量会在半径小的弯管处由于速度改变而积聚堵塞。

在高稠度料浆条件下，即坍落度小于 15 cm 时，其坍落度的变化对屈服应力的影响较大，因而对阻力损失的影响也大，合适的料浆坍落度指标是评价膏体充填料可泵性最直观的参数。

当采用全尾砂加碎石作为膏体物料时，碎石在输送压力下有吸水特性，膏体将丧失一部分水而使坍落度降低，其降低程度与物料性质、管道长度和泵压等因素有关。

第七章　洁净开采技术与无煤柱护巷技术

　　煤炭在开采过程中,会产生矸石。过去对井下生产矸石的处理方法往往是将其排放到地面,逐渐堆积形成矸石山,导致大量的土地被占用;同时,在提升过程中消耗了大量的人力、物力。随着煤炭生产的发展,矸石山越堆越大,占地面积越来越大,既造成了环境污染,又给煤炭企业增加了经济负担。煤矸石是我国工业固体废料中产生量、累计积存量和占地面积最大的固体废弃物。

　　煤炭在开采过程中也会排放大量的瓦斯,当排放出的瓦斯达到一定的浓度时,会造成工作人员窒息事故,酿成瓦斯爆炸事故,产生煤与瓦斯突出事故,并且造成环境污染。因此,为了减小企业的压力,保护人们赖以生存的自然环境,更是为了保护人们的人身安全,需要减少矸石的排放量以及严格控制开采煤层时瓦斯的排放浓度,洁净开采技术则成为煤炭企业备受青睐的绿色开采技术。

　　洁净开采技术是指在提高煤炭质量的同时,尽量从源头上避免污染物的产生或最大限度控制污染物的生成量及污染程度,使煤炭开采对环境的污染和破坏降低到最低限度的开采技术。煤的洁净开采主要分为煤炭的地下气化技术、煤炭的地下液化技术和煤层瓦斯开发利用技术三大方面。

　　为了杜绝或减少煤矸石造成的环境污染,可采取以下两种控制煤矸石生成量的开采技术:一是采用减矸开采技术,包括开拓部署、巷道布置和采掘工艺等技术措施;二是采用矸石充填开采技术,包括将掘进出矸充填在井下废弃的巷道或硐室内,或将掘进出矸直接用于采空区充填。

　　无煤柱护巷开采技术是在采煤过程中不留护巷煤柱而用其他方式维护巷道的开采技术,其优点是回采率高、可以减少冲击地压的发生、掘进率低、巷道维修费用少等。根据煤层的赋存条件和采用的采煤方法等多种因素,可选择不同的实施方法。早在 20 世纪 50 年代初期,世界上许多国家如联邦德国、美国、法国、波兰、苏联等十几个国家就开始试验和应用无煤柱开采技术。我国自 20 世纪 80 年代初煤炭工业部发布《关于推行无煤柱开采的暂行规定》以来,很多矿区和单位都在积极大力开展这项工作。

第一节　减少矸石排放的开拓巷道布置理念

一、全煤巷开拓

对井工开采来说,从矿井开拓与巷道布置着手,应本着"多做煤巷、少打岩巷"的原则。这就可从根本上减少矸石的排放量,实现洁净开采。

全煤巷开拓是矿井实现洁净开采的优选方案,除个别井底硐室开挖在稳定的岩层中外,所有开拓巷道都布置在煤层中。这不仅有利于煤的洁净生产,而且建设周期短,投产快,建设期间就可生产煤炭。近些年来,随着采掘速度的加快,采煤工作面单产的提高使得巷道的维护时间缩短,支护技术水平的提高使得维护煤层巷道的困难大为降低,运输设备的改进和新型运输设备的应用对巷道曲率半径和坡度的限制越来越小,以及防治煤层自然发火技术水平的提高等都为少开岩巷、多掘煤巷或全煤巷布置打下了良好的基础。美国、澳大利亚等国的各类大中小型矿井几乎都采用多煤巷并行的开拓方法,许多煤矿直接从煤层露头沿煤层边开拓、边回采。德国和英国最近也向全煤巷开拓发展,其优点是可取消地面矸石山,不少矿井已取消排矸系统。我国的东胜、神府矿区和山东济宁三号井等大型矿井的设计都是按全煤巷开拓考虑的。目前,大多数新建中小型矿井及小煤窑几乎都是无岩巷开拓,基本不出掘巷矸石。

利用全煤巷开拓的主要技术依据是:

(1)机械化开采的强度高、回采速度快、生产高度集中,矿井服务年限相应缩短。需同时维护使用的长度和时间均有所缩短,巷道可不必维护在稳定的岩层中。

(2)支护材料和支护技术(如 U 型钢、锚喷、壁后充填等)的发展,使得大断面煤层巷道在高强度稳定支护条件下能长期维护使用。

(3)高强度长距离胶带输送机的发展、新的辅助运输技术和装备的出现,使井下运输不再依赖于传统的轨道矿车,对巷道的起伏已无严格要求。

(4)配备相应的通风和排水装备。

以神东矿区为例,神东矿区突破传统煤矿设计模式,充分发挥浅埋煤层赋存优势(平均地表以下 70 m 可见煤层),结合矿井无轨胶轮车辅助运输新方式的采用,首次提出"斜硐"井筒形式。斜硐开拓也称负坡度平硐开拓,井筒和大巷直接相连,实现矿井无轨连续运输。从井上到井下直至采掘工作面实现了不间断辅助运输。斜硐开拓方式取消了多盘区布置,矿井井筒与主要大巷直接相连接,在大巷两侧布置长壁工作面,加大工作面长度和推进距离,从而使矿井系统得到最大程度的简化,使矿井潜在生产能力得以释放。井筒(部分井筒)和大巷均布置在煤层中,实现了全煤巷开拓。

采用全煤巷开拓布局,取消了岩石水平大巷,使矿井初期投产工程量大大减小。

二、利用自然条件划分采区边界

开拓巷道也可沿断层带、变薄带或火成岩侵入带等掘进,采区内尽量避免有这些地质构造,以利掘进和回采时少破岩石,减少矸石混入。采区布置也要尽量避开地面河流、建筑物、铁路、桥涵和村庄等保安煤柱。这样既有利于工作面回采,又能保护地面环境。

三、取消岩石大巷

为集中运输和巷道维护,以前或目前生产的许多老矿井都沿用岩石集中巷(阶段大巷)方式进行大巷布置,这样就要产出大量矸石。但近几年各矿都在逐渐用煤层大巷取代岩石大巷来进行矿井开拓,从设计上减少矸石的排放,取得了良好的经济效益。

第二节　减少矸石排放的准备巷道布置理念

以采区式准备方式为例,煤层群开采时,在阶段内沿煤层走向每隔相当于采区走向长度的距离,由阶段运输大巷开掘采区运输石门,布置采区下部车场,由阶段回风大巷开掘采区回风石门,为采区服务。根据煤层的间距不同,以往煤层群开采时准备方式多为煤层群共用岩石上下山和区段集中平巷的联合准备方式,煤层群共用岩石上下山联合准备方式等,这些准备方式常常将准备巷道布置在岩层中,导致煤炭生产过程中巷道掘进环节产生大量矸石。

煤层群共用岩石上下山和区段集中平巷的联合准备方式,若采区内开采三层近距离倾斜煤层,则采区运输上山、轨道上山、区段运输集中平巷一般都布置在下煤层底板岩层中,区段轨道集中平巷布置在该煤层中。区段运输集中平巷通过联络石门和区段溜煤眼与运输上山相连。各层超前运输平巷通过多条层间运输联络斜巷与区段集中平巷相连,通过多条层间轨道联络斜巷开掘下区段煤层上分层回风平巷及其余各层的超前轨道平巷。煤层间采用斜巷联系可以减少工程量,煤可以实现自溜,但矸石及材料设备需要通过各条斜巷上端的绞车来提升。

由于布置了区段集中平巷,区段内厚煤层分层可以同采,上下煤层也可以同采。厚煤层分层巷道和中厚煤层的巷道可以超前工作面分段开掘,这样布置形成多层煤开采既共用上山又共用区段集中平巷的联合准备方式。

煤层群共用岩石上下山联合准备方式。在煤层层间距相差较大的情况下,主要按层间距的大小不同,将煤层群分成若干组,每个组内采用集中联合准备,共用岩石上下山,而各个组由于组间距较大,则不采用联合准备。

由于矸石占地、矸石提升运输、矸石处理等费用的提高,以及国家对矿区环境保护要求的提高,为了降低矸石对环境的污染和破坏,要求煤炭生产企业实现矸石"零排放"。

基于这一要求,随着采煤科学技术的进步、煤巷支护技术的发展、采煤装备稳定性的提高、工作面推进速度的加快,相对缩短了采区服务年限,使得在整个采区生产期间煤层中布置的准备巷道也较稳定,巷道维护费也不是很高,与布置在岩巷中相比具有显著的经济优势,同时又达到了减少矸石排放的目的。所以,为了减少或消除准备巷道掘进产生的矸石,可以将准备巷道布置在煤层中,形成单一煤层布置的采区或煤层群分组集中煤层上下山准备方式布置的采区。

(1)单一煤层准备方式。在采区石门贯穿的各煤层中均独立布置采区上下山、装车站和车场,煤层间由采区石门联系。

各煤层内采区巷道布置比较简单,需要解决的主要问题是:确定采区走向长度,合理划分区段,选择采区车场形式,选择上下山数目。对于单一薄煤层及中厚煤层,上下山一般布置在煤层中;对于厚煤层,上下山可以分别沿煤层的顶板和底板布置;在煤层埋藏较浅、矿压显现不强烈、煤层硬度较大时,为了有利于巷道顶板维护,上下山都可以沿煤层底板布置。

(2)煤层群分组集中煤层上下山准备方式。在煤层层间距相差较小的情况下,煤层群可以集中布置共用上下山,为了降低掘进矸石排放量,将上下山布置在煤层中。

20世纪80年代以来,随着综采工作面发展和工作面单产的提高,矿井生产由集中在采区发展到集中在工作面,安全高效矿井由一个工作面或两个工作面保证全矿的产量,采区准备又有单层化布置的发展趋势。随着工作面单产的提高、煤巷掘进速度的加快及支护手段的改进,区段间共用集中平巷的联合准备方式优点已不明显,而缺点十分突出,因而其应用已日益减少。

第三节　减少矸石生产的采掘工艺

一、采煤工艺

采煤工艺直接影响矿井生产的原煤质量和地面环境。煤矿只有按煤层赋存自然条件和生产技术条件,择优选择采煤方法,再配合有效的煤质管理措施,才能更好地进行煤的洁净开采。

(一)加大采高、煤层全厚开采

随着采煤机械化技术的不断发展,工作面采高已由原来的 2.5 m 左右提高到 4~6 m,使过去需用分层开采的煤层改为单一长壁工作面全厚开采。这不仅可提高工作面产量和效率,而且也可减少分层开采时矸石和其他杂物混入煤中的概率,降低原煤含矸率和灰分。

近年来,对 8 m 以上的特厚煤层已广泛采用放顶煤技术开采。在煤层底部用长壁工作面采出 2.5 m 左右的厚度,其上部的顶煤在矿压作用下冒落在支架后部,然后将冒落的煤从支架后部由运输机运出工作面。这种方法进一步简化了特厚煤层的开采工艺,技术经济效益显著。放顶煤开采需要选择合理的放煤参数,否则不但顶煤放不净,还会放出大量顶板冒落的矸石,增加原煤灰分。目前,兖州、阳泉和潞安等矿区在实践中已创造不少符合本矿区地质条件的合理放顶煤工艺,有效地提高了煤炭回收率,降低了原煤的含矸率。

(二)煤岩分采

当煤层中夹石厚度超过 0.3 m 而又不能分层时,应实行煤岩分采。

煤岩分采适用于炮采工艺,其回采顺序是:先爆破采出夹石层上部的煤,并用临时支护控制暴露的顶板;然后剥采夹石层,并将其弃于采空区;最后采出下部煤层,架好永久支架,工作面完成一个采煤作业循环。

(三)留顶(底)煤开采

当煤层有较厚的伪顶或直接顶破碎难以维护时,工作面可实行留顶煤开采,以避免伪顶或破碎顶板冒落混入煤中影响煤质。

在底板松软的情况下,为防止支柱钻底或采煤机啃底影响煤质,工作面需要用留底煤方法回采。

如煤层顶部或底部煤质很差,为保证原煤质量,开采时也常采用留顶煤(或底煤)回采,将劣质煤直接弃于采空区。

(四)薄煤层开采时减少矸石措施

针对薄煤层,采取以下措施减少矸石出井率:

(1)改进开拓部署,合理集中生产。

(2)回采巷道使用锚杆支护、矸石就地充填的方式来减少矸石的出井量。

① 掘进回采巷道时,滞后迎头 8~10 m 处,在巷道下帮采出一条煤柱(其宽度视矸石量的多少而定),然后充填矸石;

② 将原回采巷道使用木棚支护改为锚杆支护,缩小巷道断面,年出矸量大大减少。

（3）薄煤层可以通过采用螺旋钻机采煤工艺或采用刨煤机采煤工艺,减少回采过程中工作面顶底板混入煤中的矸石量。

通过上述措施,可取得以下效果:

（1）万吨掘进率下降。

（2）全年减少大量提运矸石量,节省运输成本。

（3）减少征地费用和对环境的污染,为企业创造良好的经济和社会效益。

二、掘进工艺

对煤巷和半煤岩巷而言,不论炮掘还是机掘,只要技术措施合理,完全可以做到煤岩分掘、分运,甚至矸石不出井;对全煤巷道,只要不挑顶破底,防止冒顶,对煤中矸石进行分拣,可保证掘进煤质量;对半煤岩巷道,可实施分掘、分运或宽巷掘进,也能保证掘进煤质量。

煤巷掘进的主要施工方法有:钻眼爆破法、掘进机法、风镐法或水力掘进法。我国目前采用掘进机掘进煤层巷道的方法较为普遍,钻眼爆破法、风镐法或水力掘进法使用逐渐减少。综合机械化掘进是安全高效矿井回采巷道掘进的主要方法。我国已研制开发和引进使用近 20 种悬臂式掘进机,综合机械化掘进程度逐步提高。

（一）分掘分运

根据煤层赋存条件,选择破岩位置时,在符合巷道使用条件的情况下,应尽量避免破坏煤层顶板,使煤层在巷道断面内占的面积最大,并尽可能掘进硬度小的岩石。

为提高掘进速度,开掘半煤岩巷时一般先采煤后破岩。对煤层厚度小于0.5 m、灰分大于 40％的半煤岩巷,可全断面一次掘进。煤层厚度大于 0.5 m 时,必须对煤岩分掘分运。当煤层厚度大于 3 m 时,可根据煤岩位置,煤层超前岩层采用台阶式掘进,这样有利于煤岩分掘分运,同时,可提高掘进速度。

（二）宽巷掘进、矸石充填

宽巷掘进常用于薄煤层采准巷道。在半煤岩巷掘进时,开掘煤层宽度大于巷道宽度,巷道掘出的矸石由人工或用机械充填于巷道一侧或两侧被挖空的煤层空间中或支架壁后,不仅可实现煤岩分掘,且矸石不出井就地处理。宽巷掘进可以单巷也可双巷,这要根据采准巷道布置设计而定。在英国、德国的煤矿中,采用前进式采煤采后成巷时,挑顶或卧底的矸石用人工或机械构筑巷旁和支架壁后充填,不仅可加强巷道维护,也可免除矸石混入煤中出井。

与井底车场巷道、硐室及主要运输大巷等施工条件相比,煤巷掘进和维护具有以下特点及注意事项:

（1）煤巷一般都是沿煤层或在煤层附近的岩层内掘进，因此经常受到瓦斯的威胁。为了预防事故，确保安全，必须加强瓦斯检查，并采取相应的措施。此外，还要特别注意探水，防止靠近煤层浅部老窑、采空区积水造成的危害。

（2）煤巷所穿过的煤层或岩层一般强度较小，掘进较容易，多采用掘进机掘进，但稳定性较差，而且大多数煤巷都受到采场动压的影响。因此，在施工时，不但要控制好顶板，还要根据巷道服务年限短、地压大且不稳定的特点，合理选择支护方式。

（3）煤巷的施工地点，一般远离井底车场，工作面多且分散，工程量大。因此，通风和运输工作比较复杂。

（4）由于煤层褶皱起伏且有各种断层存在，施工时必须根据生产、使用要求及安全的原则，正确地进行巷道定向工作，使巷道位置适当，避免无效进尺。

（5）由于破碎煤比较容易，装煤的工作量相对占循环作业时间就较长。实现装煤机械化，不但能减轻工人劳动强度、提高生产率，而且可加快巷道掘进速度。

（三）加强顶板控制，减少采掘工作面矸石的掺入量

采掘工作面原煤中的矸石主要是由于对顶板的控制不力、支护不及时或支护失效造成掉顶而掺入的。实际生产中通过及时支护、加大支护强度可以控制掉顶现象的发生。另外，通过加强现场管理，控制工作面的端面距，采取及时有效的护顶措施，可以减少矸石的冒落。通过加强掘进巷道工程质量和采用合理的巷道支护手段，可以提高支护效果，降低巷道变形量，减少巷道修护量和修护次数，从而减少矸石产生量。通过超前有效的地质工作，及时掌握地质构造情况，可以调整采掘工作面通过构造的方式，以减少矸石产生量。

第四节　无煤柱护巷技术

无煤柱护巷方式分为两种：一种是在上一区段回采完毕，采空区冒落严实，围岩活动相对稳定后，再沿采空区和煤体边缘掘进巷道，称为沿空掘巷。另一种是将已采工作面后方的运输巷或回风巷用一定方法沿采空区保留下来，作为下一工作面的回采巷道，称为沿空留巷。

一、沿空掘巷

沿空掘巷在我国应用广泛，多用于开采近水平、倾斜、大倾角且厚度较大的中厚煤层和厚煤层。

（一）沿空掘巷技术

沿空掘巷工艺可以不留煤柱,完全沿采空区掘进,也可以保留 3～5 m 宽的小煤柱。沿空掘巷就是沿采空区边缘开掘巷道,理论和实践证明,沿空掘巷有利于巷道维护,可减少区段煤柱损失,提高煤炭资源的采出率。在瓦斯涌出量不大、煤层埋藏稳定的条件下,我国煤矿,特别是进入深部开采阶段的煤矿,其回风平巷一般要采用沿空掘巷方式。

沿空掘巷虽然没有减少区段平巷的掘进长度,但是不留或只留很窄的煤柱,既可减少煤炭损失,也可减少区段平巷之间的联络巷道,特别是可减少巷道维护工程量,甚至基本上不需维护,易于推广。由于采空区的水和瓦斯及冒落的矸石会对巷道的正常掘进造成危险,而且给掘进通风造成一定影响,因此一般不采用完全沿空掘巷而采用留设窄煤柱护巷。

（二）沿空掘巷窄煤柱的留设

合理的区段煤柱留设主要是为了避免下区段回采巷道处于高应力区而难以维护,同时也可避免上区段或采空区的积水、瓦斯等影响本区段工作面的正常生产以及巷道的正常维护。传统的长壁工作面开采需要留设一定宽度的煤柱,一般为 30 m 左右。已有的理论研究和现场实践表明,在该宽度范围内,上下两区段之间的煤柱比较稳定,煤柱的承载能力也较好,下区段的回采巷道也比较稳定,易于维护。沿空掘巷一般有完全沿空掘巷和留设窄煤柱沿空掘巷两种。对于需要留设窄煤柱的地质条件,合理确定煤柱的宽度是十分重要的。根据现场实践经验,认为沿空掘巷采用锚杆支护时,确定合理的煤柱宽度应遵循以下几个原则。

1. 锚杆安设基础的原则

煤柱采用锚杆支护时,煤柱的宽度至少应大于锚杆的长度,使锚杆能锚固在煤柱中。

2. 相对有利的应力环境

当上区段工作面回采结束后,在采空区侧煤体中形成一个垂直应力相对较低的区域,沿空巷道位于此区域时,对巷道及煤柱的稳定都极为有利。因此,在条件可能的情况下,巷道及煤柱应以布置在垂直应力降低区为好。

3. 保证锚杆具有良好锚固性能的原则

由于受上区域工作面回采及巷道掘进的影响,在煤柱中出现塑性变形甚至一定程度的破坏是不可避免的,当巷道处于应力降低区时,煤柱的力学性质相对也要差一些,因此,在考虑合理的煤柱宽度时,保证锚杆安设基础的围岩性质较好是另一个应注意的问题,较好的围岩性质能够保证锚杆具有较高的锚固力,真正发挥锚杆的支护作用。因此,锚杆不能安设到上区段开采后在煤柱中引起破碎的区域。

4. 巷道围岩变形的原则

综放沿空巷道合理的煤柱宽度不但能保证巷道围岩的稳定性,而且在现有的支护条件下,围岩的变形量应能满足生产过程中对巷道断面的使用要求。

5. 煤损小的原则

在该类巷道采用锚杆支护时,当煤柱满足上述要求时,煤柱的宽度应尽可能小一些,这样对提高综放开采煤炭的采出率是有利的。

(三)沿空掘巷的采掘关系

沿空掘巷必须在采空区垮落的顶板岩层活动稳定后掘进,否则,掘进的巷道要受移动支承压力的剧烈影响,掘进期间就需要维护,甚至难以维护。因此,掌握好掘进滞后于回采的时间间隔十分重要,需要根据煤层和顶板条件,通过观测和试验确定沿空掘巷的位置和掘进与回采的间隔时间。一般情况下,间隔时间不小于 3 个月,通常为 4~6 个月,个别情况下要求 8~10 个月,坚硬顶板比松软顶板需要的间隔时间更长。

(四)沿空掘巷的技术要点及优缺点

1. 技术要点

(1)采动影响稳定后掘进;

(2)采用小进度掘进;

(3)爆破前设置轴向鳞状层叠顶梁,加强支护,采用可缩性支架,配合锚网做好护顶护帮;

(4)准确定向,巷道位置严格按设计要求掘进;

(5)加强采空区瓦斯和积水的监测与防治。

2. 优点

(1)沿空掘巷避开了支承压力区,巷道容易维护;

(2)不留区段煤柱,回采率高;

(3)对下层煤不会造成煤柱集中应力的影响。

3. 缺点

(1)沿空掘巷的技术难度较大,比留区段煤柱掘巷成本高;

(2)工作面接续较困难,有时需跳采,形成"孤岛"工作面;

(3)采空区漏风多,易发火。

二、沿空留巷

(一)沿空留巷的发展

将已采工作面后方的运输巷或回风巷用一定方法沿采空区保留下来,作为下一工作面的回采巷道,称为沿空留巷。巷旁充填留巷开始是从减少巷道的掘进维护工作量出发,没有明确和突出重大事故控制的目标。工程实践首先在 20 世纪 60 年代英国和德国开始。我国 20 世纪 80 年代引进使用,因高水材料成本过高、强度和耐久性不足、充填工艺落后,特别是没有掌握矿山压力规律,不能从根本上扭转巷道维护困难的局面而没有得到推广。

进入 21 世纪,随着我国煤矿开采强度和深度的不断增大,瓦斯涌出量也越来越大,特别是在深部高瓦斯、低透气性煤与瓦斯突出煤层开采时,大量瓦斯涌出、积聚和超限问题已成为矿井安全生产和提高开采效率的极大障碍。沿空留巷技术是采用 Y 形通风方式解决高产高效工作面瓦斯积聚与超限的关键技术,它可实现往复式开采、煤与瓦斯共采、消除孤岛工作面、提高煤炭回采率、少掘巷道、降低矿井掘进率;还可以消除煤柱护巷时煤柱下方应力集中对下部煤层开采与巷道支护的不利影响,使巷道长期处于应力降低区。

沿空留巷技术实现了无煤柱护巷,是煤矿开采技术的一项重大改革。不仅达到了合理开发煤炭资源、提高回采率、减少巷道掘进工程量、缓解采掘接替矛盾的目的,而且促进了采煤方法的革新。沿空留巷要求工作面上覆岩层侧向板块的活动量小,直接顶较易垮落且能使上覆坚硬顶板处于平衡状态。基本顶断裂位置对留巷围岩稳定性影响较大,留巷顶板围岩位移受制于基本顶岩层的回转运动,是基本顶回转运动与围岩变形的综合反映。因此,基本顶岩层回转运动越平缓越有利于沿空留巷。

(二)沿空留巷支护技术

1. 巷内支护

目前,国内沿空留巷巷内支护有金属支架支护及锚杆支护等方式。我国部分矿区沿空留巷技术成功实施,巷内支护情况由于顶板岩性不同而不同,顶板为泥岩、复合顶板及中等稳定顶板时多采用 U 型钢及工字钢梯形棚等支护方式,顶板为灰岩顶板时采用单体支柱支护。顶板中等稳定以下时巷内采用金属支架支护的方法在我国广泛应用,但随着采高不断增大,留巷断面不断增大,在巷道围岩变形量逐渐增大、巷道维护越来越困难的条件下,金属支架支护的棚距日益减小,留巷支护费用和维护费用显著提高。近年来,以锚杆、锚索为代表的主动支护方式逐渐被推广使用,传统的棚式支护等被动支护方式已越来越少。高强度螺纹钢锚杆支护、锚杆锚索联合支护、锚索及金属网联合支护、锚网联合支护、锚索钢带联合支护等支护形式被越来越多地应用到现场。

2. 巷旁支护

巷旁支护的主要作用是分担和减轻巷内基本支护所受的载荷,抑制巷道与采空区交界处的顶板下沉以避免巷内支护破坏。此外,巷旁支护还能起到切顶、挡矸、承受采空区内顶板二次垮落时的动载荷，以及隔离和密闭采空区，以防止漏风和采空区有害气体逸出的作用。沿空留巷在我国许多矿区得到了应用，并取得了很好的经济效益。留巷成功与否主要取决于巷旁支护，因此正确地进行巷旁支护设计（包括合理确定巷旁支护阻力、准确预计围岩变形量、正确选择支护材料和支护方式）是十分重要的。

国内沿空留巷时，主要巷旁支护方式有木垛巷旁支护、密集支柱巷旁支护、矸石带巷旁支护、人造砌块巷旁支护以及巷旁膏体充填等。

木垛巷旁支护用于薄及中厚煤层；密集支柱巷旁支护用于脆性顶板、中等稳定的薄及中厚煤层；矸石带巷旁支护用于顶板韧性较大的薄煤层；混凝土砌块巷旁支护适用于顶板中等稳定的薄及中厚、中厚以上煤层；巷旁膏体充填适用于条件困难的中厚及厚煤层。传统的巷旁充填带存在支护阻力、可缩性等力学性能与沿空留巷围岩变形不相适应和密闭性能差等缺点，不利于巷道维护和防止采空区漏风与自然发火。因此，长期以来我国沿空留巷技术基本只是应用在条件较好的薄及中厚煤层，条件困难或厚煤层难以发展沿空留巷，多采用窄煤柱沿空掘巷技术。

（三）深部沿空留巷的支护原则

深部沿空留巷与浅部沿空留巷围岩变形有很大区别。深部煤岩体处于高地应力、高地温、高岩溶水压的环境中，而且要经受多次强烈的采动影响。高原岩应力与采动应力叠加，导致围岩变形的扩容性、流变性与冲击性突出。不仅沿空留巷顶板变形强烈，而且煤帮挤出和底鼓严重，这是深部沿空留巷最显著的特点。因此，深部沿空留巷有以下支护原则：

（1）沿空留巷支护由巷内基本支护、巷内加强支护及巷旁支护组成。3种支护在不同空间与时间内控制围岩变形与破坏。采煤工作面采过、巷旁支护设置后，三者共同作用，保持留巷稳定，并将围岩变形控制在允许的范围内。因此，进行沿空留巷支护设计时，必须全面、系统、综合考虑3种支护及其相互作用与匹配性，充分发挥每种支护的作用。

（2）高预应力、高强度、高刚度并具有足够冲击韧性的锚杆与锚索支护是比较适合深部沿空留巷巷内支护的方式。巷道一旦掘出，就立即安装锚杆与锚索，并施加足够大的预紧力，通过选择合适的护表构件，使预紧力能有效扩散到围岩中。这种支护方式能够有效控制围岩扩容变形，抑制顶板离层与煤帮鼓出，保持围岩的完整性，为随后的加强支护作用发挥与留巷的成功创造条件。

（3）巷内加强支护应提供较高的主动支撑力。一方面，控制顶板下沉，抑制锚固区以上岩层的离层；另一方面，有助于沿采空区一侧切断顶板。深部沿空留巷加强支护最好能采用专门的强力液压支架。

（4）适用于浅部留巷的巷旁支护方式不适合深部沿空留巷。充填式巷旁支护，特别是膏体充填材料性能优越，适合深部沿空留巷。应合理设计充填体几何与力学参数，达到施工速度快、充填体强度增加迅速、最终强度较高且具有足够变形性的目的。

（5）巷内基本支护与加强支护的关系。巷内锚杆与锚索支护若能有效控制顶板岩层扩容与离层，保持顶板完整，则有利于加强支护主动支撑作用的发挥。相反，若顶板岩层出现明显破碎、离层及断裂，则加强支护的阻力很难传递到离层与破裂岩层以上的岩层中，其支护作用会受到严重影响。煤帮采用高预应力、高强度锚杆支护，其垂直与水平位移得到有效控制，有利于减少顶板回转与下沉，改善加强支架受力状况。靠近采空区的顶板锚索与加强支护共同作用，有利于沿采空区切断顶板。反过来，高阻力的加强支护能进一步抑制锚固区围岩变形与离层，减轻煤帮压力，有利于顶板与煤帮的稳定。

（6）巷内支护与巷旁支护的关系。对于顶板，高预应力、强力锚杆与锚索可有效控制顶板岩层扩容与离层，减小对巷旁支护产生的应力，同时也有利于煤帮稳定；对于煤帮，锚杆支护可控制煤帮下沉与鼓出，有可能使顶板在煤帮内的断裂线向巷内移动，减小断裂线至煤帮表面的距离，从而减少顶板回转与下沉，降低作用在巷旁支护上的力。反之，性能优越的巷旁支护，与另一侧稳定的煤帮共同支撑锚固良好的顶板，才能保持留巷长期稳定。

（7）加强支护与巷旁支护的关系。工作面采过后，加强支护主要是在巷旁充填体还没有设置、强度还没有达到要求及顶板与充填体还没有完全接触时，提供较高阻力，阻止顶板下沉。同时，加强支护、顶板锚索及巷旁支护共同作用，有利于切顶。相反，快速施工、快速承载、支护阻力大的巷旁支护，可有效控制顶板回转与下沉，改善加强支护受力状况。

（四）沿空留巷技术要点及优缺点

1. 技术要点

（1）采空区侧进行有效巷旁支护：① 砌矸石带；② 垒矸石带；③ 混凝土胶结充填；④ 高铝水泥充填；⑤ 密集支柱。

（2）采空区防自然发火：① 采取防漏风措施，喷抹黄泥，喷涂树脂泡沫；② 黄泥灌浆；③ 注氮；④ 巷内支护采用锚网、可缩性金属支架联合支护。

2. 优点

沿空留巷技术与传统保留煤柱护巷方式相比，具有技术和经济上的巨大优势：

（1）可提高煤炭采出率。目前，我国煤炭采出率仅为 30%～40%，其中，煤柱损失所占比重最大，无煤柱开采可提高资源回收率 15% 以上。

（2）可优化开拓开采布局、实现连续开采。不仅可以减少巷道掘进工程量，还可以实现连续开采，避免单翼采区跳采。

（3）可消除煤柱应力集中，实现卸压开采和煤与瓦斯共采。可降低应力集中程度，有利于周围采掘工程稳定；保护层开采不留煤柱，被保护层全面卸压，利于防突、瓦斯抽采和消除因留设煤柱诱发的冲击地压。

3. 缺点

（1）留巷的技术难度大，较困难，有时比新掘一条巷道的成本高。

（2）采空区漏风多，易自然发火。

第五节　无煤柱护巷的经济效益分析

一、无煤柱护巷的优势

无煤柱开采是煤炭资源可持续发展的重要方向，同时也是解决煤矿重大灾害事故的有效手段。目前，我国煤炭资源回收率较低，损失浪费严重，全国煤矿资源回收率仅在 40% 左右，特别是小煤矿的回收率只有 15% 左右。在开采条件适合时，若采用无煤柱开采技术，可减少煤柱损失量，提高资源回收率。据初步估算，近年来，我国由于推广应用无煤柱护巷而多回收的煤量累计已达 1 亿 t 以上。同时，无煤柱开采（尤其是采用充填技术）可有效利用矿井废弃物及其伴生资源，变废为宝。

采用无煤柱充填护巷的开采模式在控制煤矿重大事故灾害方面具有巨大的优越性，其中在解决采煤工作面推进相关事故控制方面的优势包括：

（1）取消护巷煤柱，可解决采煤工作面推进过程中因煤柱压缩破坏造成的瓦斯涌出，以及瓦斯在工作面上隅角回风道和采空区的积聚，从而可避免相关瓦斯灾害事故的发生。

煤矿瓦斯是影响煤矿安全生产的重大因素。随着煤炭资源由浅部转向深部开采，有些煤矿在浅部开采时是低瓦斯矿井，到深部开采时转型为高瓦斯矿井，瓦斯含量的增加给地下矿山安全开采带来严重的安全问题。随着煤矿开采深度不断增加，煤层瓦斯含量也迅速增加，由瓦斯超限所引起的灾害事故频繁发生。同时，埋藏较深的煤层，由于地热影响，温度较高，更容易引起煤层的自然发火，导致矿井火灾、瓦斯爆炸灾害事故的发生。

（2）取消护巷煤柱，从而可避免煤柱护巷条件下工作面推进过程中在工作面前后方煤柱上产生集中压力和聚集压缩弹性能，排除工作面上隅角部位及回风巷发生冲击地压灾害的可能性，以及在工作面周围重力应力场和构造应力场作用下开掘准备巷道发生冲击地压和瓦斯煤层冲击地压等灾害事故的可能性。

煤矿冲击地压灾害不仅危害程度大、影响面广,而且也是诱发其他煤矿重大事故的根源。冲击地压的发生可能诱发瓦斯异常涌出、瓦斯爆炸等重特大灾害。

冲击地压动力灾害不仅造成严重的人身安全问题,还会造成诸如支架设备的毁坏、巷道报废等财产损失,降低采掘工作面推进速度,影响采掘工作面的安全高效生产。

(3)可避免小煤柱护巷因煤柱压缩破坏造成漏风而引起的火灾和瓦斯爆炸事故。

矿内火灾是指发生在井下巷道、工作面、采矿场、采空区的火灾。对煤矿安全造成严重的威胁,自然发火占火灾总次数的比例比较大,全国重点煤矿有自然发火威胁的矿井占48%,煤自燃多发生在采矿区内部。矿井火灾事故如果处理不好,会造成大面积的群死群伤事故。可见,推广无煤柱开采技术对合理开发地下资源、提高煤炭回收率、延长矿井寿命、减少煤矿重大灾害事故发生都有重要意义。

二、无煤柱护巷技术的重要意义

区段平巷一般采用煤柱护巷,随着采深的日益增加,采动后矿压显现越来越剧烈,护巷煤柱宽度越来越大,因此,造成煤炭采出率低、巷道支护困难。沿空留巷技术能够实现无煤柱护巷,沿空留巷的成功实施可以解决煤柱护巷造成的一系列问题。

由于巷道与采煤工作面在空间位置上和时间关系上的变化,沿空掘巷和沿空留巷受到采动引起的上覆岩层运动和支承压力的分布不同,致使巷道的围岩变形和维护状况相差悬殊。沿空掘巷可大幅度提高采区煤炭回收率,避开煤柱支承压力和工作面第一次采动后围岩强烈活动的影响,缩短巷道维护时间,减少巷道维护工作量,降低维护费用。

沿空留巷,在技术和经济上都具有很大的优越性。首先,因为沿空留巷可完全取消区段煤柱,可以有效地提高回采率。其次,沿空留巷可以较大幅度地降低掘进率,缩短采区的准备时间。据对部分矿井统计,沿空留巷一般可使采区巷道的掘进率降低25%～30%,效果好的可降低40%。此外,由于彻底取消了煤柱,对改善近距离煤层的巷道维护十分有利。发展沿空留巷技术,可以降低回采巷道掘进率,减少综采工作面搬家时间,实现工作面正常接替,提高采区回收率,提高煤炭开采的经济效益和社会效益。

沿空留巷可实现工作面Y形通风,采空区的漏风主要流向留巷,从根本上解决了上隅角瓦斯积聚难题;采空区内部易积存大量高浓度瓦斯,利于实现高浓度瓦斯抽采;有效解决了工作面的瓦斯超限问题,从而可成倍提高我国高瓦斯难抽采煤层工作面的单产水平,具有重大的社会经济效益与安全高效开采效益。沿空留巷符合煤炭工业走"资源利用率高、安全保障、经济效益好、环境污染少和可持续的煤炭工业发展道路"的要求,符合绿色采矿、科学采矿的发展方向,对促进我国无煤柱护巷技术的发展具有重要的理论意义和实用价值。

三、无煤柱护巷的技术经济评价

沿空掘巷的围岩变形量较小,巷道支护技术比较简单。根据各矿区的矿压观测,围岩中等稳定的中厚煤层或厚煤层上分层,沿空掘巷在掘进过程中引起的围岩变形量约 40 mm,受到采煤工作面采动影响后的围岩变形量约 200 mm。当回采巷道长度为 500 m 左右时,整个服务期间的围岩变形量约为 400 mm。厚煤层中、下分层的围岩变形量略高于此值。按照沿空掘巷的围岩变形规律,兖州等矿区都采用矿用工字钢梯形棚子,或采用棚距为 0.8 m 的对棚。巷道受到采动影响时,超前采煤工作面 40～60 m 处打中柱;巷道受到强烈采动影响时,在超前采煤工作面约 20 m 处开始用单体液压支柱或摩擦支柱配以铰接顶梁及两帮架设护帮柱进行替棚,采用这种二次支护方式,工字钢棚子大多能回收复用,巷道维护状况良好。

在类似地质条件下采用沿空留巷时,其服务期间的围岩变形量对于中厚煤层和厚煤层上分层约为 800 mm,比沿空掘巷高 1 倍以上,中、下分层高达 1 000 mm 以上。这样大的变形量,要求支架具有较高的工作阻力,较大的增阻速度,足够的可缩量及合理匹配,才能较有效地控制采动引起的围岩强烈变形而支架本身不受到严重损坏。实践表明,工字钢棚子不适应要求,现有 U 型钢可缩性支架也难以满足这些要求,致使沿空留巷的围岩变形量过大,支架损坏严重,这是中厚煤层和厚煤层沿空留巷不能较快推广使用的重要原因。

中厚煤层和厚煤层各分层沿空掘巷的掘进和支护费约 2 400 元/m(其中,掘进费约 400 元/m,支护费约 2 000 元/m)。据统计,沿空掘巷采用上述二次支护方式,工字钢支架的复用次数一般为 5～6 次,扣除掘进出煤和支架复用的费用,沿空掘巷每米巷道的实际费用仅为 500 元左右。

沿空留巷使用 U 型钢可缩性支架时,巷道支护费约 3 000 元/m。经过二次采动影响,梁和柱大多变形严重,支架复用一般只有 2～3 次。扣除掘进出煤和支架复用的费用,沿空留巷每米巷道的实际费用为 1 000 元左右。

沿空留巷如采用巷旁充填,在采高 2.5 m 的煤层中,每米巷道的充填费约 1 000元,因而每米巷道总的实际费用达 2 000 元左右。

上述沿空掘巷和沿空留巷的掘进和维护的实际费用随着煤层采厚而变化,

沿空掘巷费用(含位于煤体内的运输巷及沿已稳定采空区布置的回风巷共两条巷道)随煤层采厚增长而减小,沿空留巷费用(含位于煤体内的运输巷,沿正采动的采空区保留的回风巷)随煤层采厚增大而增长。由此可见,沿空掘巷和留巷的经济效益同煤层采厚有密切关系,一般来说,在开采薄煤层时,沿空留巷较为经济,煤层采厚较大时,沿空掘巷较为经济。但究竟采用沿空掘巷还是沿空留巷,应根据矿井地质技术条件以及经济因素综合考虑后合理确定。

总的来说,无煤柱护巷技术的成功实施不仅有利于提高煤炭资源采出率,降低巷道掘进率,缓解采掘紧张关系,防止自然发火,而且能提高煤炭企业的经济效益,延长矿井服务年限。

第八章　绿色开采与资源可持续发展

第一节　可持续发展的提出

一、珍惜地球资源，转变发展方式

第 44 个"世界地球日"中国的宣传主题：珍惜地球资源，转变发展方式——促进生态文明，共建美丽中国。重点落实资源国情国策，普及国土资源科学知识、新理念、新方法和新技术，引导全社会节约集约利用资源，促进经济发展方式转变，共同推进生态文明建设。努力实现人口、资源、环境相协调，促进经济快速发展；以节约能源资源和保护生态环境为切入点，促进产业结构优化升级；实施"科技兴地"战略，加快资源科技创新；深化"完善体制、提高素质"活动，全面提升国土资源管理能力和水平；大力倡导健康、节约、环保的消费模式和良好的社会风气，使全社会都积极投身建设资源节约型和环境友好型社会。

地球日是在环境污染日益严重的背景下产生的。地球是人类生存的唯一美好家园，人类在漫长的历史发展过程中，就是靠开发利用地球资源，繁衍生息，增强生产力，提高生活水平，从而创造了人类辉煌灿烂的文明。善待地球，保护资源，实质就是关爱和保护人类自身的生存与持续发展。自然资源是地球给予人类的宝贵财产，资源和环境是人类赖以生存的基本条件，是人类赖以生存和经济社会不断发展的物质基础。

地球是人类的共同家园，地球只有一个，它的资源并不是取之不尽、用之不竭的。随着科学技术的发展和经济规模的扩大，全球环境状况在过去多年持续恶化。近年来，人类在最大限度地从自然界获得各种资源的同时，也以前所未有的速度破坏着全球生态环境，全球气候和环境因此急剧变化。统计表明，自有气象仪器观测记录以来，全球年平均温度升高了 0.6 ℃。20 世纪 80 年代，全球每年受灾害影响的人数平均为 1.47 亿，而到了 20 世纪 90 年代，这一数字上升到 2.11 亿。自然环境的恶化也严重威胁着地球上的野生物种。如今全球 12% 的鸟类和四分之一的哺乳动物濒临灭绝，而过度捕捞已导致三分之一的鱼类资源枯竭。在我国，人与自然的矛盾也从未像今天这样严重，中国经济社会的发展开始越来越面临资源瓶颈和环境容量的严重制约。

我国 92％以上的一次性能源、80％的工业原料和 30％的工农业和民用水，均来自矿产资源，一方面是资源匮乏，一方面是资源利用率低，使资源短缺的形势十分严峻。地球上自然资源是有限的，地球-生命-人类系统的平衡与物质的生产和调节能力也是有限的。

在 20 世纪 70 年代，罗马俱乐部的报告就告诫世人，世界的资源无法应付人类的消耗。罗马俱乐部是关于"未来学"研究的国际性民间学术团体，也是一个研讨全球问题的全球智囊组织。宗旨是通过对人口、粮食、工业化、污染、资源、贫困、教育等全球性问题的系统研究，提高公众的全球意识，敦促国际组织和各国有关部门改革社会和政治制度，并采取必要的社会和政治行动，以改善全球管理，使人类摆脱所面临的困境。

2005 年，世界保护自然基金会称，按照目前的资源消耗情况，2050 年的地球人必须迁居到两颗与地球相仿的星球上，因为近 30 年人类就已经消耗了地球上 1/3 的可用资源，而对资源的消耗每年还以 1.5％的速度增长。从 1950 年到 2003 年，全球用水量提高了 3 倍、燃料用量提高了 4 倍、肉类用量提高了 4.5 倍、二氧化碳排放量增加了 4 倍。随着经济发展水平的提高，资源消耗将会加速。

二、共同发展

20 世纪的科学历程已落下帷幕，人类进入第二个科学的世纪。与 19 世纪人们欢呼科学时代到来的情况不同的是，人们在为已取得的科学成就欢欣鼓舞的同时对世界也陷入空前的忧虑。过去的两个世纪，科学不仅刷新了世界面貌，也改变了人们的日常生活。科学确实造就了不少人间奇迹，但其带来的负面影响也日益增大，甚至动摇着人类生存的根基。人口问题、能源问题、环境污染问题、资源短缺问题、生物多样性破坏问题等，均与科学的发展密切相关。一个世纪以来，有识之士一直在关注着人类的命运，思考着科学的发展道路。值得庆幸的是，今天无论在自然科学、科学技术应用还是在社会发展方面，其发展模式都在发生着深刻的变化，发展的轨迹正沿着正确的可持续发展的道路延伸。

在人类现代文明的进程中，采矿业是最先兴起的工业。18 世纪中叶产业革命以来，矿业就成为国民经济的基础产业，它推动着近代工业文明的兴起，它的发展与国家工业现代化的进程紧密相关。采矿工业可谓功高至伟，但是，矿产开发是双刃剑，在持续挖掘地下矿床为工业提供各种原料的同时，也给人类的生存环境带来严重影响。20 世纪是人类有史以来生产力发展最快的百年，也是人类对地球环境破坏最严重的百年,许许多多行业给地球环境带来了严重破坏,矿业就身处其中,它成为地球的主要污染源、灾害源。矿产资源被持续、大规模、掠夺性地开发,引起了严重的全球性环境负效应与环境生态问题。据报道,有数百个环保组织利用国际互联网在责难采矿业、宣扬矿业的危害,以期呼唤人们反对和限制矿业的发展。但是,不管是过去、现在还是将来,任何国家的工业现代化都离不开矿业,问题的要害不在于矿业要不要发展,而在于矿业发展应该走什么道路。

自 20 世纪 70 年代以来,人们一直在努力寻求人类长期生存和发展的道路。经过人们的不懈探索,提出了一些富有启发和具有重大意义的观点、思想及对策,其中,最具有影响和最有代表性的是可持续发展理念。现在,该理念已经成为全球范围的共识,并把可持续发展提到了战略的高度,视为全球共同的发展战略。人们已逐渐认识到,未来的科技、经济和社会的发展必须走可持续发展的道路,对人类生存环境有重大影响的采矿工业更不能例外。矿业工作者的责任就在于深刻理解可持续发展理念,遵循可持续发展的道路,积极推动矿业科学技术的发展,这是矿业发展的必由之路。

第二节　可持续发展战略的形成

一、可持续发展问题的讨论

近代人类社会,由于人口迅速增加、生产不断发展和工业的不断集中,对自然财富的索取量越来越大,随之投向周围的废弃物也越来越多。人类创造的物质文明,在相当大程度上是以破坏自然为代价的,尤其自 20 世纪 50 年代以来,人类面临着人口猛增、粮食短缺、能源紧张、资源破坏和环境污染等严重问题,导致"生态危机"加剧,经济增速下降,局部地区社会动荡,这就迫使人类不得不重新审视自己在生态系统中的位置,去努力寻求新的发展道路。经过人类持续的探索,提出了具有重大意义的可持续发展问题。

关于可持续发展问题的讨论始于 20 世纪 70 年代,多年来诸多机构在国际论坛上发表了许多关于全球资源与环境问题的研究报告,其中对可持续发展理念的形成起着重要作用的有三份报告:

(1)罗马俱乐部于 1972 年发表了《增长的极限》。该报告唤起了人类对环境与发展问题的极大关注,引起了国际社会对经济不断增长所导致的全球性环境退化和社会解体问题的广泛讨论。到 20 世纪 70 年代后期,人们的讨论基本上得到了比较一致的结论,即经济发展可以不断地持续下去,但必须调整,应充分考虑自然资源对发展的可支撑程度。

（2）由国际自然与自然资源保护联盟牵头的多个国际组织，于 1980 年发表了《世界保护策略》。该报告反复地用到可持续发展这个概念，强调可持续发展的资源保护。报告分析了资源和环境保护与可持续发展之间的相互依存关系，并指出发展的目的是：利用生物圈的生命与非生命资源，去满足人类需求和改善人类的生活质量；保护的目的是：人类要采取合理利用生物圈的方式，在保证生物圈给当代人提供最大持续利益的同时，又保持其满足后人需求的潜能。

该报告虽然没有明确给出可持续发展的定义，但一般认为可持续发展的概念就发端于此报告。

（3）世界环境与发展委员会于 1987 年发表了《我们共同的未来》。该报告提出了"从一个地球走向一个世界"的新思维，并根据这一思维，从人口、资源、环境、物种、生态系统、工业、能源、机制、城市化、食品安全，以及法律、和平、安全与发展等各个方面，比较系统地分析和研究了可持续发展问题，特别是在该报告中第一次明确给出了可持续发展的定义，即：可持续发展就是既满足当代人的需求，又不对后代人满足其需求的能力构成危害的发展。

该报告认为可持续发展涉及两个重要的概念：一个是"需求"的概念，可持续发展应当优先考虑世界贫困人民的基本需求；另一个是"限制"的概念，可持续发展应在技术状况和社会组织层面对人类在满足眼前和将来需求的能力施加限制。

二、人类传统发展模式的转变

可以说，可持续发展理念的提出彻底改变了人们的传统发展观和思维方式。与此同时，国际社会围绕着可持续发展问题，组织了最具历史意义的三次国际会议，推动了人类传统发展模式的转变。

（1）联合国人类环境会议于 1972 年 6 月在瑞典斯德哥尔摩召开。当时人类已面临着环境日益恶化、贫困日益加剧等一系列突出问题，国际社会迫切需要共同采取行动来解决这些问题。这次会议通过了《人类环境行动计划》这一重要文件，之后，迅速成立了联合国环境规划署。

（2）联合国环境与发展会议于 1992 年 6 月在巴西里约热内卢召开。会议通过了《21 世纪议程》等重要文件。之后，成立了联合国可持续发展委员会。

（3）可持续发展世界首脑会议于 2002 年 8 月在南非约翰内斯堡召开。会议通过了《可持续发展世界首脑会议执行计划》这一重要文件。

三次重要国际会议的召开，使人们认识到环境问题与发展问题密切相关，彻底否定了工业革命以来那种"高生产、高消费、高污染"的传统发展模式和"先污染、后治理"的道路,把环境问题列入发展议程;三次国际会议是人类转变传统发展模式和生活方式、走可持续发展道路的里程碑。我国于 2003 年就对可持续发展做了相关的研究和报告。

可持续发展理念既包括古代文明的哲理精华,又蕴含着现代人类活动的实践总结,是对"人与自然关系""人与人关系"这两大主题的正确认识和完美的整合。它始终贯穿着"人与自然的平衡、人与人的和谐"这两大主线,并由此出发,不断探求人类活动的理性规则,人与自然的协同进化,发展轨迹的时空耦合,人类需求的自控能力,社会约束的自律程度,以及人类活动的整体效益准则和普遍认同的道德规范等,并理性地通过平衡、自制、优化、协调,最终达到人与自然之间的协同和人与人之间的公正。

第三节 可持续发展的内涵及目标

一、可持续发展的内涵

可持续发展的含义丰富,涉及面很广。侧重于生态的可持续发展,其含义强调的是资源的开发利用不能超过生态系统的承受能力,保持生态系统的可持续性;侧重于经济的可持续发展,其含义则强调经济发展的合理性和可持续性;侧重于社会的可持续发展,其含义则包含政治、经济、社会的各个方面,是个广义的可持续发展含义。尽管其定义不同,表达各异,但其理念得到全球范围的共识,其内涵都包括一些共同的基本原则。

（一）需求原则

可持续发展强调:人类需求和欲望的满足是发展的主要目标。可持续发展立足于人的需求而发展,强调人的需求而不是市场商品;是要满足所有人的基本需求,向所有的人提供实现美好生活愿望的机会。

（二）公平原则

现代公平观包含两层含义:一是经济公平,即经济学意义上的公平,这是市场经济公平、公正原则的体现;二是社会公平,即社会学意义上的公平,是社会财富分配与占有的公平、公正原则的体现。在可持续发展经济理论中的公平也存在这两层不同含义,并强调人类需求和合理欲望的满足是发展的主要目标。同时,在对待人类需求、供给、交换、分配过程中的许多不公平的因素时,可持续发展经济的公平原则归根到底就是人类在分配资源和占有财富上的"时空公平",它突出体现在以下三个方面:一是当代人之间的公平,二是代际间的公平,三是空间分配的公平。

（三）持续原则

可持续性是指生态系统受到某种干扰时能保持其生产率的能力,其核心就是指人类的经济和社会发展不能超越资源与环境的承载能力。要求可持续利用自然资源:对于可再生资源,要在保持它的最佳再生能力前提下加以利用;对于不可再生资源,要在保护和尽可能延缓其耗竭速度的方式下加以利用,以便维持到更经济的替代资源利用。对自然资源来说,就是有度地利用自然资源,既发挥它的最大效益,又不损害它的再生和永续能力。

（四）协调性原则

可持续发展过程,必须遵循人与自然,经济与生态,发展与资源、环境相协调的基本原则,对可持续发展经济系统的功能结构进行不断的调整、重组和优化,使经济发展按照可持续发展经济原理增强经济可持续发展能力,既符合经济规律又适应生态规律的客观要求,才能确保经济发展必须在生态环境的承受能力允许范围内满足当代人发展和后代人发展的需要。正如《我们共同的未来》报告中所指出的,从广义上说,可持续发展的战略就是要促进人类之间及人类与自然之间的和谐。

（五）高效原则

高效性不仅是根据其经济生产率来衡量,更重要的是根据人们的基本需求得到满足的程度来衡量,是人类整体发展的综合和总体的高效。保障高的经济、生态、社会效率,保障高的投入与产出比率。

（六）共同性原则

可持续发展作为全球发展的总目标,所体现的公平性、持续性原则,则是共同的。为了实现这一总目标,共同性原则要求必须采取全球共同大联合行动,遵守大家共同认可和制定的国际化标准和规则,负起社会责任等。企业社会（国家、国际、社区等）责任越来越成为竞争力和竞争手段之一。

（七）阶跃性原则

随着时间的推移和社会的不断发展,人类的需求内容和层次会不断增加和提高,所以可持续发展本身隐含着不断地从较低层次向较高层次的阶跃性过程。

可持续发展理念的核心,在于正确规范两大基本关系,即人与自然之间的关系和人与人之间的关系。人与自然之间的相互适应和协同进化是人类文明得以可持续发展的"外部条件";而人与人之间的相互尊重、平等互利、互助互信、自律互律、共建共享以及当代发展不危及后代的生存和发展等,是人类得以延续的条件。唯有这种必要与充分条件的完整组合,才能真正地构建出可持续发展的理想框架,完成对传统思维定式的突破,可持续发展战略才有可能真正成为世界上不同社会制度、不同意识形态、不同文化背景的人们的共同发展战略。

二、全球共同的发展战略目标

自联合国环境与发展大会以来,世界各国和国际组织普遍认识到可持续发展对于本国、本地区和全球发展的重要性,纷纷依据环境与发展大会达成的共识和自身特点,制定各自的 21 世纪议程,以推动全球可持续发展战略的实施。作为全球的共同发展战略,它的最终目标追求可作如下表述。

(1)不断满足当代和后代人生产、生活的发展对物质、能量、信息、文化的需求。这里强调的是"发展"。

(2)代与代之间按照公平性原则去使用和管理属于人类的资源和环境。每代人都要以公正原则担负起各自的责任。当代人的发展不能以牺牲后代人的发展为代价。这里强调的是"公平"。

(3)国际和区际之间应体现均富、合作、互补、平等的原则,去缩小同代之间的差距,不应造成物质上、能量上、信息上乃至心理上的鸿沟,以此去实现"资源-生产-市场"之间的内部协调和统一。这里强调的是"合作"。

(4)创造与"自然-社会经济"支持系统相适宜的外部条件,使得人类生活在一种更严格、更有序、更健康、更愉悦的环境之中。因此,应当使系统的组织结构和运行机制不断地优化。这里强调的是"协调"。

事实上,只有当人类向自然的索取被人类给予自然的回馈所补偿,创造一个"人与人"之间的和谐世界时,可持续发展才能真正得以实现。

第四节　矿产资源可持续发展

一、矿产资源的基本特性

矿产资源是指天然赋存于地壳或地表,由地质作用形成的,呈固态、液态或气态的,具有经济价值或潜在经济价值的富集物。可供人类开发利用的矿产资源具有自然属性和社会属性,是两者的统一体,这就决定了矿产资源有如下的含义和基本特征:矿产资源是赋存在地壳中的有用岩石、矿物或元素的聚集体;它在目前或可以预见的将来,能被当时的科学技术所开发出来,在经济上是合理的天然物质;它的开发利用,受科学技术、社会需求、经济条件、政治军事形势以及环境保护等因素的影响。矿产资源既具有客观存在的自然物质的属性,又具有社会、经济、政治乃至军事的属性,从本质上看,是一个技术经济概念,更确切地讲,应是一个经济概念。

矿产资源具有以下 14 个方面的基本特性,即天然性、经济效用性、相对性、基础性、不可再生性、有限性、空间分布的不均衡性、耗竭性、稀缺性、勘查工作的探索与高风险性及高收益性、矿产资源在开发建设周期上的长期性、开采利用上具不可逆性及非弹力性和集中垄断性、其丰度直接影响开发的经济效益性、矿产资源开发利用的负外部性。

二、矿产资源可持续发展的原则

矿产资源的可持续发展是指：矿产资源必须能满足世界和国家经济社会发展所必需的供应，达到供需的平衡，保证国民经济和社会可持续发展；保证矿产资源供应的开发利用过程必须是可持续发展的，必须做到资源具可供性、技术具可行性、效益具经济增值性、环保具达标性等；矿产资源供应必须与人口、经济、环境、社会、资源协调发展；矿业人力资源具可持续性。矿产资源可持续发展必须遵循以下主要原则。

（一）公平性原则

（1）矿产资源在代际时间纵向配置上必须公平。要求我们当代人类要尽量减少对现有矿产资源的消费量，以必要需求为前提，实行适度消费原则；提高矿产资源开发利用的科技水平，加强矿产资源管理，以完善的市场化优化配置各种经济要素资源，提高资源的利用率；加强循环消费和替代消费；加强对现有矿产资源的保护等。

（2）代内和空间公平。矿产资源不仅其储量在全世界分布极不平衡，而且被世界各国所利用的程度不相同，同时它对各个国家的发展所起的作用也是不同的。欧美发达国家的富足建立在对发展中国家的自然资源的剥削和掠夺的基础上，它们的发展是对发展中国家的利益和权利的严重侵犯和损害的结果，发展中国家必须加强联合，争取自己的必要权利，改变现有的不合理经济政治秩序，加快自己的发展，以利于自己可持续发展，国家内部也必须实行改革，公平分配福利。

（二）可持续利用原则

可持续利用是以保存和不使其耗尽的方式利用。延缓某种矿产资源耗竭的提早到来，加强替代资源的早日到来，便是实现矿产资源的可持续利用。

（三）环境与发展协调一体化原则

矿产资源包含在广义的环境的概念之中，必须加强对环境的保护。然而消除贫穷是实现可持续发展必不可少的条件，而在一些地方（尤其是一些发展中国家）要消除贫穷就必须发展矿业，将资源优势转化为经济优势。少数发达国家借环境保护之名，限制发展中国家的经济发展，阻碍可持续发展目标的实现。可持续发展与以适当方式进行的矿产资源的开发利用不但不矛盾，而且能相互促进。

（四）共同性原则

可持续发展作为全球发展的总目标,要求必须采取全球共同大联合行动。中国在国家层面上坚持:持续发展,重视协调的原则;科教兴国,不断创新的原则;政府调控,市场调节的原则;积极参与,广泛合作的原则;重点突破,全面推进的原则。

三、我国矿产资源可持续发展的目标

《中国 21 世纪议程》确立了中国 21 世纪可持续发展的总体战略框架和各个领域的主要目标。我国提出了"坚持以人为本,实现全面、协调、可持续发展"的科学发展观,这是对可持续发展内涵的进一步深化和发展,它已经成为我国实施可持续发展战略的原动力和重要指导方针。

《中国 21 世纪议程》中矿产资源可持续发展的目标可以归纳为:通过健全和完善矿产资源的管理、开发和利用的体制、政策和法律以保证矿产资源的合理和低环境成本开发及利用,使矿产资源能够持续供应,充分满足国民经济建设和社会发展对矿产资源的需求,全面提高矿产资源开发利用的经济效益、环境效益和社会效益。

《中国 21 世纪初可持续发展行动纲要》中矿产资源可持续发展的目标可以归纳为:合理使用、节约和保护资源,提高资源利用率和综合利用水平;建立重要资源安全供应体系和战略资源储备制度,最大限度地保证国民经济建设对资源的需要。在矿产资源利用上,进一步健全矿产资源法律法规体系;科学编制和严格实施矿产资源规划,加强对矿产资源开发利用的宏观调控,促进矿产资源勘查和开发利用的合理布局;进一步加强矿产资源调查评价和勘查工作,提高矿产资源保障程度;对战略性矿产资源实行保护性开采;健全矿产资源有偿使用制度,依靠科技进步和科学管理,促进矿产资源利用结构的调整和优化,提高资源利用效率;充分利用国内外资金、资源和市场,建立大型矿产资源基地和海外矿产资源基地;加强矿山生态环境恢复治理和保护;在矿产资源战略储备方面,建立战略矿产资源储备制度,完善相关经济政策和管理体制;建立战略矿产资源安全供应的预警系统;采用国家储备与社会储备相结合的方式,实施石油等重要矿产资源战略储备。所有目的与措施都包含于走新型工业化道路和科学发展观的要求中。

第五节　绿色开采对煤炭可持续发展的意义

随着矿山的开发和利用,矿山环境问题和因其引起的各种次生地质灾害现

象已逐步显露端倪,有的还造成严重后果。因此,"资源开采-环境保护-矿区可持续发展"的平衡关系,是进行资源开发所面临的全局性课题,即煤炭资源"绿色开采",符合这一平衡关系的矿区开发模式,称之为可持续发展的"绿色矿区"模式,其核心内容之一就是要实现"绿色开采"。"绿色开采"对煤炭可持续发展意义在于:

(1)绿色开采要求开采技术水平提升。我国煤炭行业整体技术水平较低,长期走粗放型发展路子,生产集约化程度很低。绿色开采必然要求多层面、多角度的技术创新。

(2)绿色开采要求系统高效利用产品。绿色开采要求从广义资源的角度看待矿区范围内的煤炭、地下水、煤层气、土地、煤矸石以及在煤层附近的其他矿床等可用资源,在追求最佳经济效益和社会效益的同时,尽可能减少对环境的负面影响。

(3)绿色开采要求全面评价企业效益,综合考虑生态环境。绿色开采以生态大系统的观念来看待、评价企业的经济活动,实现生态大系统的可持续发展。这自然要求企业在追求自身经济效益的同时,要全面考虑社会效益与环境效益。

第六节　绿色开采与科学采矿

一、现代化矿井和科学开采的技术框架

采矿不重视安全和环境保护,就是一种野蛮和掠夺式(对资源产出地区)的采矿。煤炭行业在满足经济发展的同时,必须要解决行业负外部性带来的一系列问题,使煤炭行业在适应大规模产能情况下能够健康发展,由此,提出了科学采矿理念。科学采矿就是在保证安全和保护环境的前提下高效高回收率地采出煤炭。

科学采矿涉及在各类开采条件下采矿技术的前沿问题,科学采矿的实现必须依靠科学技术的进步。另外,作为现代化的煤炭工业必须实现节能低碳运行。

归纳起来,科学采矿涉及技术包括高效开采、安全开采、绿色开采和高回收等方面的技术。

高效开采技术是大力推进匹配于不同开采地质条件煤矿机械化、数字化、智能化发展进程,提高煤矿生产效率,降低井下工人数。

安全开采技术以人为本,加大安全技术的研究和相关费用的投入,防范各种事故灾难的发生,百万吨死亡率达到国际水平。同时,还应增强对井下职工作业环境中粉尘、高温、噪声等危害因素的控制,防止矿工伤亡与职业疾病的发生,提

高对煤矿工人劳动的尊重和身心健康的保护。

绿色开采技术以控制岩层移动为基础,以保护环境为原则,利用煤与瓦斯共采、保水开采、减沉开采等开采方法,减少废弃物和环境有害物排放,在环境损害最小状态下达到最大的资源回收率。

高回收是要求对资源的珍惜。

节能低碳技术是充分利用矿井开采的物质资源与能源(如地热)资源,达到节能和提高资源利用率,实现矿区低碳发展。

二、高效开采技术

高效开采是矿井永恒的主题。高效开采技术分为机械化、信息化和智能化三个层次。

机械化是指矿井生产全过程的机械化,包括采掘全部生产工艺的机械化、运输提升机械化等。

信息化是以先进的煤矿机电一体化技术、计算机技术、3S技术(遥感技术RS、地理信息系统GIS、全球卫星定位系统GPS)与信息化相适应的现代企业管理制度为基础,以网络技术为纽带,以煤矿安全生产、高产高效、可持续发展为目标,实现多源煤矿信息的采集、输入、存储、检索、查询与专业空间分析,并实现多源信息的多方式输出、实时联机分析处理与决策、专家会诊煤矿安全事故和生产调度指挥等。

无人工作面是煤矿高效开采中智能化的标志性技术,在工作面安全专家系统的保护下,通过有线或无线方式远程控制关键生产设备,监测其工况,利用割煤设备(刨煤机或采煤机)的自主定位与自动导航技术、煤岩自动识别技术、液压支架电液控制技术、刮板输送机自动推移技术、工作面自动监控监测技术、井下高速双向通信技术和计算机集中控制技术等自动完成割煤、移架、移刮板输送机、放煤和顶板支护等生产流程,动态优化作业程序,实现工作面生产过程自动化、采煤工艺智能化、工作面管理信息化以及操作的无人化,从而确保高产、高效和安全生产。

三、绿色开采技术

绿色开采技术是指考虑环境保护的煤炭开采技术。生态脆弱地区煤矿绿色开采应得到特别关注。开采破坏了原来的岩体平衡,引起地面沉降,又直接影响地下水系。开采是一次对地下水的疏干过程,造成大量水土流失,对缺水的干旱地区生态影响较大,全国96个重点矿区中,缺水矿区占71%。为此近期提出的开采重要技术原则之一应该是使"单位资源采出量的环境损失为最小"。

（一）"开采-充填-复垦"体系

采矿最大的破坏是地面环境和地下水系。对村庄和建筑物的保护可依靠充填和条带开采解决；而对大量破坏的农田则需依靠复垦解决，由此必须在矿区全面实现"开采-充填-复垦"体系。充填（条带）开采是对岩层扰动最小的控制技术，是应该扩大使用的绿色开采技术。有人提出，生态脆弱和人口稠密区应实行"无塌陷开采"，即充填（条带）开采技术。在利用条带开采时，为了提高资源回收率，可利用充填采出条带。

目前发展了矸石、膏体和超高水充填技术以置换煤炭。将来还可以在一些地区发展用沙漠中的沙置换煤炭。充填开采技术推广的主要阻力是成本，因此应解决如何降低材料成本，同时应研究以最小的充填量达到岩层控制的目的。

（二）预防开采对生态环境的破坏

根据岩层特性，开采对地下水的影响可以分为以下情况：

（1）开采没有破坏地下水系（如大部分南方和华东地区），此时地面环境可采用复垦解决。由此形成"开采-充填（建筑物下）-复垦"技术体系。

（2）如果开采破坏了地下水系，如富煤的鄂尔多斯地区和陕北榆林地区，部分集水的沟谷地区是长时期地质变动形成的，是以地下水和砂层潜水径流补给网为基础的生态区域。这种生态与地形地貌及地层岩性构造密切相关。受地形地貌控制，地下水以渗流的形式排泄于沟谷。因此，形成了该地区居民依赖的生态"潜水渗流补给-沟谷网"。开采引起的岩层松动和地貌改变，必然改变潜水流场，破坏补给网，从而影响沟谷的水量，甚至枯竭，最终破坏该地区的生态。显然，在这些地区开采必须实行"无塌陷开采"，否则大规模开采形成的环境损失将无法弥补。在无法实现保护水资源时应该限制大规模开采，或者采用避免沉降的条带开采，而条带则留待将来采用充填置换。

（3）对中间状态需要进行评估和采用适当的开采措施。开采导致上覆岩层松动，地下水渗入采空区，根据开采导致岩层的裂隙容量决定地下水位下降程度。随着雨水和周围水源的补给，隔水层会再生，水位经过相当时间有可能恢复。此时应进一步评估开采对环境的暂时影响以及可能采取的措施。在水资源贫乏地区，应该研究开采后可能引起的上覆岩层水文地质变化，隔水层的破坏与重新恢复（采用充填等技术）的可能性，以及再造隔水层的可能。在没有隔水层或者无法修复条件下，应该考虑避免地下水的全部流失，将其保存和再利用。在上述条件都不能满足时，应定为暂不可采资源。显然，在这些问题没有得到成熟解决以前，大规模开采是不合适的。

（三）"煤与瓦斯共采"技术

单位体积瓦斯对环境产生的温室效应是二氧化碳的20多倍，瓦斯治理不妥是开采煤炭过程中重大的安全隐患。同时,瓦斯也是与煤炭伴生的清洁能源,目前我国已探明储量达 31.46 万亿 m^3,相当于天然气储量。近期正在逐步形成相应的开采和利用技术。高透气性煤层可采用地面钻井抽采瓦斯技术,如晋城煤业集团。而对于大量的低透气性煤层,由于瓦斯是吸附在煤炭上,吸附量占 90%,游离瓦斯不到 10%,吸附瓦斯难于采集,只有降低应力才能使吸附瓦斯变成游离瓦斯,因此,可以利用井下开采工程改变顺序造成应力释放以抽采瓦斯(如保护层开采),为此形成了井下"煤与瓦斯共采"技术,这种技术在淮南矿业集团得到成功应用。但全面推广还需发展使瓦斯广泛应用的提纯技术,进一步降低成本、确定使用范围和形成规范与技术标准。

四、矿井低碳运行技术

所谓低碳运行,就是充分利用矿井开采的物质资源与能源资源,达到节能和提高资源利用率,实现矿井的节能减排,降低矿井吨煤生产综合能耗,实现矿区低碳发展。主要包括矿井地热资源利用、矿井残余煤柱或低热值煤炭地下气化、矿井大型设备的节能降耗技术、减少温室气体排放(如矿井回风井乏风中低浓度 CH_4 的回收利用技术、坑口燃煤发电厂 CO_2 捕集与井下填埋技术)等。

上述低碳运行技术发展的前景非常广阔。如以矿井地热利用为例,煤矿井下开采的特殊环境形成井下相对恒温层地热源,一方面较高的地温会恶化井下工人劳动环境,同时也是煤矿的一大资源。矿井回风温度常年大体保持恒定,其中蕴藏大量的热能,可利用回风源热泵对热能进行回收利用。该项技术在冀中能源梧桐庄矿得到应用,取消了锅炉房,每年节约标准煤 2 万余吨。

五、煤炭的科学产能

由科学采矿进而提出了科学产能理念,科学产能是指:在持续发展的储量条件下,具有与环境容量相匹配和相应的安全及保护环境的技术,将资源最大限度安全高效采出的能力。显然,产能必须与科技能力匹配,否则会危及安全和环境,只有提升科技能力才有可能提高科学产能。科学产能要求"资源、人、科学技术和装备"都必须到位,是煤炭行业和一个矿区综合能力的体现。

(一)科学产能应满足的要求

科学产能必须满足以下 3 项指标的要求。

1. 环境容量要求

对一个地区而言,煤炭产出与消费能力还必须与当地环境容量相匹配。煤炭的产能、利用受环境容量的限制;地区的生产规模还决定于开采对生态的影响。

2. 安全生产要求

产能还必须具备适应当前科技水平的安全要求,若全国煤矿按照国有重点煤矿对科技力量、干部配备和机械化要求进行投入,安全才能达到世界中等水平。

3. 机械化开采要求

即寻求既安全又高效的开采方式。

科学产能要求达到如下指标:① 综合机械化程度大于 70%;② 安全度标准:百万吨死亡率 0.1~0.01;③ 安全费用在生产成本中占很大比重;④ 环境友好、鼓励支持煤矿充填开采,同时土地复垦率大于 75%;⑤ 回采率大于 45%;⑥ 难动用储量(条件复杂、埋深大于 1 500 m)应暂不列入可采储量。

(二)煤炭科学产能难由市场解决

由市场经济形成的管理模式必然使企业以市场为导向,以追求利润为目的。煤炭企业和地方政府可能利用行业的负外部性形成不完全成本,把内部成本转化为社会成本,导致安全投入严重不足、开采破坏环境、资源浪费等问题。由于产能违背了科学发展,受到了社会责难,也因此使行业付出巨大的社会(声誉)成本,最终必然损害行业自身的利益。煤炭开采的负外部性主要表现在:

(1)资源的天赋性——赋存的煤质与沉积条件密切相关,而与科技投入无关,物流成本决定于区位,企业无法选择,有的企业物流成本已经超过开采成本。天赋条件的差别影响企业应有的投入,也影响企业间公平竞争。

(2)煤炭是大自然赋予的稀缺资源,而资源又由于易于取得而难以定价,导致无偿或廉价使用,过度开发,不被人们所珍惜。

(3)采矿是从环境中获取资源,必然破坏原有的环境平衡,而难以作出补偿,最后必然导致产出地为环境付出巨大代价。

(4)安全难以控制,百万吨死亡率是衡量煤矿安全的重要指标。而且煤矿工人工作环境恶劣,加上经济收入低,行业社会地位低下,影响身心健康,人才难以聚集。

由于煤炭在利用过程中超越了环境容量,由此对煤炭能源引起争议。应该说煤炭在环境容量内使用是洁净而且低成本的能源。而环境容量又受多个因素约束,而这些约束的解决需要依靠科技进步。只有形成与产能相适应的煤炭科学开采和利用的技术,在环境容量和安全允许范围内开采和利用煤炭,才能彻底改变煤炭行业形象。届时,煤炭仍然是我国不可或缺的重要能源和资源。

(三)煤炭行业近期的发展趋势和面临的问题

按照可再生能源发展的情况预测,在低碳和强化低碳情景下,2050 年煤炭的需求可以维持在 25 亿~30 亿 t,仍然占能源总量的 34%~38%。而我国

2022 年原煤产量约为 45 亿 t。在可再生能源还未形成规模前,能源供给仍然要依靠煤炭。

我国煤炭储量分布是北方占 90%,而且 65% 集中分布在山西、陕西、内蒙古三省(区)交界地区;南方占 10%,集中分布在贵州和云南(占南方区的 77%);而东部由于历史上高强度开发仅剩余 799.94 亿 t(为全国资源量的 7%)。

面对未来能源对山西、陕西、内蒙古、宁夏地区如此大规模的煤炭需求,要实现科学产能,环境容量如何? 能否解决对生态脆弱地区的环境保护? 由于没有先例可以借鉴,按照目前的能力回答是否定的。以山西为例,每年的产量约占全国的 1/4。但由于经济和技术原因,开采使产出地环境日益恶化。再加上在地质条件复杂、高应力和高瓦斯区域难以实现安全生产,解决不好社会难以承受,从而又会受到社会的进一步责难。

六、完全成本

完全成本是科学采矿的经济基础。所谓完全成本,是指人们科学开发合理利用煤炭资源所付出的各种成本的总和,是全社会为煤炭资源利用而付出的真实成本。按照科学采矿的要求,就是将采矿的外部成本内部化,社会成本企业化,其完全成本应包括资源成本、生产成本、安全成本、环境成本和发展成本。

由于采矿在环境与安全上的负外部性,导致形成不完全成本。其程度随着开采条件和企业区位不同而存在很大差别,由此影响内部成本向社会成本转化的数量。实现煤炭完全成本的难度是:资源、安全(以人为本)和资源产出地环境损失(尤其是舒适型环境资源)难以量化评估。产出地环境损失得不到补偿,导致产量(超过环境容量)越大环境的隐形损失越大,这类成本存在很大的弹性和相对性。企业以盈利为目的,而面对很大的开采和区位条件差异,行业内部对不公平竞争又缺乏协调管理,由此制约企业成本的合理投入。完全成本的实现必将影响煤炭价格及有关领域的经济关系。

德国开采条件与我国大部分地区相似。在德国,开采 1 t 煤成本高达 120~150 欧元(人民币 1 000~1 500 元),除了高工资外,其他都用在改善工人劳动环境、安全生产条件和环境保护上。显然,要实行以人为本,使矿工达到体面而又有尊严地劳动(改善工作环境)、保护产出地环境和资源、建立行业对社会的信誉,还需要在科技、经济与管理上做出努力。我国开采成本与德国相去甚远。因此,如何使企业既要赢利又不受社会责难? 完全成本是保护环境和安全生产的经济基础。

市场经济是利益的博弈,煤炭企业的经济效益受开采条件、煤质和区位的影响很大,由于缺乏行业协调与管理,从而形成不公平竞争,由此导致开采条件好的企业大量盈利,而开采条件差的企业必然以减少应有的投入弥补可能出现的亏损。煤矿工人是社会的弱势群体,他们的劳动应该受到尊重。事实上煤矿工人要达到体面而又有尊严地劳动还需要巨大的投入和努力。负责任的企业在获得经济效益的同时对产出地造成的环境破坏加以修复,而且着力于改善矿工的劳动条件,提高矿工的安全生产可靠性和合理收入,帮助矿工生活的产出地由资源优势变成经济优势。

目前,有一部分企业在获得了经济效益后,为了追求更多利润,在企业自身生产和安全科技问题没有解决的情况下延长产业链,但又缺乏风险评估、技术与信息优势和行业协调,几乎很难盈利。由此使煤矿辛苦获得的利润,在行业自身问题没有得到解决的情况下,资金外流,形成"以煤养其他行业"的格局。

据报道,全国规模以上煤炭企业实现年利润总额达到数千亿元,事实上造成行业经济状态的假象。这些利润显然与不完全成本和有些企业的区位和优越的开采条件有关。与此同时,矿工的安全生产保证条件、劳动环境和收入在行业排行上仍然是处于劣势状态。而且越是条件困难的矿区,矿工的经济条件越差。显然,煤炭行业应该用科学发展观研究资源经济,以协调企业、需求、社会和地方经济的关系,促进行业健康发展。

第九章　煤矿安全生产管理

第一节　现代安全管理理论与方法

一、安全目标管理

（一）安全目标管理的概念

安全目标管理就是在一定的时期内（通常为一年），根据企业经营管理的总目标，从上到下地确定安全工作目标，并为达到这一目标制定一系列对策、措施，开展一系列的计划、组织、协调、指导、激励和控制活动。

安全目标管理是企业目标管理的一个组成部分，安全管理的总目标应该符合企业经营管理总目标的要求，并以实现自己的目标来促进、保证企业经营管理总目标的实现。

为了有效地实行安全目标管理，必须深刻理解它的实质，准确把握它的特点。

安全目标管理是重视人、激励人、充分调动人的主观能动性的管理。管理以人为本体，管理的主客体都是人，有效的管理必须充分调动人的主观能动性。

安全目标管理是系统的、动态的管理。安全目标管理的"目标"，不仅是激励的手段，而且是管理的目的。毫无疑问，安全目标管理的最终目的是实现系统（如一个企业）整体安全的最优化，即安全的最佳整体效应。这一最佳整体效应具体体现在系统的整体安全目标上。因此，安全目标管理的所有活动都是围绕着实现系统的安全目标进行的。

（二）安全目标管理的分类

由于任何安全管理活动都要确定自己的安全管理目标，所以安全目标管理必然有丰富的外延，可按各种标准进行分类，以下仅列举几种主要类型。

1. 按安全管理的领域分类

安全目标管理可分为安全生产目标管理、安全教育目标管理、安全检查目标管理和安全文化目标管理等。在实际安全管理过程中，以上类型还可细分，如安全生产目标管理又可分为公共安全技术目标管理、设备安全技术目标管理、电气安全技术目标管理等。

2. 按安全管理的职能分

安全目标管理可分为安全目标决策、安全目标计划、安全目标组织、安全目标协调、安全目标监督、安全目标控制等。上述各种安全目标管理职能,就一项安全管理的全过程来说,它们是一致的,但就各项安全管理职能的具体行使阶段和行使部门来说,在内容的侧重点上又有所区别。

3. 按安全管理的层次分类

安全目标管理可分为高层安全目标管理、中层安全目标管理和基层安全目标管理。上述三类目标是相对而言的。如从全国范围来说,国家的安全目标管理是高层安全目标管理,各企业的安全目标管理是基层安全目标管理。而就一个企业来说,企业的安全目标管理则是高层安全目标管理,车间和班组安全目标管理是中层和基层安全目标管理。

4. 按安全目标管理的实现期限分类

安全目标管理可分为长期安全目标管理、中期安全目标管理和短期安全目标管理。一般来说,期限在 5～10 年的为长期安全目标,期限在 2～3 年的为中期安全目标,期限在 1 年以内的为短期安全目标。

二、煤矿安全风险预控管理体系

煤矿安全风险预控管理体系是原国家煤矿安全监察局和神华集团于 2005 年立项,组织中国矿业大学等国内 6 家研究机构共同研发,在百余个煤矿试点运行并取得较好成效的一套现代科学的煤矿安全生产管理方法。这套管理体系以危险源辨识和风险评估为基础,以风险预控为核心,以不安全管控为重点,通过制定有针对性的管控标准和措施,达到"人、机、环、管"的最佳匹配,从而实现煤矿安全生产。其核心是通过危险源辨识和风险评估,明确煤矿安全管理的对象和重点;通过保障机制,促进安全生产责任制的落实和风险管控标准与措施的执行;通过危险源监测监控和风险预警,使危险源始终处于受控状态。经过神华集团等煤炭企业 3 年多的试点证明,煤矿安全风险预控管理体系理念先进、行之有效,具有科学性、先进性和实用性。

(一)总要求

煤矿应建立并保持安全风险预控管理体系。安全风险预控管理体系包括:管理方针、风险预控管理、保障管理、员工不安全行为管理、生产系统安全要素管理、综合管理、检查审核与评审。安全风险预控管理体系应符合"PDCA"的运行模式。

（二）安全风险预控管理方针

煤矿应制定安全风险预控管理方针，且方针应包括以下几方面内容：

（1）经煤矿主要负责人批准。

（2）明确安全风险预控管理总目标。

（3）包括遵守现行安全法规和对持续改进安全绩效的承诺。

（4）体现对员工进行持续培训的要求。

（5）针对煤矿安全风险的性质和规模。

（6）形成文件，实施并保持。

（7）传达到全体员工，使其认识到各自的安全风险预控管理的义务、责任。

（8）可为相关方所获取。

（9）定期评审，以确保其与煤矿的发展相适宜。

（三）风险预控管理

风险预控管理包括：危险源辨识，风险评估，风险管理对象、管理标准和管理措施，危险源监测，风险预警，风险控制和信息与沟通。

（四）保障管理

保障管理主要包括：组织保障、制度保障、技术保障、资金保障和安全文化保障。

（五）员工不安全行为管理

员工不安全行为管理主要内容包括：员工准入管理、员工不安全行为分类、员工岗位规范、不安全行为控制措施、员工培训教育、员工行为监督、员工档案。

（六）生产系统安全要素管理

生产系统安全要素管理主要包括：通风管理，瓦斯管理，防突管理，防尘管理，防灭火管理，通风安全监控管理，采掘管理，爆破管理，地测管理，防治水管理，供用电管理，运输提升管理，压气、输送和压力容器管理及其他要求。

（七）综合管理

综合管理内容包含：煤矿准入管理、应急与事故管理、消防管理、职业健康管理、手工工具管理、登高作业管理、起重作业管理、标识标志管理、承包商管理和工人安全健康管理。

（八）检查、审核与评审

1. 检查

煤矿应制定反映企业全面风险预控管理绩效的考核评价标准。评价标准应满足以下要求：涵盖并满足本规范的要求；结合煤矿自身特点；符合促进风险预控管理的方针和目标的实现；分析其产生的原因；按照不符合的处理程序予以纠正；重新审核或制定相应防范措施，防止再次发生。

2．审核

煤矿应制定并保持体系审核程序,定期开展风险预控管理体系审核。以审核实施情况与体系的符合性,评价是否能有效满足企业的方针和目标。体系审核应满足以下要求：

（1）系统、全面,覆盖体系范围内的所有运行活动。

（2）由能够胜任审核工作的人员进行。

（3）对审核结果进行记录,并定期向管理者报告,管理者应对审核结果进行评审,必要时采取有效的纠正措施。

（4）及时将审核结果反馈给所有相关方,以便采取纠正措施。

（5）对已批准的纠正措施制订行动计划,并做出跟踪监测安排,以确保各项建议的有效落实。

（6）如果可能,审核应由与所审核活动无直接责任的人员进行。这里"无直接责任的人员"并不意味着应来自企业外部。

3．管理评审

煤矿应按规定的时间间隔对体系进行评审,以确保体系的持续适宜性、充分性和有效性。管理评审应满足以下要求：

（1）确保收集到必要的信息以供管理者进行评价。

（2）根据风险预控管理体系审核的结果,环境的变化和对持续改进的承诺,指出可能需要修改的风险预控管理体系方针、目标和其他要素。

（3）评审结果应予公布,并应跟踪监测其改进情况。

（4）将评审结果形成文件。

第二节　安全与心理特征

一、安全心理学的基本概念

安全心理学是应用心理学的原理和安全科学的理论,讨论人在劳动生产过程中的各种与安全相关的心理现象,研究人对安全的认识、情感以及与事故、职业病作斗争的意志。也就是研究人在对待和克服生产过程中不安全因素的心理过程,旨在调动人对安全生产的积极性,发挥其防止事故发生的能力。

在安全生产中研究人的心理过程是因为生产活动的实践为人的心理过程提供了动力源泉,为人的心理活动的发展创造了必要的条件。首先,人在生产活动中,从认识其各种表面现象,发展到认识其内在规律性,从而伴随着一定的情感体验,表现出某种克服困难的意志行动。人的这些心理过程的形成和发展是离不开生产实践的;其次,人在生产实践中又通过心理活动反作用于所进行的生产活动,体现人的主观能动性,力求企业高效、安全地进行生产;第三,人们在安全生产活动中的心理过程往往受社会历史条件的制约,在不同的社会历史发展阶段,企业自身的条件不同,人们对安全生产认识的广度和深度也有所不同,从而制约着人们对安全生产的心理过程的发展。这些都说明人的心理过程与企业安全生产活动密切相关,这就是研究人在企业安全生产活动中的心理过程的现实意义。

二、心理特征与安全生产

(一) 感知觉与煤矿安全生产

人最简单的认识活动是感觉(如视觉、听觉、嗅觉、触觉等),它是通过人的感觉器官对客观事物的个别属性反映,如光亮、颜色、气味、硬度等;在感觉的基础上,人对客观事物的各种属性、各个部分及其相互关系的整体反映称为知觉。如机器的外观大小等。但是,感觉和知觉(统称为感知觉)仅能使人们认识客观事物的表面现象和外部联系,人们还需要利用感知觉所获得的信息进行分析、综合等加工过程,以求认识客观事物的本质和内在规律,这就是思维。例如,人们为了安全生产、预防事故的发生,首先要对劳动生产过程中的危险予以感知,也就是要察觉危险的存在,在此基础上,通过人的大脑进行信息处理,识别危险,并判断其可能的后果,才能对危险的预兆做出反应。因此,企业预防事故的水平首先取决于人们对危险的认识水平,人对危险的认识越深刻,发生事故的可能性就越小。

但是在作业环境中,往往由于某些职业性危害的影响,可使人的感知觉机能下降。例如,不良的照明条件可使人产生视觉疲劳从而影响视觉功能,高强噪声环境可使人的听觉功能减退,从而出现误识别并导致判断错误,引起事故。

煤矿的安全作业要求具有较高的感知觉能力,特别是在井下不安全因素较多的生产岗位,较高的感受性有利于察觉一些微弱的信息,尤其是一些危险征兆,以便及时有效地防止事故发生。例如在井下各类突水事故发生之前,一般均会显示出多种突水预兆,如:① 煤层变潮湿、松软;煤帮出现滴水、淋水现象,且淋水由小变大;有时煤帮出现铁锈色水迹。② 工作面气温降低,或出现雾气或硫化氢气味。③ 有时可听到水的“嘶嘶”声。④ 沿裂隙或煤帮向外渗水,随着裂隙的增大,水量增加,当底板渗水量增大到一定程度时,煤帮渗水可能停止,此时水色时清时浊,底板活动时水变浑浊、底板稳定时水色较清。⑤ 底板发生“底爆”,伴有巨响,地下水大量涌出,水色呈乳白色或黄色。水灾是对煤矿职工生命安全威胁极大的事故类型,而利用人的感知觉就能在早期发现这些重大灾害中发挥很大作用。

（二）记忆和思维与煤矿安全生产

1. 记忆

（1）记忆的概念

记忆是过去经历过的事物在人脑中的反映。记忆与感知觉不同，感知觉是对当前直接作用于感官的事物的反映，而记忆是对过去经历过的事物的反映。记忆贯穿于人的整个心理活动中。从生活意义上讲，记忆可以说是最重要的心理过程。人的心理发展、行为的复杂化，离不开个体经验的积累。人依靠过去的经验，能够正确感知事物，想象、思考和解决问题，适应千变万化的外界环境，顺利地进行工作、生产和生活等各种活动，而经验的积累是靠记忆实现的。例如，在生产劳动中，记忆可以使人们积累安全生产的经验，从而才有可能认识事故发生的规律，掌握安全生产的主动权。

（2）保持和遗忘

① 人们的经验保持并不是像在工具箱内存放工具那样简单，而是一种对识记事物积极加工，进行系统化、概括化的创造过程。研究表明，人的经验保持在数量上和质量上都在发生变化，如果不复习，原来记住的东西会越来越少。另外，在保持过程中，还会对保持的内容进行一定的修改。

② 遗忘。遗忘表现为对识记过的材料不能再认或回忆，或者表现为错误的再认或回忆。遗忘现象大致可分为暂时性和永久性 2 种。暂时性的遗忘只是对保持内容一时想不起来，但在适宜的条件下，还能够回忆起来。而永久性遗忘则是对识记过的内容再也想不起来了。在生产劳动过程中，对操作规程和安全事项的遗忘是常见的，而由此引发的事故也很多，因此要特别重视遗忘对安全的影响。永久性遗忘通常是由于教育和培训不足造成的，而暂时性遗忘则多由于临时性的干扰因素（如异常的心理状态、注意力分散、急躁、意识不清醒等）所引起。

2. 思维

（1）思维的概念

思维是人脑对客观事物间接的概括的反映。思维可揭露事物的本质特征和内部联系，并主要表现在人们解决问题的活动中。思维是我们认识事物和解决问题的重要形式和途径，积极的思维活动对保证安全生产有着十分重要的意义。如某煤矿一位老区长，在采煤工作面看到煤帮"挂汗"，他考虑到工作面离采空区很近，"煤壁挂汗"一定是有水渗漏，是采煤面透水事故的预兆，于是他立即命令撤人。就在 20 多人走到安全地点时，大水冲垮了工作面，从而避免了一起多人伤亡的重大事故。

（2）思维定式与煤矿安全生产

定式是指在过去经验的影响下，心理处于一种准备状态，从而对于观察问题、解决问题带有一定的倾向性、专注性和趋向性。思维定式则是反映在思维活动上的习惯的趋向性。思维定式有时有助于解决问题，有时则会影响人们思维的变通性，从而妨碍问题的解决。

在煤矿生产劳动中，思维定式对安全的影响很常见。井下情况复杂，工作艰苦，在同大自然的长期斗争中，经过不断总结经验，井下工人各自掌握一套解决事故、故障的方法，并将其视为珍宝，形成了思维定式。再遇到类似的情况时，就可能不假思索地照搬过去的经验，甚至不深究已经变化的情况，形成墨守成规的习惯，带有较强的惰性和顽固性。这种思维定式甚至阻碍或拒绝新技术、新方法的应用，使安全生产长期维持现状。特别是对一些习惯于违章指挥、违章作业的人来说，他们一旦发现运用某种方法去处理问题较为便当、省劲并可多得经济效益而又多次未出事故时，便形成思维定式，并且很顽固，这种情况则比前者更为有害。

思维定式之所以对煤矿安全生产特别有害，是因为煤矿生产极具变动性。采掘工作面就像一个流动的大车间，老问题刚处理完毕，新问题又不断出现，永远处于不断变动的状态。而安全隐患又常常变化多端，既有与往常一样的情况，又有从未碰到过的新问题，有的甚至被假象所覆盖，真伪难辨。

因此，我们应该努力培养思维的灵活性，碰到问题，首先要细心观察，在借鉴以往经验时要注意是否有新的、实质性的变化，然后再下结论。在平常的工作中，还要注意根据实际情况的变化而勇于创新和探索，使安全生产的水平不断提高。

（三）注意的心理规律与煤矿安全生产

注意是心理活动对一定对象有选择地集中。因为人在同一时间内不可能感知摆在面前的所有对象，只能感知环境中少数的对象。就是说，被我们集中注意的东西，只能是有限的一小部分。如果我们在同一时间内什么都注意，就等于什么都不注意。

人的注意的心理机能对保障煤矿安全生产极为重要。没有注意，我们的感知觉就会模糊不清，甚至无法对生产环境的信息产生感觉，因此也就不会做出有效的反应，或完成正确的操作。而注意力不集中时人的判断就易于失误，一切行动就失去协调性和准确性。

注意可分为无意注意和有意注意两大类。

无意注意也叫不随意注意，它是人在没有任何意图和意志努力的情况下产生的注意。比如，一个人在大街上行走，前方树立着一块颜色很鲜艳的广告牌，他便不由自主地去看它的内容，这便是无意注意。

有意注意又叫随意注意,它是一种自觉的、有预定目的的,并经过意志的努力而产生和保持的注意。例如青年工人在开始学习机器操作的时候,对于操作过程还没有掌握,操作动作还不熟练,稍不注意就会出现废品或发生事故。因此他必须经过意志努力集中注意,即进行有意注意。在生产劳动中,主要靠有意注意来保证操作活动的正常进行,只有自觉地集中自己的注意,排除一切内外因素的干扰,才能够专心于工作,及时发现和处理各种异常现象,确保安全生产和工作质量。

（四）情绪和意志与煤矿安全生产

1. 情绪

（1）情绪的概念

人们在认识世界和改造世界的活动中,不但认识了客观事物,而且还表现出不同的好恶态度。对这些态度的体验就是情绪。喜、怒、悲、恐等是一些最基本的情绪。

（2）情绪状态与安全

人的认识活动总是与人的愿望、态度相结合,人对外界事物的情绪正是在对这些外界刺激（人、事、物）评估或认知的过程中产生的。现代实验心理学的研究结果表明,制约情绪或情感的因素与生理状态、环境条件、认识过程有关,其中认识过程起决定性的作用。例如,企业职工对发放安全奖金的认识差异,由其"折射"所伴随的情绪会明显不同,有的人很高兴,有的人则认为没多大的价值,甚至认为是对自己工作奖酬的不公平,引起气愤。

人对客观事物的态度取决于人当时的需要,人的需要及其满足的程度,决定了情绪能否产生及情绪的性质。例如,安全是人的一种基本需要,当一位载重汽车司机执行一天的生产任务后,平安归来,会给他带来一种喜悦和兴奋的感觉;如果在运行途中出现一些紧急情况,发生未遂事故,就会令人不安带来紧张情绪,如果发生人身伤亡事故,自然就会充满忧伤和恐惧。可以认为,这位驾驶员的情绪体验是以其能否满足其安全需要为基础的。因此,人在安全生产活动中,一帆风顺时可产生一种愉快的情绪反应,遇到挫折时可能产生一种沮丧的情绪反应。这说明企业职工在安全生产中的情绪反应不是自发的,而是由对个人需要满足的认知水平所决定的。这种反应表现有两面性,如喜怒哀乐、积极的和消极的情绪,紧张的和轻松的情绪。

2. 意志与安全

所谓意志,就是人在实践活动中,有意识地提出确定的目的,并为达到目的而自觉地控制与调节自己的行为,不断克服困难,坚持行动的一种心理活动过程。

一般说来，人的意志活动不仅与思维活动密切联系，同时更和人的感情活动、人格特征以及人的理想、信念密切联系。人的意志总是体现在人们行为活动中。严格说来，人的一切活动都是意志行动。

作为一名矿工，必须具备坚强的意志品质，才能适应煤矿安全生产的需要。坚强的意志是不断锻炼和培养的结果。为此，应当首先树立坚定的信念和正确的世界观，从日常生活小事和平时的生产劳动中注意磨炼自己，培养扎实的作风和韧性的性格，并知难而上，在与艰难和恶劣的条件斗争中锻炼成长为具有坚强意志的人。

（五）个性心理特征与煤矿安全生产

1. 能力的概念和分类

（1）能力

能力是使人能成功地完成某种活动所需的个性心理特征或人格特质。能力不是与生俱来的，而是在人的遗传素质的基础上，在实践活动中逐渐形成和发展起来的。能力的种类多样，根据表现形态不同，可分为认知能力和操作能力两类。前者指人在观察、记忆、理解、概括、分析、判断以及解决智力问题等方面具有的能力；后者指人在器械操纵、工具制作、身体运动等方面具有的能力。

根据适用范围不同，可分为一般能力和特殊能力两类。前者指大多数活动都共同需要的能力，包括一般认知能力和基本操作能力两个方面；后者指从事某项专门活动所需的能力，如绘画能力、音乐能力等。

（2）能力和知识技能

能力不等于知识和技能，但又与知识和技能有着密切的关系。能力是掌握知识和技能的前提，也表现在掌握知识和技能的过程中，从一个人掌握知识和技能的速度和质量上，可以看出他的能力大小。可以说，能力既是掌握知识和技能的前提，又是掌握知识和技能的结果，它们是相互转化、相互促进的。由于遗传素质、后天环境以及个人努力等方面的不同，人们的能力表现出明显的个体差异。这些差异可通过人从事某种活动的实际成就来考察，也可以用人在各种能力测验中获得的分数来表示。

完成任何一种活动都需要多种能力的结合。例如，编制计算机程序就需要知觉能力、记忆能力、逻辑思维能力和注意分配能力等。一个人不可能样样能力都突出，有的甚至还会有缺陷。但是，只要善于发挥自己的优势，并有意地发展其他能力来弥补不足，同样能顺利地完成任务或表现出才能。

（3）智力

智力又称为"智慧""智能"，是个体顺利从事某种活动所必需的各种认知能力的有机结合，是一种综合的心理能力，是进行学习、处理抽象概念、应对新情境和解决问题以适应新环境的能力。智力是在人的先天素质的基础上通过后天的学习而获得的。

2. 气质

（1）气质的概念

人们通常所说的气质是指一个人的风格或气度，而心理学中所论气质，其含义却与此不同。一般地说，可以把心理学所指的气质理解为人的"脾气""秉性"或"性情"。确切地说，气质是组成个性心理特征的成分之一，它标志着人在进行心理活动时或是在行为方式上，表现于强度、速度、稳定性和灵活性等动态性质方面的心理特征，如情绪强弱、意志努力程度等是心理活动的强度特征，知觉的速度、记忆的速度、思维的灵活程度、注意力集中时间的长短等是心理活动速度和灵活性方面的特征。

（2）气质的类型及其特征

气质一般分为 4 种类型，即胆汁质、多血质、黏液质和抑郁质。这 4 种气质类型的主要特征如下。

① 胆汁质的特征：心理过程具有迅速而突发的色彩，他们的思维很灵活，但有粗枝大叶、不求甚解的倾向，在情绪方面，无论是高兴或是忧愁都体现得非常强烈，并且很急，如暴风雨式的凶猛，但能很快地平息下来；在行动上总是生气勃勃，工作表现得顽强有力。概括地说，胆汁质的特点是思维敏捷，但缺乏准确性；热情，但急躁易冲动；刚强，但易粗暴行事。

② 多血质的特征：思维灵活，反应迅速，但有时对问题的理解和处理失于肤浅；情绪容易表露于外，也容易变化无常；心理状态常常从他们的眼神和面部表情中显露出来；遇到不顺心的事很容易伤心甚至哭泣，但稍加安慰，又可以很快正常，甚至破涕为笑。多血质者还表现为敏捷好动，喜欢参加各种活动，表现得匆匆忙忙，显得毛躁。概括地说，多血质是以高度的灵活性，有朝气，善于适应变化的环境，情绪体验不深且易波动为特点。

③ 黏液质的特征：思维的灵活性较低，但考虑问题细致，能够沉着而坚定地执行决定，但不容易改变旧习惯而适应新环境；情绪表现不强烈甚至比较微弱，经常心平气和，情绪很少见波动；面部表情微弱，神态举止缓慢而镇定。概括地说，黏液质的特点是注意稳定，但不易转移；稳重踏实但有些死板；忍耐沉着，但有些生气不足。

④ 抑郁质的特征：他们的情感生活比较单调，但他们对生活中遇到的波折容易产生强烈的体验，并经久不息对事物的反应有较高的敏感性，能够察觉和体验一般人觉察不出来的事件；他们在任何活动中很少表现自己，尽量不做出头露面的工作。但做起工作来却很认真细致，如果没有做好工作，会感到很大痛苦。

另外,抑郁质者不喜欢交际而显得孤僻。概括地说,抑郁质的特点是情绪体验深刻,有高度的敏感性,不易形之于外;行动稳定,踏实持久但显得怯懦迟疑;外表温柔,但倾向于缄默、孤僻等。

3. 个性特征与事故发生率

许多调查结果都说明,人们在某种特定情境中工作时,某些人发生事故的比率总是高于另一些人。这种现象使人产生一种普遍的看法,即有些人具有的个性特征在某些情境中是非常容易发生事故的,如个性的内向和外向特征与事故之间有较高的相关系数。具有外向个性的驾驶员,他们的事故发生率一般比较高。

(1) 事故发生的个性要素

有人将与发生事故有密切关系的个性要素列为以下几种:

① 神经质性格。遇事优柔寡断、决定行动迟缓,当发生突然事件时行动跟不上需要,以致发生事故。

② 忧郁消极的性格。这与事故发生有极大关系。

③ 以我为中心,自己怎么想就怎么干,自以为是。司机肇事与此种性格最有关系。

④ 感情激昂,喜怒无常,哀乐多变,易动摇,对外界信息反应变化多端,因此而引起不安全动作,极易发生事故。

⑤ 无预见、无计划、只顾眼前,不看下一步,工作没有计划的性格。

⑥ 小错不断,抓不住外界条件的正确信息,总易于出差错。

关于内外向性格与事故的关系,我国心理学者在上海几个大工厂做过较细致的观察和研究,发现外向性格者发生事故的次数明显比内向性格者多。另外,研究者还在工作现场或车间对工人的操作情况进行了较长时间的细致观察,并记录了每个工人的不安全行为次数,结果同样表明,外向性格的工人不安全行为显著偏多。

(2) 事故易发者的心理特点

从个性心理特点方面对事故易发者进行分析研究,其综合智力、知觉运动及性格、态度等几方面概括有如下一些心理特点:

① 从智力角度来看,智能成绩高,灾害率低;智能成绩一般,灾害率可能提高,呈 U 形曲线。条件不同,结果也不一样。仅有智能与灾害之间的相关系数,或者事故者与无事故者的平均智能的简单比较是毫无意义的。专家指出,有必要对具体条件做分析,对事故种类、职务内容种类做分析,或者对智能与各个方面的关系做分析,才能明确事故者的真正智力特点。

② 就知觉运动功能而言,事故者这种功能较弱,由知觉到反应的时间较长,反应失误多,或者反应过快、动作先于知觉等几个特征。

③ 就性格和态度而言,事故发生者的主要心理特点是:情绪不稳定,神经质、过度紧张、情绪多变、抑郁性、感情易激动;自我中心性,不协调、主观、缺乏同情心、攻击性、无视规章制度;冲动性,缺乏自我控制能力,轻率、冒险。

然而,在人的实际行为中,这三方面的心理特性是相互交错起作用的。有必要加强这些心理特性与事故之间的关系的综合研究。

（六）群体心理与煤矿安全生产

1. 群体的概念

群体是一种社会现象,整个社会由各种群体构成。社会生活中的任何一个人都不是孤立的,他只能生活在社会组织里,隶属于某一个群体。例如,一个采煤工人既是某一煤矿的成员,又隶属于该矿的一个班组。群体不是个体的简单结合,几十个人偶然一起乘坐公共汽车不能称为群体。一般认为,群体是由两个人以上所组成的,具有稳定的共同活动（行为）目标的,相互依赖、相互影响的结合体（或人群结构）。

2. 群体中的社会心理现象及其对安全生产的影响

（1）群体压力和从众行为

社会心理学的研究表明,群体成员的行为通常有跟从群体的倾向,有接受群体规范的意愿。当一个人的意见或行为倾向与群体不一致时,就会产生一种心理的紧张,感到一种压力,这种压力即称之为群体压力。这种群体压力有时非常大,它会迫使群体中的成员,违背自己的意愿,产生完全相反的行为,促使他趋向于和群体一致,这就是从众行为。用俗话来说就是"随大流"。例如,在一个单位,如果绝大多数人都提前十五分钟上班,剩余的个别人虽然不想提前上班,甚至想迟到,但也会感到一种压力,而跟从大家提前上班。相反,如果大多数人都过了上班时间才去,那么,愿意提前上班的人则会感到一种相反的压力,而产生迟到的意向。

（2）社会助长作用

社会助长作用是指只要其他人在场,即使个体之间互不相识或无竞争存在,也可以对一个人的行为产生助长作用（或促进作用）。这里,其他人在场是产生社会助长的前提条件,并且这种助长作用是在不依赖个体相互间（已明确的）竞争的情况下产生的。在我们的日常生活中,凡是有集体（或多人）共同活动的地方,如劳动、娱乐等场合都可以看到这种助长作用。社会助长作用有它积极的一面,也有它消极的一面。它除了能"助长"人们的正确行为外,在很多情况下它也会"助长"人的错误或消极行为。例如,在工业生产劳动中,它有可能助长人们的冒险行为或不安全行为。有些喜欢冒险的人在他人在场时,可能变得更冒险,而他独自一人的时候就可能相对安全。

第三节　安全文化建设

一、企业安全文化与安全生产

（一）企业安全文化的定义

安全文化有广义和狭义之分。广义的安全文化是指在人类生存、繁衍和发展历程中，在其从事生产、生活乃至生存实践的一切领域内，为保障人类身心安全并使其能安全、舒适、高效地从事一切活动，预防、避免、控制和消除意外事故和灾害，为建立起安全、可靠、和谐、协调的环境和匹配运行的安全体系，为使人类变得更加安全、康乐、长寿，使世界变得友爱、和平、繁荣而创造的物质财富和精神财富的总和。

狭义的安全文化是指企业安全文化。关于狭义的安全文化，比较全面的是英国安全健康委员会下的定义：一个单位的安全文化是个人和集体的价值观、态度、能力和行为方式的综合产物。

（二）企业安全文化的层次

企业安全文化的构筑又分为宏观和微观两种：宏观的安全文化包括国家颁布的有关安全的政策法律、行政管理及监督监察；微观的安全文化包括企业安全文化及其具体内容。安全文化的模式可以概括为安全精神文化、安全制度文化、安全行为文化和安全物质文化四大层面。

1. 安全精神文化

安全精神文化是整个企业安全文化的核心与灵魂，它包括企业安全愿景、具体目标、有关安全的各种理念，这些内容的形成都是在安全价值观的指导下进行的。因此安全价值观又可成为核心中的核心。

2. 安全制度文化

安全制度文化是企业安全生产中必须遵守的各种安全规章制度，是带有强制性的刚性的内容。精神的教化与熏陶仅仅是事物的一个方面，没有相应的规章制度的约束，就无法形成权威。制度文化以教化为目的，主要内容是严格的规章制度管理，包括安全操作规范、安全生产管理制度以及生产流程等。

3. 安全行为文化

安全行为是在精神指导和制度约束之下的生产和其他一切与安全相关的行为方式。不仅包括所有遵守安全规章制度的安全生产行为过程，而且还包括为安全生产造势的各种宣传活动和相应的仪式。现在有些人对一些宣传与造势的做法比较反感，但应该清醒地认识到不能笼统地反对形式主义。因为内容必须通过一定的形式才能得到充分的表现和展示,它是安全文化的动态化,是企业安全文化的有效载体。必须通过一系列打造安全的活动,来使安全的理念进一步深入人心。

4. 安全物质文化

这一层充分体现了"大文化"观点,即文化不仅是精神的,也是物质的,是安全文化的具象体现。它既包括"物",比如象征物,更要有鲜活的安全故事和其中的主人公。特别需要强调的是,安全是一种投入,需要进行安全生产环境的创建,要创建就必须有投资,要添置相应的各种安全保护设备。

以上四方面的关系,犹如一个同心圆,以精神文化为内核,一环一环地向外扩散开来,成为一个完整的系统过程。

（三）企业安全文化与安全生产

引起事故的直接原因一般可分为两大类,即物的不安全状态和人的不安全行为。解决物的不安全状态问题主要是依靠安全科学技术和安全管理来实现。但是,科学技术是有其局限性的,并不能解决所有的问题,其原因一方面可能是科技水平发展不够或是经济上不合算,另一方面科学技术和安全管理也是由人完成的。因此,控制、改善人的不安全行为尤为重要。企业在安全管理上,时时、事事、处处监督每一位职工被动地遵章守纪,是一件困难的事情,甚至是不可能的事,这就必然带来安全管理上的漏洞。安全文化概念的应运而生,其作用体现在安全文化弥补安全管理的不足。因为安全文化注重人的观念、道德、伦理、态度、情感、品行等深层次的人文因素,通过教育、宣传、引导、奖惩、创建群体氛围等手段,不断提高企业职工的安全修养,改进其自我保护的安全意识和行为,从而使职工从不得不服从管理制度的被动执行状态,转变成主动自觉地按安全要求采取行动,即从"要我遵章守纪"转变成"我应遵章守纪"。

安全文化对于一个企业发展来说,看起来似乎不是最直接的因素,但却是最根本、最持久的决定因素。安全文化具有导向功能、激励功能、凝聚功能、规范功能,是安全生产的基础,企业安全文化氛围的形成必然推动安全生产的发展。

二、企业安全文化建设

（一）推进安全文化建设的基本原则

1. 目标

安全文化建设的目标是形成全民重视安全的大气候,树立大安全观意识。经过40多年的改革开放,当14亿人民的温饱问题基本解决之后,安全、舒适、富裕、长寿、珍惜生命、享受人生以及有尊严地工作已经成为当今的热门话题,当代人正以崭新的概念、意识和实践活动,诠释着全新的安全科技文化的新理念,营造和把握住人类的安全、社会的稳定,真正实现国泰民安。通过安全文化的宣教和传播作用,使大众从安全的人生观、安全的价值观中受到启迪,对不安全的行为和习俗认真反思,达到人人都要力行安全、力创安全、力保安全的目的。

2. 原则

(1)讲究实效的原则

实事求是是我党的一贯作风,更是中华民族千百年来形成的美好传统。在建设安全文化的过程中,必须遵循实事求是的思想作风,客观地分析本企业安全管理的现状,无论是提出安全生产目标,还是开展各项有关活动,切记脚踏实地,反对形式主义和故作噱头的各种"作秀"活动,因为安全是实实在在的东西,来不得半点虚假,否则,最终受到惩罚的还是自己。

从另一个角度讲,实事求是的思想作风又可以表述为可行性原则。它主要包括两个方面的含义:其一是从经济角度考虑的可能性、切实可行性;其二是从开发方案角度考虑的可能性,一定要符合我国企业的经济基础和员工素质的实际情况。不求过高、过大、过全,而务求一步一个脚印,产生实效。东方文明的思想特色和西方管理学有一定的差异。综观西方的管理学及文化,讨论和追求的总是极点或最优化,恨不得一劳永逸地登上顶峰,殊不知文化的形成是渐进的,事物的运行是周而复始、永无止境的。因此,在建设企业安全文化中,与其要求做得尽善尽美,不如强调一步一个脚印,讲究实效。

(2)德法相济的原则

安全文化的核心思想是以人为本,在这里以人为本有着特殊的含义,也就是说安全文化建设的主体是人,最终的客体也是人,所以加强对人的管理是安全文化建设的重心。管理要靠两大方面:一是必须坚持刚性的制度管理;二是要依靠柔性的文化管理。两者缺一不可。切不可误认为文化只是一些华而不实的口号或玄虚的东西,它必须靠切实可行的制度做支撑。反之,制度又要靠文化思想做指导,而且大文化的概念中本身就包含着制度层面的内容。

因此,中国古代刚柔相济的管理原则也非常适用于安全文化的建设,也就是说,安全管理一方面要依靠对各级人员(当然也包括高层管理者)进行安全思想的教育,让大家提高对安全的思想认识;另一方面更要靠严格的制度来进行约束,不管是什么人,一旦触犯了安全这根高压线,都要受到纪律乃至法律的惩罚。只有这样,才能使安全文化落到实处,才能使安全教育产生实效。

(3)知行合一的原则

根据管理心理学的基本原理,人们对于宣传教育有一个从被动接受到同意再到内心认同的认识过程。同样,人们对安全问题的认识也往往滞后于现实。无论是领导层还是执行层,没有人不承认安全是重要的,但为什么一到实际工作当中就会千差万别呢？究其实质，还是人们对这个问题的认识差异造成的。其原因比较多，这里有利益的驱动，也有受教育的背景差异，还有站的地位、角度不同等。一旦涉及具体的问题，就会产生思想和行为上的巨大差异。最典型的莫过于对"安全第一"这个口号的认识了，尽管大家都承认这个口号的准确性，但是有的人就认为这个口号妨碍了生产，也有的人走向另外一个极端，把第一当成了唯一，这些认识都是片面的。这就说明安全文化的使命就在于统一大家的认识。更重要的是要让每个人从内心深处认可它，接受它，并在行动中实践它。在这方面，尤其值得一提的是要克服某些人对安全采取阳奉阴违的态度，这是现实中相当可怕的一种"潜文化"，因为这种人不是不知道安全的重要性，而是出于一己的私利，故意置安全于脑后，所以，在建设安全文化的同时，一定要注意克服甚至摒弃这种消极的"潜文化"甚或"潜规则"，抵制和彻底消除各种不利于安全的"潜文化"，才能彰显健康、正确的安全文化。

（4）贵在坚持的原则

无数事实证明，安全管理贵在坚持，也就是说，安全的警钟必须"长鸣"和"常鸣"。有些单位存在着安全教育时紧时松的现象，当出现了事故或迎接上级检查的时候，各级人员都会大张旗鼓地狠抓一段时间，各项措施出台，领导不断讲话，但是"风头"一过，又回到原来松弛的状态。究其实质，还是对安全的认识处于被动应付的心态上。一些惨痛的教训证明，往往在安全形势好的时候，最容易产生麻痹思想，出现事故反弹。正所谓"祸兮福所倚"，安全文化的建设与实施，其实并没有什么高深的理论，难的是坚持。所以，安全文化建设与实施必须坚持"数十年如一日"的持之以恒的态度。

（二）建设安全文化的途径和措施

1. 途径

实行群防群治，推行全面安全管理。所谓全面安全管理，一是体现在全员（或全民）上，二是体现在生产的全过程和全部活动中。

安全绝不仅仅是少数人的事情，相反，它和每个人都息息相关。因此必须提高全民族的安全意识，提倡群防群治，像推行全面质量管理一样，推行全面安全管理，形成一个人人讲安全、时时讲安全、事事讲安全、处处讲安全的大气候。利用一切宣传媒介和手段，有效地传播、教育和影响公众，使其建立大安全观。通过宣教途径使人人都具有科学的安全观，讲职业伦理道德，行为安全规范，掌握自救、互救、应急的防护技术，把提高全民安全文化素质作为宣传与教育的长期战略和重要课题。

因此，坚持倡导和弘扬安全文化，首先是提高全民的安全文化素质，形成人人需要安全、人人有责任维护安全、人人有义务创造和保障安全的大气候、大氛围。

坚持不懈地倡导和弘扬安全文化,能激励和强化全民的安全意识。通过推动安全文化的宣教活动,达到启发、教育大众,打造符合时代安全要求的群众性安全文化,形成全社会和谐的安全文化氛围,建造人类生存和发展更加安全、卫生、舒适的文化环境。

企业应该成立建设安全文化的相应机构,由主管安全的主要领导亲自抓这项工作。目前有些企业是把这项工作挂靠在管理部门或工会。这种设置有两点不足:容易给人形成一种临时机构的错觉;缺乏应有的权威性。因此必须通过提高该机构规格的方式,更好地促进和推动企业文化的建设。同时,下级也要有相应的对口机构,便于贯彻,形成一个完整的组织体系和相应的保障体系。

2. 措施

要实现安全、舒适、高效地从事一切活动的愿望,就要提高人民的安全科技文化素质,就要树立跨世纪的安全文化新观点,这是安全科技进步和市场经济发展的要求;珍惜生命,善待人生,通过安全文化的传播、宣传和教育,使公众觉醒、理解,这是人民的需要;保护人的身心安全与健康是社会的责任。只有全民为之奋斗,世代继承和发展,中国安全文化的长河才会滚滚向前,安全文化事业才会繁荣昌盛。但是,必须清醒地看到,中国安全文化建设仍任重道远。当前,倡导、弘扬和宣传安全文化,在全民、全社会还没有形成宜人的大气候,但时代文明的进步和全球的安全文化氛围,正在熏陶和诱发着中国安全科技文化的春天早日到来。

中国不仅要成为一个经济的、科技的强国,更要成为一个有着先进的安全文化的文明大国,因此,大众安全文化素质的提高不能等待,安全科技文化需要通过各种传播手段不断地再宣传、再教育、再激励、再传播,安全法规、政策要进一步完善,要把安全作为考核各级干部的一个重要内容,要在全社会形成一个以讲安全为荣、不讲安全为耻的风尚。

(三) 班组安全文化建设

1. 抓好班组安全文化建设的必要性和可行性

班组是企业的最小集体,是企业的基本组成单位,班组安全文化建设是企业安全文化建设的重要环节,也是企业安全文化建设的重要组成部分,搞好班组安全文化建设对安全生产管理具有重要意义。要提高企业的整体安全水平,首先要抓好班组的安全文化建设。搞好班组的安全文化建设工作,既能更好地保障企业的安全生产,还可以多培养管理人才。

由于班组成员对岗位都很熟悉,就容易事先发现和辨识出潜在隐患(危险因素),并加以控制和解决,从根本上防止事故的发生。同时,由于人员少,便于管理,又与工资挂钩,只要班组长称职,就会使员工站在自己的立场和工作岗位角度,主动发现其所在作业场所中可能发生的一切危险因素,从而推进班组安全管理,营造出安全生产氛围。

2. 建设班组安全文化的要求

为班组营造良好的管理环境,部门要尽最大可能帮助班组解决人、财、物方面的需要,勤检查、常过问,并指导班组进行安全文化建设。

(1)为员工营造良好的心理环境。对于员工来说,良好的心理环境,可以促使员工增强安全意识,主动预防事故的发生。反之,心理环境不好,会使员工降低预防事故发生的能力。因此,企业和部门领导要高度重视心理环境对员工安全意识的影响,解决员工在家庭、经济上的后顾之忧,使全体员工牢固树立"安全第一,预防为主"的思想;充分发挥专兼职安全员的作用,让其在安全管理工作中,自觉负责、敢于负责;不断培养提高班组长的管理能力和理论水平,让其在工作中充分发挥主观能动性;加强全员教育,增强安全意识,形成安全氛围。

(2)加强班组安全标准化建设。一是要形成一种管理机制,建立健全班组的各项安全制度;二是要落实好岗位日查、班组周查、车间月查制度,班组做好检查记录,并对出现的问题及时整改;三是制定并完善各种预案,组织班组成员学习,并进行演练。

(3)加强安全评价及检查。定期对企业进行安全文化评价,定期进行安全生产责任制执行情况的检查,定期考核员工的安全文化知识,不断提高员工对安全的互相监督的力度,不断提高员工的责任心,推行安全责任目标考核,使安全管理工作形成"纵向到底、横向到边"的安全生产责任体系。通过加强企业安全文化建设,逐步建立起符合企业安全生产特点,包括人员、设备、管理、培训、环境等各种要素的可靠、完善的安全评价和安全责任体系,及时发现各个生产环节的安全隐患。

(4)加强对班组成员的安全教育培训。不断完善企业的安全教育、培训及考核制度,提高全员的安全文化水平;开展多种形式的安全活动,普及安全知识。

3. 班组安全文化建设的主要内容

班组安全文化建设包括安全生产方针政策、安全法律法规、安全规程制度、现代安全管理、安全教育、安全措施、安全减灾、安全效益、安全道德、安全环境等内容。

4. 班组安全文化建设的主要途径

(1)发动职工制定加强班组安全文化建设的规划。加强班组文化建设是一项长期的任务,应从现在抓起,做出艰苦的努力,因此,班组要结合具体实际制定长期建设规划和短期打算。重点内容的确定应有针对性,注意加强班组安全管理工作的弱项。

（2）把安全文化建设与日常安全管理工作有机结合起来。班组安全文化建设，绝不是离开班组日常安全管理工作另抓一套，而应该找准切入口和结合处。应从基础抓起，让职工了解什么是现代安全文化，现代安全文化包括哪些内容，怎样加强这方面的建设。

（3）在班组安全文化建设中应防止出现两种偏向：因循守旧，认为传统的安全文化一切都好，因而拒绝接纳现代安全文化；彻底否定传统安全文化，认为传统安全文化都不行了，必须以现代安全文化取而代之。实际上，传统安全文化与现代安全文化之间是有内在联系的，强调加强班组现代安全文化建设，并不否定对优秀传统安全文化的借鉴。

（4）通过教育培训，让职工了解安全文化的内涵及作用，在班组安全文化建设中要坚持组织每周的安全学习，沟通交流，总结经验，提高安全管理水平。要把安全生产责任落实到班组的每个岗位，形成安全生产人人有责、群策群防的安全管理体系。在班组内营造"人人关注安全、事事保证安全"的和谐工作氛围，要做到查找事故隐患是每个职工的义务，消除事故隐患是每个职工的责任。使班组的每个职工都明确自己的安全职责，自觉学习安全生产规章制度，努力提高自身素质。

第十章　矿井瓦斯防治技术

　　瓦斯是指矿井中主要由煤层气构成的以甲烷为主的有害气体,有时单独指甲烷。甲烷是一种无色、无味、无臭的气体,难溶于水,相对空气密度为 0.554。由于甲烷比空气轻,它与空气混合形成气团时将边上浮边扩散。甲烷的扩散性很强,其扩散速度是空气的 1.34 倍,因此从煤岩中涌出后会很快扩散到巷道空间的各角落,且还会因比空气轻而分离上浮、积聚。

　　矿井瓦斯在一定条件下能燃烧和爆炸,大量的瓦斯积聚能使人窒息,造成人员伤亡和巨大的经济损失,因此必须掌握瓦斯的性质和防治措施,以达到安全生产的目的。

第一节　煤层瓦斯含量

一、煤层瓦斯的生成

　　煤层瓦斯又称煤层气,它是腐植型有机物在成煤过程中生成的。煤是一种腐植型有机质高度富集的可燃有机岩,是植物遗体经过复杂的生物化学作用、地球化学作用、物理化学作用转化而成的。在整个成煤过程中都伴随着瓦斯等气体的产生。结合成煤作用过程,煤层瓦斯的形成大致可以划分为生物化学成气时期和煤化作用成气时期。生物化学成气时期是在植物沉积成煤初期的泥炭化过程中,有机物在隔绝外部氧气进入和温度不超过 65 ℃的条件下,被厌氧微生物分解为甲烷、二氧化碳和水。由于这一过程发生于地表附近,因而生成的气体均散失于古大气中。随泥炭层的逐渐下沉和地层沉积厚度的增加,压力和温度也随之增高,生物化学作用逐渐减弱直至结束,泥炭转化成褐煤,进入煤化作用成气时期。有机物在高温高压作用下挥发分减少,固定碳增加,这时生成的气体主要为甲烷和二氧化碳。这一阶段中瓦斯生成量随着煤的变质程度增高而增多,以后随着地质年代地层的演变,一部分或大部分瓦斯扩散到大气中,部分转移到围岩内和吸附在煤体上。

二、瓦斯在煤体内的存在状态

煤是一种复杂的多孔性固体,既有成煤胶结过程中产生的原生孔隙,也有成煤后地层运动形成的大量孔隙和裂隙。瓦斯就赋存在这些孔隙中,其赋存状态有游离状态和吸附状态。

游离状态也叫自由状态,即瓦斯以自由气体的状态存在于煤体或围岩的裂隙和孔隙内,其分子可自由运动,并呈现压力。

吸附状态即瓦斯分子浓聚在孔隙壁面上或煤体微粒结构内。吸附瓦斯量的大小与煤的性质、孔隙结构特点、瓦斯压力和温度有关。

赋存在煤层中两种状态的瓦斯并不是固定不变的,而是处于不断变换的动态平衡。当温度与压力条件变化时,其平衡随着变化。例如,当压力升高或温度降低时,部分瓦斯由游离状态就会转化为吸附状态,这种现象叫作吸附;反之,如果温度升高或压力降低,一部分瓦斯就由吸附状态转化为游离状态,这种现象叫作解吸。

在目前开采深度(1 000~2 000 m)以内,煤层的吸附瓦斯量占70%~95%,而游离瓦斯量仅占5%~30%。但在断层、大的裂隙、孔洞和砂岩内,瓦斯则主要以游离状态赋存。随着煤层被开采,煤层顶底板附近的煤岩产生裂隙,导致透气性增加,瓦斯压力随之下降,煤体中的吸附瓦斯解吸而成为游离瓦斯,在瓦斯压力失去平衡的情况下,大量游离瓦斯就会通过各种通道涌入采掘空间,因此随着采掘工作的进行,瓦斯涌出的范围会不断扩大,瓦斯将保持较长时间的涌出。

三、影响煤层瓦斯含量的因素

煤层瓦斯含量是指在自然条件下单位质量煤中所含有的瓦斯量,单位为m^3/t。煤层瓦斯含量的大小主要取决于煤层瓦斯的运移条件和保存瓦斯的自然条件。影响煤层瓦斯含量的因素包括煤的吸附特性、煤层露头、煤层倾角、煤层埋藏深度、围岩透气性、地质构造、水文地质条件。

(一)煤的吸附特性

煤体中瓦斯含量的多少与煤的变质程度有关。一般情况下,煤的煤化程度越高,瓦斯的生成量就越大,同时其孔隙率也就越高,吸附瓦斯的能力就越强。

(二)煤层露头

如果煤层长时间与大气相通,其瓦斯含量就不会很大,因为煤层的裂隙比岩层要发育,透气性高于岩层,瓦斯能沿煤层流动而逸散到大气中去;反之,如果煤层没有通达地表的露头,瓦斯难以逸散,它的含量就较大。

（三）煤层倾角

当埋藏深度相同时，煤层倾角越小，瓦斯含量越大，这是因为岩层的透气性比煤层低，瓦斯顺层流动的路程随倾角减小而增大的缘故。

（四）煤层埋藏深度

煤层埋藏深度越深，煤层中的瓦斯向地表运移的距离就越长，散失就越困难。同时，深度的增加也使煤层在压力的作用下降低了透气性，也有利于保存瓦斯。在当代开采深度范围内，煤层瓦斯含量随深度的增加而呈线性增加。

（五）围岩透气性

煤系中的岩性组合和煤层围岩性质对煤层瓦斯含量影响很大，如果煤层的顶底板围岩为致密完整的低透气性岩层（如泥岩、完整的石灰岩），则煤层中的瓦斯就易于保存下来，煤层瓦斯含量就高；反之，围岩若是由厚层中粗粒砂岩、砾岩或裂隙溶洞发育的石灰岩组成，则瓦斯容易逸散，煤层瓦斯含量就小。

（六）地质构造

地质构造是影响煤层瓦斯含量的最重要因素之一。在围岩属低透的条件下，封闭型地质构造有利于瓦斯的储存，而开放型地质构造有利于瓦斯的排放。

同一矿区不同地点瓦斯含量的差别，往往是地质构造因素造成的。在瓦斯带内，煤层的顶板若为致密岩层而又未遭破坏时，瓦斯在背斜的轴部地区积聚，形成所谓的"气顶"，瓦斯含量明显增高。但当背斜轴顶部岩层是透气性岩层或因张力形成连通地表或其他储气构造的裂隙时，其瓦斯含量因能转移反而比翼部少。

对向斜而言，当轴部顶板岩层受到的挤压应力比底板岩层强烈，使顶板岩层和两翼煤层透气性变小时，瓦斯就易于储存在向斜轴部。当煤层或围岩的裂隙发育透气性较好时，轴部的瓦斯容易通过构造裂隙和煤层转移到围岩和向斜的翼部，瓦斯含量反而减少。

地质构造形成煤层局部变厚的大型煤包在构造应力作用下煤层被压薄，形成对煤包的封闭条件，使其生成的瓦斯难以排放，所以其瓦斯含量大。同理，由两条封闭性断层与致密岩层封闭的地垒或地堑构造，也可成为瓦斯含量增高区。

断层对煤层瓦斯含量的影响一方面要看断层的封闭性，另一方面要看与煤层接触的对盘岩层的透气性。开放型断层（一般为张性、张扭性或导水的压性断层等）不论其和地表是否直接相通，断层附近的煤层瓦斯含量都会降低。封闭型断层（压性不导水断层）煤层对盘岩性透气性低时，可以阻止瓦斯的释放。如果断层的规模大而断距长时，在断层附近也可能出现一定宽度的瓦斯含量降低区。此外还会遇到煤层被两条逆断层分割成 3 个段块的情况，其各段块的瓦斯含量分布不同，上部段块上有露头，下无深部瓦斯补充，煤层瓦斯含量最低；中间段块上下都被断层封闭,瓦斯含量居中;下部段块上部被断层封闭,下部有深部煤层瓦斯补给,瓦斯含量最高。

（七）水文地质条件

虽然瓦斯在水中的溶解度很小,但煤层中有较大的含水裂隙或流通的地下水通过时,经过漫长的地质年代也能从煤层中带走大量瓦斯,降低煤层的瓦斯含量。而且地下水还会溶蚀并带走围岩中的可溶性矿物质,从而增加煤系地层的透气性,有利于煤层瓦斯的流失。

总之,影响煤层瓦斯含量的因素是多种多样的,实际工作中必须结合具体情况做全面的调查和深入细致的分析研究,找出影响本煤田、本矿井瓦斯含量的主要因素,作为预测瓦斯含量和瓦斯涌出量的参考。

四、煤层瓦斯压力

瓦斯压力是指瓦斯在煤层中所呈现的气体压力,它是通过煤层孔隙和裂隙中游离瓦斯的自由热运动对孔隙和裂隙空间壁面所产生的作用力而体现出来的。瓦斯压力是衡量煤层瓦斯含量大小的一个重要标志,一般来说,瓦斯压力越高,则煤层瓦斯含量越大。瓦斯压力也是防治煤与瓦斯突出的重要依据之一,在发生瓦斯喷出和煤与瓦斯突出动力现象的整个过程中,瓦斯压力起着至关重要的作用,因此《煤矿安全规程》（以下简称《规程》）规定,有突出危险煤层的新建矿井或者突出矿井,开拓新水平的井巷第一次揭穿（开）厚度为 0.3 m 及以上煤层时,必须超前探测煤层厚度及地质构造、测定煤层瓦斯压力及瓦斯含量等与突出危险性相关的参数。另外,瓦斯压力也是瓦斯气体在煤层中流动的一种动力,因此它还是瓦斯抽采设计时的一个重要参数。

煤矿井下瓦斯压力测定可采用直接测定法和间接测定法。直接测定法的主要步骤可分为打钻、封孔和测压。间接测定法则通过煤层瓦斯压力快速测定仪测定。

第二节　矿井瓦斯涌出

矿井开采过程中受采动影响,赋存在煤岩体内的部分瓦斯就会离开煤岩体而释放到采掘空间,这种现象称为矿井瓦斯涌出。

矿井瓦斯涌出有普通涌出和特殊涌出两种形式。普通涌出是指瓦斯经煤层的裂隙通道或暴露面渗透流出并涌向采掘空间的现象,其特点为范围大,时间长,速度缓慢,是瓦斯的正常涌出。特殊涌出是指大量瓦斯突然、集中于局部并伴有动力效应的涌出现象,主要有瓦斯喷出和煤与瓦斯突出,是瓦斯的异常涌出。

一、瓦斯涌出量

瓦斯涌出量是指在矿井建设和生产过程中从煤与岩石中涌出的瓦斯量。瓦斯涌出量的大小通常用绝对瓦斯涌出量和相对瓦斯涌出量来表示。

绝对瓦斯涌出量是指矿井在单位时间内涌出的瓦斯量,单位为 m^3/min。

相对瓦斯涌出量是指矿井在正常生产条件下月平均日产 1 t 煤所涌出的瓦斯量,单位是 m^3/t。

采用瓦斯抽采的矿井,在计算瓦斯涌出量时,应包括抽采的瓦斯量。

二、影响矿井瓦斯涌出量的因素

影响矿井瓦斯涌出量的因素大体可以分为自然因素和开采技术因素。

（一）自然因素

1. 煤层和围岩的瓦斯含量

它是决定瓦斯涌出量多少的最重要因素。开采煤层的瓦斯含量越高,其涌出量就越大。若开采煤层附近有瓦斯含量大的煤层或岩层时,由于采动影响,这些煤层或岩层中的瓦斯就会不断地流向开采煤层的采空区,在此情况下,开采煤层的瓦斯涌出量可能大大超过它的瓦斯含量。

2. 开采深度

在瓦斯带内,随着开采深度的增加,相对瓦斯涌出量增大,这是因为煤层和围岩的瓦斯含量随深度的增加而增加的缘故。

3. 地面大气压力的变化

井下采空区或坍冒处积存有大量的瓦斯,正常情况下这些地点积存的瓦斯与井巷风流处于相对平衡状态,瓦斯均衡地泄入风流中。当地面大气压突然下降时,井巷风流的压力也随之降低,这种平衡状态就被破坏,引起瓦斯涌出量增加,因此当地面大气压突然下降时,要加强对采空区和密闭等附近的瓦斯检测,防止瓦斯事故的发生。

（二）开采技术因素

1. 开采顺序

首先开采的煤层或分层瓦斯涌出量大,这是由于受采动影响,邻近煤层或未采的其他分层的瓦斯也会沿裂隙涌入的缘故,因此瓦斯涌出量大的煤层群同时回采时,如有可能,应首先回采瓦斯含量较小的煤层,同时采取抽采邻近煤层瓦斯的措施。

2. 采煤方法与顶板控制

机械化采煤使煤破碎得比较严重,瓦斯涌出量高;水力采煤时水包围着采落的煤体,阻碍其中的瓦斯涌出,瓦斯涌出量较少,但湿煤中残余瓦斯含量增大;采空区丢失煤炭多,采出率低的采煤方法,采区瓦斯涌出量大。采用全部垮落法管理顶板能够造成顶底板更大范围的松动及采空区存留大量散煤,其瓦斯涌出量比采用充填法管理顶板时要高。

3. 开采速度和产量

当开采速度不高时,矿井的绝对瓦斯涌出量与开采速度或矿井产量成正比,而相对瓦斯涌出量则变化较小。当开采速度较高时,由于相对瓦斯涌出量中来自开采煤层和邻近煤层的瓦斯涌出量反而相对减少,使得相对瓦斯涌出量降低。

4. 生产工序

瓦斯从煤层暴露面(煤壁和钻孔)和采落的煤炭内涌出的特点是初期涌出的强度大,然后随着时间的增长而下降,所以落煤时瓦斯涌出量总是大于其他工序。

5. 风量变化

风量突然增大或减小时会引起瓦斯涌出量的变化,使瓦斯涌出量发生扰动,因此对煤层群开采、综采放顶煤工作面的采空区及煤巷顶板的冒顶孔洞等积存大量高浓度瓦斯的地点,必须密切注意增加风量时瓦斯涌出量所呈现的动态变化,防止因其峰值持续时间较长引发瓦斯事故。

总之,影响矿井瓦斯涌出量的因素很多,应通过实际观测,找出其主要因素及影响规律,以制定和采取有针对性的防治措施。

三、矿井瓦斯等级

(一)突出矿井

具备下列情形之一的矿井为突出矿井:在矿井井田范围内发生过煤(岩)与瓦斯(二氧化碳)突出的;经鉴定具有煤(岩)与瓦斯(二氧化碳)突出煤(岩)层的;依照有关规定按照突出管理的煤层,但在规定期限内未完成突出危险性鉴定的。

(二)高瓦斯矿井

具备下列情形之一的矿井为高瓦斯矿井:矿井相对瓦斯涌出量大于 $10 \, m^3/t$;矿井绝对瓦斯涌出量大于 $40 \, m^3/min$;矿井任一掘进工作面绝对瓦斯涌出量大于 $3 \, m^3/min$;矿井任一采煤工作面绝对瓦斯涌出量大于 $5 \, m^3/min$。

(三)低瓦斯矿井

同时满足下列条件的矿井为低瓦斯矿井:矿井相对瓦斯涌出量不大于 $10 \, m^3/t$;矿井绝对瓦斯涌出量不大于 $40 \, m^3/min$;矿井各掘进工作面绝对瓦斯涌出量均不大于 3 m³/min;矿井各采煤工作面绝对瓦斯涌出量均不大于 5 m³/min。

低瓦斯矿井每两年进行一次瓦斯等级鉴定,高瓦斯矿井和煤(岩)与瓦斯(二氧化碳)突出矿井不再进行周期性瓦斯等级鉴定工作,但应每年测定和计算矿井、采区、工作面的瓦斯涌出量。经鉴定或者认定为突出矿井的,不得改定为低瓦斯矿井或高瓦斯矿井。

第三节　瓦斯检查与监控技术

矿井瓦斯的检查与监控是煤矿安全生产、防止瓦斯爆炸事故发生的重要措施之一,也是研究瓦斯涌出规律和评价瓦斯防治效果的基本依据。

一、瓦斯检查

(一)矿井瓦斯的检查地点

矿井瓦斯测定应在所测地点的巷道风流中进行。巷道风流是指有支架的巷道中距支架和巷底各为 50 mm 的巷道空间内的风流,无支架或用锚喷、砌道支护的巷道中距巷道顶、帮、底各为 200 mm 的巷道空间内的风流。

矿井所有采掘工作面、硐室、使用中的机电设备的设置地点、有人作业的地点、瓦斯可能超限或积聚的地点都应是检查的范围。

(一)矿井瓦斯的检查次数与要求

1. 采掘工作面的瓦斯浓度检查次数

《规程》规定,矿井必须建立甲烷、二氧化碳和其他有害气体检查制度,低瓦斯矿井中每班至少 2 次,高瓦斯矿井中每班至少 3 次。有煤(岩)与瓦斯突出危险的采掘工作面,有瓦斯喷出危险的采掘工作面或者瓦斯涌出较大、变化异常的采掘工作面,必须有专人经常检查,并安设甲烷断电仪。

2. 瓦斯检查的要求

(1)矿长、矿总工程师、爆破工、采掘区队长、通风区队长、工程技术人员、班长、流动电钳工等下井时,必须携带便携式甲烷检测报警仪。瓦斯检查人员必须携带便携式光学甲烷检测仪和便携式甲烷检测报警仪。安全监测工必须携带便携式甲烷检测报警仪。

(2)瓦斯检查工必须执行瓦斯巡回检查制度和请示报告制度,并认真填写瓦斯检查班报。每次检查结果必须记入瓦斯检查班报手册和检查地点的记录牌上,并通知现场工作人员。瓦斯浓度超过《规程》有关条文的规定时,瓦斯检查人员有权责令现场人员停止工作,并撤到安全地点。

（三）矿井瓦斯的检查方法

瓦斯浓度测定应在巷道风流的上部进行,即将光学甲烷检测仪的进气口置于巷道风流的上部边缘进行 3 次连续抽气,取其平均值。测定二氧化碳时,应将光学甲烷检测仪的进气口置于巷道风流的下部进行,连续测定 3 次,取其平均值。

测定结果除按照规定进行填报外,还要与《规程》的规定相比较,判别是否满足要求。

（四）矿井瓦斯检查仪器

目前煤矿普遍使用的矿井瓦斯检测仪有光学甲烷检测仪和便携式甲烷检测报警仪。

1. 光学甲烷检测仪

光学甲烷检测仪是利用光干涉原理测定甲烷和二氧化碳等气体浓度的便携式检测仪器。

（1）仪器构造。光学甲烷检测仪有很多种类,其外形和内部构造基本相同。其中常用的是便携式光学甲烷检测仪,主要有 AQG 型和 AWJ 型。

（2）仪器的使用方法。

① 测定前的准备工作。测定前的准备工作包括检查药品性能、检查气路系统和检查光路系统。

检查药品性能时,应首先检查水分吸收管中的氯化钙(或硅胶)和外接的二氧化碳吸收管中的钠石灰是否变色,若变色则失效,应打开吸收管更换新药剂。新药剂的颗粒直径为 2～5 mm。颗粒过大不能充分吸收通过气体中的水分或二氧化碳;颗粒过小又容易堵塞,甚至将粉末吸入气室内。颗粒直径不合要求会影响测定的精度。

检查气路系统时,首先检查吸气橡皮球是否漏气,其检查方法为用手捏扁吸气橡皮球,另一手掐住胶管,然后放松吸气橡皮球,若吸气橡皮球不胀起,则表明不漏气;其次检查仪器是否漏气,将吸气管同检测仪吸气管连接,堵住进气管,捏扁吸气橡皮球,松手后球不鼓胀为好;最后检查气路是否畅通,即放开进气孔,捏放吸气橡皮球,以吸气橡皮球瘪起自如为好。

检查光路系统时,首先按下光源电门,由目镜观察,并旋转目镜筒,调整到分划板清晰为止。然后看干涉条纹是否清晰,如不清晰,可取下光源盖,拧松灯泡后盖,调整灯泡后端小柄,同时观察目镜内条纹,直到条纹清晰为止,之后拧紧灯泡后盖,装好仪器。

② 测定方法。测定方法包括对零和测定。

对零时,首先在与待测定地点温度相近的进风巷中,捏放吸气橡皮球数次,使其吸入新鲜空气清洗瓦斯室。然后按光源电门,观看目镜,旋下主调螺旋盖,转动主调螺旋,使干涉条纹中最明显的一条黑线(常称黑基线)对准零位,最后盖好主调螺旋盖。

测定时,将进气管伸入测点捏吸气橡皮球5～6次,吸入待测气体。按下光源电门,由目镜读出黑基线在刻度板上所处的位置。如黑基线处于刻度板两个整数之间(如1％～2％),则顺时针方向转动微调螺旋,使黑基线退到1％数值上,然后按下微读数电门,读出微读数盘上的读数为0.5,则测定的瓦斯浓度为1％＋0.5％＝1.5％,最后将微读数盘的读数退回零位。

测定二氧化碳浓度时,先用上述方法测定瓦斯浓度,然后取下二氧化碳吸收管,在同一测点再测定二氧化碳和瓦斯的混合浓度,由混合浓度值减去瓦斯浓度值,再乘以0.955的校正系数,即为测点的二氧化碳浓度。

(3)使用和保养。

① 携带和使用检测仪时应轻拿轻放,防止和其他物体碰撞,以免仪器受较大振动,损坏仪器内部的光学镜片和其他部件。

② 当仪器干涉条纹观察不清时,往往是由于测定时空气湿度过大,水分吸收管不能将水分全部吸收,在光学玻璃上结成雾粒,或者有灰尘附在光学玻璃上。当光学系统确有问题调动光源灯泡也不能解决时,就要拆开或调整光学系统。

③ 如果二氧化碳吸收管中的钠石灰失效或颗粒过大,进入瓦斯室的空气中将含有二氧化碳,会造成瓦斯浓度测定结果偏高。

④ 如果空气中含有一氧化碳(火灾气体)或硫化氢时,将使瓦斯测定结果偏高。为消除这一影响,应再加一个辅助吸收管,管内装颗粒活性炭可消除硫化氢,装40％氧化铜和60％二氧化锰混合物可消除一氧化碳。

⑤ 严重缺氧地点(如密闭区和火区)气体成分变化大,用光学甲烷检测仪测定时仪器测定结果将比实际浓度大得多,这时最好采取气样,用化学分析的方法测定瓦斯浓度。

⑥ 高原地点空气密度小,气压低,使用时应对仪器进行相应的调整,或根据测定地点的温度和大气压计算校正系数,进行测定结果的校正。

2. 便携式甲烷检测报警仪

便携式甲烷检测报警仪是一种可连续测定环境中瓦斯浓度的电子仪器,当瓦斯浓度超过设定的报警点时,仪器能发出声、光报警信号。目前煤矿瓦斯检查主要采用热催化式,其测量瓦斯浓度范围一般为0～4.0％或0～5.0％。

便携式甲烷检测报警仪在每次使用前都必须充电,以保证其可靠工作。使用时首先在新鲜空气中打开电源,按下开关按钮,开关打开,观察仪器是否显示

"0.0"。若不是显示"0.0"，则应调整调节电位器将显示调为"0.0"。测量时，将调整好的仪器开关打开，用手将仪器的传感器举至或悬挂在测点处，经十几秒钟即可读取瓦斯浓度的数值；也可由工作人员随身携带，在瓦斯超限发出声、光报警时，再重点检测环境瓦斯或采取相应措施。

在使用仪器时应注意以下几点：

（1）要保护好仪器，在携带和使用过程中严禁猛烈摔打、碰撞；严禁被水浇淋或浸泡。

（2）使用中发现电压不足时应立即停止使用，否则将影响仪器的正常工作，并缩短电池使用寿命。

（3）热催化式甲烷检测报警仪不适宜在含有硫化氢的地区及瓦斯浓度超过仪器允许值的场所中使用，以免仪器产生误差或损坏。

（4）对仪器的零点、测试精度及报警点应定期（一周或一旬）进行校验，以便使仪器测量准确、可靠。

二、矿井安全监控系统

人工检查对瓦斯的监测是一个间断性的过程，有其必然的缺点，而事故发生的特点是随机性与偶然性相结合，这就决定了单纯依靠人来管理瓦斯显然不能够达到控制瓦斯浓度的目的，所以建立矿井安全监控系统，全方位对煤矿井下瓦斯等参数进行不间断的检测，对掌握和控制瓦斯的浓度具有非常重要的作用。

（一）矿井安全监控系统的结构

矿井安全监控系统是以井下生产环节的作业环境、作业状况为监测对象，用计算机对采集的数据进行分析处理，对设备、局部生产环节或过程进行控制的一种系统。主要用来监测甲烷浓度、一氧化碳浓度、二氧化碳浓度、氧气浓度、硫化氢浓度、风速、负压、湿度、温度、风门状态、风窗状态、风筒状态、局部通风机开停、主要通风机开停、工作电压、工作电流等，并实现瓦斯超限声光报警、断电和甲烷风电闭锁控制等，具有甲烷断电仪和甲烷风电闭锁装置的全部功能，具有显示、打印、存储等功能，从而减少矿井灾害事故的发生，保障了煤矿安全生产和矿工生命安全。

矿井安全监控系统一般由地面中心站、井下分站、信息传输系统和监测传感器、执行装置4个部分组成。

地面中心站由传输接口装置（调制解调器）、若干台计算机、电源、数据处理与系统运行软件及信息的存储、打印、显示等装置组成。地面中心站的作用是接收分站远距离发送的信号，并送主机处理；接收主机信号，并送相应分站。

井下分站和传感器构成井下工作站。井下分站一方面对传感器送来的信号进行处理,使其转换成便于传输的信号送到地面中心站;另一方面将地面中心站发来的指令或从传感器送来应由分站处理的有关信号经处理后送至指定执行部件,以完成预定的处理任务(如报警、断电、控制局部通风机开启等),并向传感器提供电源。

信息传输系统是用信道将井下信息传输至地面或将地面中心站指令经信道传输至井下分站的信息媒介。信道是信息传输的通道,矿井监控系统一般采用专用的通信电缆作为信道。

传感器与井下分站之间通常采用直接传输的方式。

井下分站与地面中心站之间的传输方式主要有空分制信息传输、频分制信息传输、时分制信息传输及频分与时分相结合的传输方式。

目前,国产监控系统大多采用树状结构,且以大容量、多参数、多功能、时分制传输方式占主导地位,基本能够满足矿井对监测、监控的需要。

（二）甲烷传感器

甲烷传感器是矿井最常用的传感器之一,是煤矿安全监控系统中最重要且必须配备的检测设备,主要用于监测煤矿井下环境气体中的瓦斯浓度。它可以连续自动地将井下瓦斯浓度转换成标准电信号输送给关联设备,并具有就地显示瓦斯浓度值、超限声光报警等功能。目前矿用传感器多为低浓度。

由于甲烷密度小于空气,所以甲烷传感器应布置在巷道上方,并且不影响行人和运输。甲烷传感器应垂直悬挂,距顶板(顶梁)不得大于 300 mm,距巷道侧壁不得小于 200 mm,且巷道顶板要坚固,无淋水;在有风筒的巷道中,严禁悬挂在风筒出风口和风筒漏风处。

第四节　瓦斯爆炸及预防技术

瓦斯爆炸是煤矿中最严重的灾害之一,其后果往往极为惨痛,伤亡严重,损失惊人,危害性极大,因此掌握瓦斯爆炸的原因、规律和防治措施,对煤矿安全生产极为重要。

一、瓦斯爆炸的发展过程及危害

（一）瓦斯爆炸的化学反应过程

瓦斯爆炸是一定浓度的瓦斯和空气中的氧气在高温热源作用下产生的激烈氧化反应。瓦斯爆炸过程是一种复杂的热-链式反应,其反应过程是当瓦斯和空气的爆炸混合物吸收一定能量后,反应分子的链即行断裂,离解成两个或两个以上的游离基(也叫自由基)。游离基具有很大的化学活性,成为反应连续进行的活化中心。在适合的条件下,每一个游离基又可以进一步分解,再产生两个或两个以上的游离基。这样循环下去,游离基越来越多,化学反应速度也越来越快,最后发展为燃烧或爆炸式的氧化反应。

（二）瓦斯爆炸的主要危害

瓦斯爆炸的主要危害包括产生爆炸冲击波、产生高温火焰锋面和产生大量有毒有害气体。

1. 产生爆炸冲击波

瓦斯爆炸时会产生强大的冲击波。冲击波的传播速度最高可达 1 000 m/s 以上,其正向传播的平均压力约为 0.9 MPa,而人所能经受的动压不大于 0.03 MPa,因此冲击波所到之处会造成人员伤亡,设备和通风设施毁坏,巷道冒顶堵塞。

由于爆源附近气体以极高的速度向外冲击,加上爆炸后生成的一部分水蒸气又很快冷却和凝聚,因而爆源附近即成为气体稀薄的低压区。爆炸冲击波在向前传导的同时又生成反向冲击冲回爆源,这种反向冲击的力量虽较正向冲击的力量小,但它是沿着已遭破坏的区域反冲,其破坏性往往更大。如果反向冲击的空气中含有足够的瓦斯和氧气,而爆源附近的火源尚未消失,或有因爆炸产生的新火源存在,就可能造成第二次爆炸。此外,在瓦斯涌出量较大的矿井,如果空气中的瓦斯浓度在火源熄灭前又达到爆炸浓度,还能引起瓦斯的再次爆炸。

2. 产生高温火焰锋面

高温火焰锋面是沿巷道运动的化学反应带和烧热的气体,温度可达 2 150～2 650 ℃,锋面经过时会造成人体大面积皮肤烧伤或呼吸器官及食道、胃等黏膜烧伤,可烧坏井下的电气设备电缆,并可能引燃井巷中的可燃物,产生新的火源。

3. 产生大量有害气体

瓦斯爆炸后将生成大量的有害气体,据一些矿井瓦斯爆炸后的气体成分分析,氧气体积分数为 6%～10%,氮气体积分数为 82%～88%,二氧化碳体积分数为 4%～8%,一氧化碳体积分数为 2%～4%。爆炸后生成如此高浓度的一氧化碳是造成人员大量伤亡的主要原因。如果有煤尘参与爆炸,则一氧化碳的产生量就更大,造成的危害就更严重。

二、瓦斯爆炸的条件

瓦斯爆炸必须具备 3 个条件,即瓦斯浓度达到爆炸界限、引火温度和氧含量,三者缺一不可。

（一）瓦斯浓度达到爆炸界限

1. 瓦斯爆炸的浓度界限

试验表明,当新鲜空气中瓦斯浓度低于 5% 时混合气体无爆炸性,遇高温火源后只能在火焰外围形成稳定的燃烧层;当浓度在 5%～16% 时混合气体具有爆炸性;当瓦斯浓度高于 16% 时混合气体无爆炸性,也不燃烧,如有新鲜空气供给时,可以在混合气体与空气的接触面上进行燃烧。

上述结论说明,瓦斯只有在一定浓度范围内才有爆炸性,这个浓度范围称为爆炸界限。其最低爆炸浓度 5% 称为爆炸下限,最高爆炸浓度 16% 称为爆炸上限。当瓦斯浓度为 9.5% 时化学反应最完全,爆炸威力最大。瓦斯浓度在 7%～8% 时最容易爆炸,这个浓度称为最优爆炸浓度。

2. 影响瓦斯爆炸界限的因素

(1) 其他可燃气体的混入。瓦斯和空气的混合气体中如果有一些可燃性气体(如硫化氢、乙烷等)混入,则由于这些气体本身具有爆炸性,不仅增加了爆炸气体的总浓度,而且会使瓦斯爆炸下限降低,从而扩大瓦斯爆炸的界限。

(2) 爆炸性煤尘的混入。煤尘能燃烧,有的煤尘本身还具备爆炸性,在 300～400 ℃ 时能挥发出可燃气体,因此煤尘的混入会使爆炸下限下降。

(3) 惰性气体的混入。在瓦斯和空气的混合气体中,混入惰性气体将使氧气浓度降低,并阻碍活化中心的形成,可以缩小瓦斯的爆炸界限,降低瓦斯爆炸的危险性。

另外,瓦斯爆炸界限还与瓦斯混合气体的初始压力和初始温度有关。

(二) 引火温度

引火温度是指点燃瓦斯所需要的最低温度,一般为 650～750 ℃,煤矿井下的明火、煤炭自燃、电弧、电火花都能点燃瓦斯。

瓦斯与高温热源接触时并不是立即燃烧、爆炸,而需经过一个很短的时间间隔,此现象称为瓦斯的引火延迟性,间隔的这段时间称为瓦斯爆炸的感应期。井下高温热源是不可避免的,但关键是要控制其存在时间在瓦斯爆炸感应期内。例如,使用矿用安全炸药爆破时,虽然炸药爆炸的瞬间温度可达 2 000 ℃ 左右,但爆破火焰存在的时间很短(仅有千分之几秒,小于瓦斯爆炸的感应期),所以不会引起瓦斯爆炸。当然,如果炸药质量不合格或炮泥装填不合要求,爆炸后高温气体存在的时间就能延长,当超过感应期时即会造成瓦斯爆炸事故。又如矿用安全电气设备在发生故障时能够迅速断电,其断电时间小于感应期也不会引起瓦斯爆炸;若断电时间高于电气设备短路温度条件下瓦斯爆炸的感应期,就可能引起瓦斯爆炸。

(三) 氧含量

正常大气压和常温时瓦斯爆炸界限与氧浓度关系可构成柯瓦德爆炸三角形。氧浓度降低时爆炸下限变化不大(BE 线),爆炸上限则明显降低(CE 线)。氧浓度低于 12% 时混合气体就失去爆炸性。

柯瓦德爆炸三角形对火区封闭或启封时及惰性气体灭火时判断有无瓦斯爆炸危险有一定的参考意义,我国已利用其原理研制出煤矿气体可爆性测定仪,可分析火区气体组分,显示并打印出爆炸三角形和组分坐标点,得出爆炸危险性判定结果。目前该判定仪已在我国各矿山救护队推广使用。

三、瓦斯爆炸事故的一般规律

依据对以往瓦斯爆炸事故的统计,引起瓦斯爆炸的主要原因是管理松懈、人为违反安全规程及缺少应有的纪律与责任等。从瓦斯爆炸发生的地点来看,90%以上都发生在采煤工作面和掘进工作面。

采煤工作面容易发生瓦斯爆炸的地点是工作面上隅角及采煤机工作时切割机构附近。工作面上隅角处是采空区漏风主要出口,漏风将积存在采空区上部的高浓度瓦斯带出;工作面上出口的风流直角拐弯,在上隅角处形成涡流区,瓦斯难于被风流带出;上隅角附近往往设置回柱绞车等机电设备;该处的采煤工作面煤体在集中应力作用下变得疏松,自由面较多,爆破时易发生虚炮,因此产生火源的机会也多。

采煤机工作时切割机构附近由于快速切割煤体,煤体破碎严重,大量瓦斯迅速地从新暴露面和采落的煤块内涌出,而且采煤机切割机构附近通风不良,因此易造成瓦斯积聚,若采煤机切割煤体(特别是岩体)时产生火花,就可能形成瓦斯爆炸。

掘进工作面较易发生瓦斯爆炸的原因一是瓦斯涌出量大,局部通风机通风可靠性差,容易形成瓦斯积聚。二是使用的电气设备(电钻、局部通风机、掘进机等)较多及经常爆破,出现引火热源机会多。

引燃火源种类主要是爆破火焰和电气火花,其次是摩擦火花、明火、撞击和吸烟等。

四、预防瓦斯爆炸的措施

(一) 防止瓦斯积聚和超限

瓦斯积聚是指局部空间的瓦斯浓度达到 2%、其体积超过 0.5 m³ 的现象。

防止瓦斯积聚和超限的方法有加强通风、严格瓦斯的检测与监测、及时处理局部积聚的瓦斯。

1. 加强通风

加强通风是防止瓦斯积聚最基本有效的措施。防止瓦斯超限和积聚,主要是要保证矿井总进风量充足,实现分区通风、合理配风;禁止采用不合理的串联通风、采空区通风和扩散通风;要加强通风管理,提高通风设施的质量,减少内部和外部漏风,以保证各个作业地点风量适宜;掘进工作面应避免循环风且爆破时不得中断通风等。

2. 严格瓦斯的检测与监测

严格执行《规程》有关规定进行瓦斯检测与监测是及时发现与处理瓦斯积聚的前提。瓦斯燃烧和瓦斯爆炸的事故统计资料表明,大多数这类事故都是由于瓦斯检测不力、没有认真执行有关瓦斯检测与监测制度造成的。

3. 及时处理局部积聚的瓦斯

生产中容易积聚瓦斯的地点有采煤工作面上隅角、采煤机附近、低风速巷道的顶板附近、顶板冒落空洞、停风的盲巷、采煤工作面接近采空区边界及采掘机械切割部周围等。

(1)采煤工作面上隅角积聚瓦斯的处理

① 风障引风排除法。当采煤工作面上隅角瓦斯浓度超限不多时,可在其附近的支柱或支架上悬挂风障,引导一部分风流流经工作面上隅角,将该处积聚的瓦斯冲淡排出。

② 风筒导风排除法。是利用引射器(气压引射器或水力引射器)或专用局部通风机作为动力,也可以利用矿井全风压的作用,配合风筒导风将上隅角积聚瓦斯排除。

上隅角瓦斯浓度不大时,可利用引射器作动力,配合风筒导风排除。其方法是:将风筒的入风口设在上隅角瓦斯积聚处,风筒出口设在回风巷适当位置,风筒内安设一个或若干个引射器的喷射器,喷口向回风巷顺风流方向。由于矿井总风压的作用,风筒内有流速较小的风流流动,喷射器喷出的高压气流增加了风筒内向回风巷顺风流方向的风流速度,从而使工作面中一部分风流经上隅角进入风筒将瓦斯排除。由于引射器一般动力不大,因此都采用刚性风筒(骨架风筒或不产生静电的塑料管等)导风。

③ 尾巷排放瓦斯法。尾巷排放瓦斯是利用与工作面回风巷平行、与采区总回风巷相通的专门瓦斯排放巷道,通过其与采空区相连的联络巷排放瓦斯的方法。进入工作面的风流分为两部分,一部分冲淡工作面涌出的瓦斯,另一部分漏入采空区用于冲淡来自采空区的瓦斯,使上隅角的瓦斯积聚点移到 20 m 以外,提高了安全性。

④ 移动式泵站抽采法。该法是利用可移动的瓦斯抽采泵通过埋设在采空区一定距离内的管路抽采瓦斯,从而减小上隅角处的瓦斯浓度。移动泵设在工作面回风巷和采区总回风巷的交叉处(处于新鲜风流中),抽采管沿工作面回风巷布置,抽出的瓦斯排至采区回风巷。

(2)采煤机附近瓦斯积聚的处理

当开采瓦斯煤层时,采煤机组附近经常出现高浓度瓦斯积聚,容易积聚瓦斯的地点是截盘附近和机体与煤壁之间。急倾斜煤层上行通风的工作面,采煤机上方的机道内也容易积聚瓦斯。处理这类积聚的瓦斯,主要采取以下措施:

① 加大工作面风量。工作面风量提高到最大允许风速值,以冲淡、带走采煤机附近积聚的瓦斯。

② 可延长采煤机在生产班中的工作时间或每昼夜增加一个生产班次,使采煤机以较小的速度和截深采煤,从而降低瓦斯涌出量和减少瓦斯涌出量的不均衡性。

③ 当采煤机附近或工作面中其他部位出现局部瓦斯积聚时,可安设小型局部通风机或水力引射器,吹散排出积聚的瓦斯。

④ 抽采瓦斯。即用在煤层开采前预抽或在开采过程中边采边抽的方法降低瓦斯涌出量。采用下行风防止采煤机附近瓦斯积聚更容易。

（3）顶板附近瓦斯层状积聚的处理

在巷道周壁不断涌出瓦斯的情况下,如果巷道内的风速太小,吹不散瓦斯,瓦斯就能浮存于巷道顶板附近,形成一个比较稳定的带状瓦斯层,称之为瓦斯层状积聚。预防和处理的方法有:

① 加大巷道的平均风速,使瓦斯与空气充分地紊流混合。一般认为,防止瓦斯层状积聚的平均风速不得低于 1 m/s。

② 加大顶板附近的风速。如在顶梁下面加导风板将风流引向顶板附近;沿顶板铺设风筒,每隔一段距离接一短管;铺设接有短管的压气管,将积聚的瓦斯吹散;在集中瓦斯源附近装设引射器。

③ 将瓦斯源封闭隔绝。如果集中瓦斯源的涌出量不大时,可采用木板和黏土将其填实隔绝,或注入砂浆等凝固材料,堵塞较大的裂隙。

（4）顶板冒落空洞积聚瓦斯的处理

不稳定的煤岩层中无论是掘进巷道还是采煤工作面,冒顶是经常出现的,从而在巷道顶部形成空洞（俗称冒高）,有时可能达到很大的范围。由于冒顶处通风不良,往往积存着高浓度的瓦斯。处理该处积聚瓦斯的方法有充填空洞法、导风板引风法和风筒分支排放法。

① 充填空洞法。充填空洞法大多是先在冒高处的棚上铺上木板,然后再用黄土将冒落空洞充填满,这样可以消除积聚瓦斯的空间,以免积存瓦斯。同时对易自燃的厚煤层还能起到预防冒顶浮煤自然发火的作用。充填空洞法一般在冒顶高度不大的情况下应用。

② 导风板引风法。即在冒高空间下的支架顶梁上钉导风板,把一部分风流引到冒高处,以吹散积聚的瓦斯。

③ 风筒分支排放法。巷道内若有风筒,可在冒顶处的风筒上加三通或安设一段小直径的风筒分支,向冒顶空洞内送风,以排除积聚的瓦斯。若巷道中无风筒但有压风管路时,也可从管路上接出一个或多个分支压风管,伸达冒顶处,送入压风吹散积聚的瓦斯。

(二)防止瓦斯引燃

防止瓦斯引燃的原则是坚决禁止一切非生产需要的火源下井;对生产中可能发生的热源严加管理,防止热源产生或限定其引燃瓦斯的能力。引燃瓦斯的火源有明火、爆破、电火及摩擦火花,针对这 4 种火源,应采取下列预防措施。

1. 严加明火管理

《规程》规定,严禁烟火进入井下;井下严禁使用灯泡取暖和使用电炉;井下禁止拆开矿灯;井口房、瓦斯抽采站及通风机房周围 20 m 内禁止使用明火;井下焊接时应严格遵守有关规定;严格井下火区的管理等。任何人发现井下火灾时,应立即采取一切可能的办法直接灭火,并迅速报告矿调度室,以便处理。

2. 严格爆破制度

煤矿井下必须使用具有国家认证的煤矿许用炸药和煤矿许用电雷管,煤矿许用炸药和煤矿许用电雷管必须符合《规程》的有关规定;井下爆破应使用防爆型发爆器;井下爆破以及火药的运送、收发、存放必须由专职人员担任,并严格执行《规程》的有关规定;装药前必须掏净炮眼内煤粉,封满炮泥,不准用煤粉、炮纸等非炮泥封孔;每个炮眼都应使用水炮泥(煤巷、半煤岩巷不使用水炮泥不准爆破);严格执行装药前、爆破前、爆破后检查瓦斯的"一炮三检"制度;严禁一次装药分次爆破及裸露爆破;不准利用残眼装药爆破。

3. 消除电气火花

瓦斯矿井中应选用本质安全型和矿用防爆型电气设备,下井前必须进行防爆性能检查,使用中应保持良好的防爆性能,不防爆的设备严禁下井使用;井下电缆接头不准有"鸡爪子""羊尾巴"、明接头;井下不准带电检修或迁移电气设备;坚持使用漏电继电器和煤电钻综合保护装置;严格执行停送电管理制度,机电设备安装试送电前必须跟踪检查瓦斯。

4. 严防摩擦火花发生

由于机械化程度的不断提高,机械摩擦、冲击火花引起的燃烧危险不断增加,为防止由此而发生瓦斯爆炸事故,采取的措施有禁止使用磨钝的截齿;截槽内喷雾洒水;在摩擦发热的部件上安设过热保护装置;利用难引燃性合金工具;在摩擦部件的金属表面涂各种防产生火花的保护层,使形成的摩擦火花难以引燃瓦斯等。

5．防止静电火源出现

矿井中使用的如塑料、橡胶、树脂等高分子聚合材料制品，其表面电阻都必须低于规定的安全限定值。

（三）防止瓦斯爆炸事故扩大的措施

矿井一旦发生瓦斯爆炸事故，为了使灾害波及的范围控制在尽可能小的区域内，以减小伤亡和损失，应该采取以下措施：

（1）编制周密的预防和处理瓦斯爆炸事故计划，并对有关人员贯彻该计划。

（2）实行分区通风。各水平、采区或工作面都应有其独立的进回风系统。

（3）通风系统简单、合理、可靠。应保证瓦斯爆炸发生后进风流与回风流不会发生短路。

（4）装有主要通风机的回风井口应安设防爆门或防爆井盖，以防发生爆炸时通风机被毁。

（5）生产矿井主要通风机必须装有反风设施，必须能在 10 min 内改变巷道中的风流方向。

（6）开采有煤尘爆炸危险煤层的矿井两翼、相邻的采区、煤层和工作面，都必须用岩粉棚或水棚隔开。在所有运输巷和回风巷中必须撒布岩粉。

第十一章　矿山水害防治技术

凡影响、威胁矿井安全生产、使矿井局部或全部被淹没并造成人员伤亡和经济损失的矿井涌水事故都称为矿井水害。矿井水害不仅对矿井及矿工的生命财产造成威胁，还会破坏矿井的正常生产和建设，因此《煤矿防治水规定》规定，煤矿企业、矿井应当按照本单位的水害情况，配备满足工作需要的防治水专业技术人员，配齐专用探放水设备，建立专门的探放水作业队伍。水文地质条件复杂、极复杂的煤矿企业、矿井还应设立专门的防治水机构。同时还应当建立健全水害防治岗位责任制、水害防治技术管理制度、水害预测预报制度和水害隐患排查治理制度。编制本单位的防治水中长期规划和年度计划，并组织实施。

煤矿水害防治应当坚持"预测预报、有疑必探、先探后掘、先治后采"的原则，采取"防、堵、疏、排、截"的综合治理措施。

第一节　矿井充水条件

形成矿井水害的基本条件，一是必须要有充水水源存在，二是必须要有充水通道。

一、矿井充水水源

矿井充水水源主要有地表水、大气降水、含水层水、断层水和老窑积水。

（一）地表水

开采位于河流、湖泊、水库、池塘等地表水体影响范围内的煤层时，在适当条件下这些水便会流入巷道成为矿井充水水源。

地表水能不能进入井下，主要看巷道距离水体的远近和水体与巷道之间的地层及构造，其次是所采用的开采方法。

容易使人忽视的是多数季节性河流，在旱季地表虽然断流，但冲积层中地下径流却依然存在，仍然起到补给基岩含水层的作用。

地表水渗入井下通常有如下几个途径：

（1）地表水与第四纪松散砂、砾含水层有密切水力联系，当井巷揭穿砂、砾含水层时，地表水以岩石孔隙为通道渗入井巷。

（2）地表水与导水断层或强含水层露头相连。当掘进或开采与它们相遇时，地表水将直接进入井下。

（3）煤层开采后，顶板垮落带或导水裂隙带发展到地面，出现地表塌陷区，遇大暴雨或直接与河流、湖泊等地表水体相通时，就会发生透水事故。

（4）洪水冲破井口围堤或洪水水位高出拦洪堤坝时直接灌入矿井。

由于地表水对采矿的威胁很大，所以在开采过程中必须查清地表水体的大小、距离巷道的远近（垂直、水平）及最高洪水位淹没的范围等，事先采取有效的措施，以避免地表水的危害。

（二）大气降水

大气降水是地下水的主要补给来源，特别是开采地形低洼且埋藏深度较浅的煤层时，大气降水往往是矿井充水的主要水源，它首先渗入地下各含水层，然后再涌入矿井。大气降水对矿井涌水量的影响有如下规律：

（1）矿井涌水量的大小与降水量的大小、降水性质、强度和延续时间有密切关系，降水量大和长时间降水对渗入有利，因此矿井涌水量也大。

（2）矿井涌水量随气候具有明显的季节性变化，但涌水量出现高峰的时间则往往比雨季后延，一般雨后 48 h。

（3）大气降水的渗入量随开采深度的增加而减少，即开采越深，影响越小。

（三）含水层水

通常情况下含水层水是矿井最经常和最主要的涌水水源。有些含水层的水量很大（如饱水的流沙层、有溶洞水的石灰岩等），一旦井巷或开采接近这些岩层时，若不注意防范，就有可能造成灾害性突水。

（1）在含水充足的松散砂、砾层中或其他强含水层中开凿时，如事先不做特殊处理就会出现涌水。特别是砂砾岩层，水砂会一起涌出，严重时会造成井壁坍陷、井架偏斜，甚至使井筒报废。

（2）在松软破碎顶板的煤层中掘进或开采，若顶板冒落度达到或接近强含水层时，则会造成透水事故。

（3）石灰岩溶洞塌落形成的陷落柱内部岩石破坏，胶结不良形成岩溶水的垂直通道。当巷道掘进或回采推进遇到它时，会引起多个含水层的水同时大量涌入，造成淹井。

（4）在煤层底板附近存在承压水含水层时，如果隔水岩柱的强度抵抗不住静水压力和矿山压力的共同作用，则会引起巷道或采煤工作面底板承压水突然涌出。

由于隔水岩层的断裂、变形、破坏要有一定过程,所以这种突水往往有底鼓、破裂、塌方等预兆。

（四）断层水

断层破碎带常是地下水的通道和积聚区,沿断层破碎带可沟通各个含水层,并与地表水发生水力联系,当开采与之相遇时就会造成突水。

与断层有关的常见突水事故有:

（1）采掘工作面接近断层时,断层破碎带内所含的水突出。这种水开始时压力大,涌水突然、猛烈,但储量不大,故以后逐渐减少甚至干涸。

（2）由于断层落差使巷道掘进时与断层另一盘的强含水层打通,造成突水。

（3）由于断层位移缩小了巷道与含水层之间的距离,隔水层厚度不够,也常造成透水。

（4）在大断层的尖灭带、断层交叉地带及小断层密集的地方,都是容易发生突水的地点。

（五）老窑积水

古代的小煤窑和近期煤矿的采空区及废弃巷道由于长期停止排水而保存的地下水,称为老窑积水。实质上它也是地下水的一种充水水源,当现有生产矿井遇到或接近它们时,往往容易造成突水,而且来势凶猛,水中携带有煤块和石块,有时还可能含有有害气体,造成矿井涌水量的突然增加,有时还造成淹井事故。近年来我国煤矿所发生的重大恶性透水事故中,老窑积水占 50％以上,因此必须引起我们的充分注意。

二、矿井充水通道

矿井周围的充水水源开采时能否进入井巷,取决于是否有充水通道。只有充水水源通过充水通道才能形成矿井充水。含水层的露头区、断层破碎带、岩溶陷落柱、采矿造成的裂隙通道、煤层底板岩层突破、封闭不良的钻孔、岩溶塌陷及天窗经常作为矿井充水通道。

（一）含水层的露头区

矿区含水层有时出露于地表,直接接受大气降水的补给。含水层露头分布区起着沟通地表水和地下水的作用,成为充水的咽喉和通道。含水层出露的面积越大,接受大气降水的补给量也越大,因而在含水层大面积出露的矿区井下涌水量一般较大,并伴随着季节的变化而变化。

（二）断层破碎带

断层往往可使地下水多个含水层相互沟通,甚至与地表水发生联系,当井巷接近或触及该地带时,地下水就会涌入矿井,使矿井涌水量骤然增大,严重时可造成突水淹井事故。

（三）岩溶陷落柱

岩溶陷落柱是指埋藏在煤系地层下部的巨厚可溶岩体，在地下水溶蚀作用下形成巨大的岩溶空洞。空洞顶部岩层失去支撑，在重力作用下向下垮落，充填于溶蚀空间中。陷落柱内部岩石破碎，胶结不良，往往成为沟通地表水或地下水的通道，从而造成井下涌水或突水。

（四）采矿造成的裂隙通道

用顶板垮落法进行采煤时常引起地表下沉，造成裂隙漏斗，如果破坏了含水层，地下水就会涌入巷道。此外，在断层含水区作业时，爆破震动或发生冒顶事故也会造成突然涌水。

（五）煤层底板岩层突破

承压水在水压很大的地段可突破煤层底板隔水层而涌入矿井，使矿井涌水量突然增大，有时甚至会造成淹井事故。

（六）封闭不良的钻孔

煤田地质勘探或生产建设时期井田内施工的许多钻孔，均可揭穿煤层和各含水层，构成沟通含水层的人为通道。按《规程》要求，钻孔施工完毕后必须用水泥封孔，其目的一方面保护煤层免遭氧化，另一方面为了防止地表与地下各种水体的直接渗透。当钻孔封闭不良或没有封闭时，开采接近或揭露钻孔就会造成涌水甚至突水。

（七）岩溶塌陷及天窗

具有一定厚度松散层覆盖的岩溶矿区在矿井排水后，地表产生的塌陷称岩溶塌陷。岩溶塌陷通道很容易引起第四系孔隙水、地表水大量下渗和倒灌，使大量水和泥沙涌入矿井，对矿井安全生产造成极大的威胁。

天窗是指含水层顶板的隔水层由于受后期的冲刷，某些地方变薄或剥蚀而失去隔水性能的现象。天窗本身就是一个连通两个含水层的通道，会导致邻层的地下水甚至地表水涌入矿井。

第二节　地面防治水技术

地面防治水是指在地表修筑各种防排水工程，防止或减少大气降水和地表水渗入矿井。对于以大气降水和地表水为主要水源的矿井，地面防治水尤为重要，是矿井防治水的第一道防线。

一、防止井筒灌水

(一)慎重选择井筒

为保证在任何情况下不使井口和地面设施被洪水淹没,矿井井口和工业广场内建筑物的地面高程必须高于当地历年最高洪水位;在山区还必须避开可能发生泥石流、滑坡等地质灾害危险的地段。

如果矿井井口及工业广场内主要建筑物的地面标高低于当地历年最高洪水位,应当修筑堤坝、沟渠或者采取其他可靠防御洪水的措施。

(二)挖沟排(截)洪

地处山麓或山前平原区的矿井,为防止山洪或潜水流渗入井下构成水害隐患或增大矿井排水量,可在井田上方垂直来水方向布置排洪沟、渠,拦截、引流洪水,使其绕过矿区。

二、防止地表渗水

(一)河流改道

在矿井范围内有常年性河流流过且与矿井充水含水层直接相连、河水渗漏范围大,是矿井的主要充水水源时,可在河流进入矿区的上游地段筑水坝,将原河流截断,人工挖掘新河道使河水远离矿区。若因地形条件不允许改道而河流弯曲较多时,可在井田范围内将河道弯曲取直,缩短河道流经矿区的长度,以减少河水下渗量。河流改道虽可彻底解除河水透入井下之患,但工程量大,费用高,应做可行性研究和技术经济比较后再设计施工。

(二)铺整河底

矿区内有流水沿河床或沟底裂缝渗入井下时,则可在渗漏地段用黏土、料石或水泥铺垫人工河床,防止或减少渗漏。一般整铺河床防漏的做法是:清理河底后铺 25 cm 以上黄土(或灰土,由石灰和黄土拌和而成)并压实作垫层,起隔水防漏作用;其上为伸缩层,铺设 20 cm 砂石(砂、石比约为 3∶7),以防止底层翻浆;上层用水泥砂浆及碎石构筑,厚度 35 cm 以上,能抵御流水冲刷。

(三)填堵通道

矿区范围内因采掘活动引起地面沉降、开裂、塌陷,或矿区范围内的较大溶洞,或废弃的旧钻孔等形成的矿井进水通道,应用黏土或水泥予以填堵。对较大的溶洞或塌陷裂缝,其下部充填碎石和砂浆,上部盖以黏土分层夯实,且略高出地面以防积水。进行填塞工作时应采取相应的安全措施,防止人员陷入塌陷坑内。

三、防止地面积水

有些矿区开采后引起地表沉降与塌陷,大气降雨形成积水,且随开采面积增大,塌陷区范围越广,积水越多,此时应修筑泄水沟渠,或者建排洪站专门排水,杜绝积水渗入井下。

四、加强雨季前的防汛工作

做好雨季防汛准备和检查工作是减少矿井水灾的重要措施。矿井应当与气象、防汛和水利等部门,建立汛期预警和预防机制,及时掌握可能危及矿井安全生产的暴雨洪水灾害信息,主动采取防范措施,并与周边相邻矿井沟通信息,当矿井出现异常情况时,立即向周边相邻矿井进行预警。建立雨季巡查制度,在雨季安排专人对地面河流、水库、池塘、积水坑、塌陷区等地点进行巡查,特别是在接到暴雨灾害信息和警报后,应当实施 24 h 不间断巡查,及时通报水情水害威胁情况。建立重大水害隐患及时撤人制度和水害隐患排查治理检查制度,当发生因暴雨洪水引发煤矿淹井险情后,立即启动水害事故应急救援预案,积极开展救援工作。

第三节　井下防治水技术

一、做好矿井水文观测与水文地质工作

(一) 做好水文观测工作

(1) 收集地面气象、降水量与河流水文资料(流速、流量、水位、枯水期、洪水期),查明地表水体的分布、水量和补给、排泄条件,查明洪水泛滥对矿区、工业广场及居民点的影响程度。

(2) 通过探水钻孔和水文地质观测孔,观测各种水源的水压、水位和水量的变化规律,查明矿井水源及其与地下水、地表水的补给关系。

(3) 观测矿井涌水量及季节性变化规律等。

(二) 做好矿井水文地质工作

为了查明水源和可能涌水的通道,在矿井建设和生产过程中,应不断积累和掌握以下材料。

(1) 掌握断层和裂隙的位置、错动距离、延伸长度、破碎带范围及破碎带的含水和导水性能。

(2) 掌握冲击层的厚度和组成,各分层的透水、含水性。

（3）掌握含水层与隔水层数量、位置、厚度、岩性，各含水层的涌水量、水压、渗透性、补给排泄条件、到开采煤层的距离，勘探钻孔的填实状况及其透水性能。

（4）观测因采掘而造成的塌陷带、裂隙带、沉降带的高度及采动对涌水量的影响。

（5）调查老窑和现采小窑的开采范围、采空区的积水及分布状况，观察因开采形成的塌陷带、裂隙带、沉降带的高度及采动对涌水的影响。

（6）在采掘工程平面图上绘制和标注井巷出水点的位置及水量，老窑积水范围、标高和积水量，水淹区域及探水线的位置。探水线位置的确定必须报矿总工程师批准。采掘到探水线位置时必须探水前进。

（三）做好水害隐患排查工作

水文地质条件复杂、极复杂矿井应当每月至少开展 1 次水害隐患排查及治理活动，其他矿井应当每季度至少开展 1 次水害隐患排查及治理活动。

二、井下探水

井下探水是用钻机向采掘工作面推进方向的煤岩体打探水钻孔来实现的。《规程》规定，矿井应当做好充水条件分析预报和水害评价预报工作，加强探放水工作。探放水应当使用专用钻机、由专业人员和专职队伍进行设计、施工，并采取防止瓦斯和其他有害气体危害等安全措施。

采掘工作面遇有下列情况之一时应进行探放水，确认无突水危险后方可继续施工和开采：接近水淹或可能积水的井巷、采空区或相邻煤矿时；接近水文地质条件复杂的区域，采掘工作面有出水征兆或情况不明时；接近或通过含水层、导水断层、暗河、溶洞和陷落柱时；采动影响范围内有承压含水层、含水构造或煤层与含水层间的隔水岩柱厚度不清，可能突水时；接近有水和泥浆积聚的灌浆区时；接近未封闭、封孔不良或情况不明的钻孔，有出水危险时；掘透隔离煤柱，利用巷道放水时；接近可能与河流、湖泊、水库、水井等相通的断层破碎带或裂隙带时；接近其他可能突水的地点时。

（一）探水起点的确定

井下探水必须从探水线（探水起点）开始。通常将积水及附近区域划分为积水线、探水线和警戒线，并标注在采掘工程图上。

积水线即积水区范围线，在此线上应标注水位标高、积水量等实际资料。

沿积水线水平外推 60～150 m 画一条线即为探水线，此数值应根据积水线的可靠程度、水压力大小、煤的坚硬程度等因素来确定。当掘进巷道进入探水线时必须停止掘进，进行探放水。

警戒线是从探水线再平行外推 50～150 m 所画的一条线，当巷道掘进至此线时应警惕积水威胁,注意掘进工作面水情变化,如发现有透水征兆,须提前探放水。

对探水线有如下规定:

(1)对本矿井采掘工作造成的老空、老巷、硐室等积水区如果边界确定,水文地质条件清楚,水压不超过 1 MPa 时,探水线至积水区最小距离,煤层中不小于 30 m,岩层中不小于 20 m。

(2)对本矿井的积水区虽有图纸资料,但不能确定积水区边界位置时,探水线至推断积水区边界的最小距离不得小于 60 m。

(3)对有图纸资料的小窑,探水线至积水区边界的最小距离不得小于 60 m;对没有图纸资料可查的小窑,必须坚持"有疑必探,先探后掘"的原则,防止发生突水事故。

(4)掘进巷道附近有断层或陷落柱时,探水线至最大摆动范围预计煤柱线的最小距离不得小于 60 m。

(5)石门揭开含水层前,探水线至含水层最小距离不得小于 20 m。

(二)探水钻孔的布置方法

探水钻孔布置原则是既要保证安全生产,又要确保不遗漏积水区,还要求探水工程量最小。

1. 探水钻孔的超前距离、帮距、掘进距离和密度确定

当巷道掘进到探水线时,从探水线开始布置钻孔,向前方打钻孔探水。

为保证掘进工作的安全,探水钻孔深度和掘进巷道始终保持一定距离,称超前距离。也就是指在巷道掘进方向上允许掘进的终点和最浅钻孔底间的距离。探放老空积水的超前距离应根据水压、煤(岩)层厚度和强度、安全措施等情况确定,但最小水平钻距不得小于 30 m,止水套管长度不得小于 10 m。

巷道迎头的探水钻孔向前方呈扇形。为使巷道两帮与可能存在的水体之间保持一定的安全距离,设计钻孔时要使帮距等于超前距离。

钻孔密度指允许掘进距离终点横剖面线上探水钻孔之间的间距,一般不超过 3 m,以免漏掉积水区,起不到探水的作用。

2. 探水钻孔布置方式

探水钻孔布置方式视巷道类型、煤层厚度与硬度、巷道与积水区的相对位置来确定,主要有平巷钻孔布置、上山巷道钻孔布置。

(1)平巷钻孔布置。平巷布置的钻孔主要是探巷道上帮小窑老空水,钻孔呈半扇形布置在巷道上帮。依据煤层厚薄及巷道沿底、顶掘进不同,布孔方式也不一样。薄煤层(厚度小于 2 m)一般布置 3 组,每组 1～2 个孔;厚煤层一般布置 3 组,每组不少于 3 孔。

当巷道沿着煤层顶板掘进时,每组至少有一个探水钻孔见底;当巷道沿着煤层底板掘进时,每组至少有一个探水钻孔见顶。

(2)上山巷道钻孔布置。上山巷道探水钻孔主要预防积水从掘进工作面前方或两帮突然涌出,钻孔呈扇形布置于巷道前方,薄煤层布置 5 组,每组 1～2 孔;厚煤层布置 5 组,每组不少于 3 孔,且每组钻孔至少有一孔见顶或底。

3. 探水安全措施

(1)加强钻孔附近的巷道支护,并在工作面迎头打好坚固的立柱和挡板,以免压力水冲垮煤壁和支架。

(2)清理巷道,挖好排水沟。探放水钻孔位于巷道低洼处时,配备与探放水量相适应的排水设备。

(3)在打钻地点或其附近安设专用电话,随时同调度室保持联系。

(4)探放水钻进时发现煤岩松软、片帮、来压或者钻眼中水压、水量突然增大和顶钻等透水征兆时,应当立即停止钻进,但不得拔出钻杆;应当立即向矿井调度室汇报,派人监测水情。发现情况危急时,应当立即撤出所有受水威胁区域的人员到安全地点,然后采取安全措施进行处理。

(5)钻孔接近老空区预计有可能涌出瓦斯或其他有害气体时,应有瓦斯检查员或矿山救护队员在现场值班,随时检查空气成分,发现有害气体超过规定时,立即停钻停电、撤人,并报告调度室处理。

(6)井下探放水应当使用专用的探放水钻机,严禁使用煤电钻探放水。

三、疏放水

有计划地将威胁性水源全部或部分地疏放出来,消除采掘过程中突水的可能性,是防治水害的有效措施之一。

(一)疏放老空水

1. 直接放水

当水量不大、没有补给水源、不超过矿井排水能力时,可利用探水钻孔直接放水。

2. 先堵后放

当老空区与溶洞水或其他巨大水源有联系、动力储量很大、一时排不完或不可能排完时,应先堵住出水点,切断与动水源的联系,然后疏放积水。

3. 先放后堵

如老空水或被淹井巷虽有补给水源,但补给量不大,或有一定季节性,应选择时机先行排水,然后在枯水期进行堵漏、防漏施工。

4. 先隔后放

如果水量过大,或水质很坏,腐蚀排水设备,这时应先隔离,做好排水准备工作后再排放;如果防水会引起塌陷、破坏上部的重要建筑物或设施时,应留设防水煤柱永久隔离。

(二)疏放含水层水

1. 地面打钻孔抽水

在地面向含水层打钻孔,利用潜水泵或深井泵抽排水,以降低地下水位。它适合于露天矿开采或埋藏较浅、渗透性良好的含水层。

2. 利用井下疏水巷道疏水

如果煤层顶板有含水层,可提前掘进采区巷道,使含水层的水通过裂隙疏放出,再通过井下排水设备,排到地面。

3. 利用井下钻孔疏水

可在计划疏放降压的不透水部位先掘巷道,然后在巷道中每隔一定距离向含水层打钻孔,疏放含水层水。

(三)疏放水时的安全注意事项

(1)探到水源后,在水量不大时,一般可用探水钻孔放水;水量很大时必须另打放水钻孔。放水钻孔直径一般为 $50\sim75$ mm,孔深不大于 70 m。

(2)放水前应进行放水量、水压及煤层透水性试验,并根据排水设备能力及水仓最大容积,拟定放水顺序和控制水量,避免盲目放水引起水患。

(3)放水过程中随时注意水量变化、出水的清浊和杂质多少、有害气体浓度变化、有无特殊声响等,一旦发现异常,应及时采取措施并报告调度室。

(4)准备应急措施,事先拟定人员撤退路线,沿途要有良好的照明,保证路线畅通。

四、截水

截水是利用水闸墙、水闸门和防水煤(岩)柱等物体,临时或永久地截住涌水,将采掘区与水源隔离,使某一地点突水不致危及其他地区,减轻水害的重要措施。

(一)留设防水煤(岩)柱

为了防止煤层开采时各种水源涌入井下,在受水威胁的地段留一定宽度或厚度的煤(岩)柱,叫作防水煤(岩)柱。

受水害威胁的矿井,有下列情况之一的,应当留设防隔水煤(岩)柱:

(1)煤层露头风化带。

(2)在地表水体、含水冲积层下和水淹区邻近地带。

（3）与富水性强的含水层间存在水力联系的断层、裂隙带或者强导水断层接触的煤层。

（4）有大量积水的老窑和采空区。

（5）导水、充水的陷落柱，岩溶洞穴或地下暗河。

（6）分区隔离开采边界。

（7）受保护的观测孔、注浆孔和电缆孔等。

矿井防隔水煤（岩）柱一经确定，不得随意变动，并通报相邻矿井。严禁在各类防隔水煤（岩）柱中进行采掘活动。

（二）防水墙（水闸墙）

防水墙设置在需要截水而平时无运输、行人的地点，是用不透水材料构筑的永久性构筑物，用于隔绝有透水危险的区域。防水墙要有足够的强度，不透水，不移位，不变形，构筑时应预插注浆管、放水管和水压表。

水压特别大时可采用多段防水墙。为加强防水墙的坚固性，可在防水墙承受水压的方向伸出锥形的混凝土壁，减少防水墙渗水的可能性。

防水墙的形状有平面形、球形、圆柱形 3 种。平面形防水墙的特点是施工容易，但抗压能力小；球形防水墙的特点是抗压强度大，但施工复杂；圆柱形防水墙抗压强度和施工复杂程度介于平面形防水墙和球形防水墙之间，一般采用圆柱形防水墙。

（三）防水闸门

防水闸门一般设置在井下运输巷内，正常生产时防水闸门敞开着，当突然发生水患时，闸门关闭达到截水的目的。

防水闸门可分为临时防水闸门和永久防水闸门两种。防水闸门是由人工启闭的弧形铁门，四周用混凝土加固，能承受设计水压力，墙内有放水管及电缆、电话线管路等。水管一端进水并挖有水池，出水口设有放水阀门与压力表，放水时可观察水压和调整水量。闸门是向来水方向打开，水压高时需用高压防水闸门，构筑时需对四周岩层注浆，并做耐压试验。防水闸门必须灵活可靠，并保证每年进行两次关闭试验。

五、矿井注浆堵水

注浆堵水就是将专门制备的浆液通过管道压入井下岩层空隙、裂隙，使其扩散、凝固和硬化，使岩层具有较高的强度、密实性和不透水性，以加固地层，达到堵隔水源的目的。矿井注浆堵水一般在下列场合使用：

（1）当井巷必须穿过一个或若干个含水丰富的含水层或充水断层，如果不堵住水源无法掘进时。

（2）当涌水水源与强大水源有密切联系，单纯采用排水的方法不可能或不经济时。

（3）当井筒或工作面严重淋水，为了加固井壁，改善劳动条件时。

（4）对于隔水层受到破坏的局部地质构造破坏带，除采用隔离煤柱外，还可用注浆加固法建立人工保护带；对于开采时必须揭露或受开采破坏的含水层，以及沟通含水层的导水通道、构造断裂等，在查明水文地质条件的基础上可用注浆堵水切断其补给水源。

（5）某些涌水量特大的矿井，为了减少矿井涌水量，降低常年排水费用，也可采用注浆堵水的方法堵住水源。

六、矿井排水

矿井排水就是利用排水设备将涌入矿井的水及时地排到地面，为井下创造良好的工作环境。井下排水设备及动力供应、排水设施及其规格质量等，在安全与管理上应满足以下要求。

（一）井下排水设备的要求

1. 水泵

必须有工作泵、备用泵和检修泵。工作泵的能力应能在 20 h 内排除矿井 24 h 正常涌水量，备用泵的能力不应小于工作泵能力的 70%，并且备用泵和工作泵的总能力应在 20 h 内排除矿井 24 h 的最大涌水量。检修泵的能力不应小于工作泵能力的 25%。

2. 水管

必须有工作水管和备用水管。工作水管的能力应能配合工作泵在 20 h 内排除矿井 24 h 的正常涌水量。工作水管和备用水管的总能力，应能配合工作泵和备用泵在 20 h 内排除矿井 24 h 的最大涌水量。涌水量小于 300 m³/h 的矿井，排水管也不得少于两趟。

3. 配电设备

应同工作泵、备用泵和检修泵相适应，并能同时开动工作泵和备用泵。

（二）水仓容量的要求

（1）水仓数量。主要水仓必须有主仓和副仓，当一个水仓清理时，另一个水仓能正常使用。

（2）水仓容量。矿井正常涌水量在 1 000 m³/h 及以下时，水仓有效容量应能容纳 8 h 的涌水量。矿井正常涌水量大于 1 000 m³/h 时，水仓有效容量为：

$$r = 2 \times (Q + 3\,000)$$

式中 r——主要水仓有效容量，m³；

Q——矿井正常涌水量，m^3/h。

注意：主要水仓的有效容量不得小于 4 h 的矿井正常涌水量。

（3）水仓入口处应设篦子，涌水中带有大量杂质的矿井应设沉淀池。

（4）水仓的空容量必须经常保持在总容量的 50% 以上，以便矿井突水时起缓冲作用。

（5）水仓、沉淀池和水沟中的淤泥应由矿长负责组织力量及时清理，在雨季到来之前必须清理 1 次。

（三）对泵房的要求

主要泵房至少有两个出口，其中一个通过斜巷通到井筒，且高出泵房地面 7 m 以上；另一个通到井底车场，在这个出口的通路内，应设置容易关闭的既能防水又能防火的密闭门。泵房与水仓的连接通道应设置可靠的控制闸门。

（四）对泵房设备的要求

水泵、水管、闸阀、排水用的配电设备和输电线路都必须经常检查与维护，在每年雨季以前必须全面检查 1 次，对所有零配件都应补充齐全，并对全部工作水泵和备用水泵进行 1 次联合排水试验，发现问题及时处理。

第四节　矿井突水事故的处理技术

一、矿井突水征兆

凡是井巷掘进及工作面回采过程中接近或沟通含水层、被淹巷道、地表水体、含水断裂带、溶洞、陷落柱而突然产生的突水事故称矿井突水。采掘工作面突水之前，在工作面及其附近往往显示出某些异常现象，这些异常统称为突水征兆。

（一）与承压水有关断层水透水征兆

（1）工作面顶板来压、冒顶、掉渣、支架折断或倾倒、片帮。

（2）底板松软膨胀、底鼓张裂。

（3）在采掘面围岩内出现裂缝，当突水量大、来势猛时，在底鼓张裂的同时还伴有"底爆"响声。

（4）先出小水后出大水，突水水色开始变为灰色后转为棕黄色，不久变清。

（5）采场或巷道内瓦斯涌出量明显增大。

（二）冲积层水突水征兆

（1）突水部位岩层发潮、滴水，且逐渐增大，水色发黄，夹有细砂。

（2）发生局部冒顶，水量突增并出现流沙，流沙常呈间歇性，水色时清时浑，总的趋势是水量砂量增加,直到流沙大量涌出。

(3)发生大量溃水、溃砂,这种现象可能影响至地表,导致地表出现塌陷坑。

(三)老空水突水征兆

(1)煤层发潮,色暗无光。由于水的渗入,煤层变得潮湿和暗淡,把煤壁剥挖下一薄层若仍发暗,表明附近有水;若里面煤干燥光亮,表明水从附近顶板上流下浸湿煤壁表皮。

(2)煤层"挂汗"。煤层一般为不含水和不透水,若其上或其他方向有高压水,则在煤层表面会有水珠,似流汗一样。其他地层中若积水也会有类似现象。

(3)采掘工作面、煤层和岩层内温度低,给人"发凉"的感觉;若走进工作面感到凉且时间越长越感到凉;用手摸煤时开始感到冷,且时间越长越冷,此时应注意可能会透水。

(4)采掘工作面内若在煤壁、岩层内听到"嘶嘶"的水叫声时,是水向裂隙中挤压发出的响声,说明离水体很近,有透水危险。

(5)煤壁"挂红"、酸度增大、水味发涩,有臭鸡蛋味。

二、突水时措施

(一)发生透水时在场人员的行动原则

井下发生透水事故时,在场人员首先应该立即报告矿调度室,并在班组长或老工人的指挥下就地取材,加固工作面,设法堵水,防止事故进一步扩大。如果水势凶猛、无法抢救时,应有组织地沿着避灾线路迅速撤离到上部水平或地面。万一来不及撤退被困于上山独头巷道内时,避灾人员应保持镇静,避免体力过度消耗,等待救援。

(二)透水事故的抢救措施

(1)矿领导应准确核查井下人员,如发现有人被困于井下,首先制定出营救被困人员的措施。要判断人员可能躲避地点、涌水量的多少、井下排水能力和排出积水的时间。当有人被困于上山独头巷道内、水位低于人员所在独头巷道的标高时,可设法通过地面向避难地点输送食物。

(2)立即通知泵房人员,将水仓的水位排至最低水位,以争取较长的缓冲时间。

(3)认真分析判断透水来源和最大透水量,观测井下涌水量及地表水体的水位变化,判断透水量发展趋势,采取必要的防水措施,防止整个矿井被淹没。

(4)检查所有排水设备和输电线路,了解水仓的容积,如透水带有大量的泥沙和浮煤,应在水仓进口处分段构筑临时挡墙,沉淀泥沙或浮煤,减少水仓淤塞。

(5)检查防水闸门的灵活性及严密程度,并派专人看守,待命关闭。关闭闸门时必须查清人员是否已全部撤出。

（6）采取上述措施仍然不能阻挡淹井时，井下人员应撤向地面或上水平。

四、被淹井巷的恢复

当井巷被水淹后设法对水源进行调查研究，然后选择合适的排水设备组织力量，排出积水，恢复矿井生产。

（一）排除积水的方法

1. 直接排干法

通过增加排水设备，加大排水能力，直接将所透的全部积水（包括静储量和动储量）排干。此法适用于水量不大、补给水源有限的情况。

2. 先堵后排

当涌水的动储量特别大、补给丰富、用强力排水不可能排干时，必须先堵住涌水通道，截住补给水源，然后再排水。

（二）排水恢复期的安全措施

（1）保持良好通风。因为随着水位的下降，积存在被淹井巷中的有害气体可能大量涌出，因此应事先准备好局部通风机，随着排水工作的进行，逐段排除有害气体。当井筒中瓦斯含量达 0.75% 时，应停止向井筒供电，并要加强通风。

（2）加强有害气体的检查，对井下气体还应定期取样分析，通常每班取样一次；当水位接近井底、有可能泄出气体时，应每 2 h 取样一次，这时排水看泵由救护队员担任。

（3）严禁在井筒内或井口附近使用明火灯或其他火源，以防止井下瓦斯突然大量涌出时引燃瓦斯导致爆炸。

（4）在井筒内安装排水管或进行其他工作的人员，都必须佩戴安全带和隔离自救器，防止窒息与坠井。

（5）在修复井巷时应特别注意防止发生冒顶、片帮等事故。

第十二章　矿井火灾防治技术

我们把发生在井下和发生在地面但火烟能进入井下威胁井下安全的火灾都叫矿井火灾。发生矿井火灾的原因有很多,但引起矿井火灾的基本要素为可燃物、热源和氧气。

(1) 可燃物。可燃物是矿井火灾发生的物质基础。煤矿中的煤炭是大量且普遍存在的可燃物,另外,坑木、机电设备、各种油料、炸药等都具有可燃性。

(2) 热源。可燃物必须由具有一定温度和足够热量的热源引燃才能发生火灾。煤矿井下能引起火灾的热源有煤炭自燃、瓦斯与煤尘爆炸、爆破、机械摩擦、电流短路、电气焊接、吸烟及其他明火。

(3) 氧气。燃烧是一种剧烈的氧化反应,只有足够的氧气供给才能维持氧化燃烧的持续进行。

同时具备以上 3 个要素才能发生火灾,对矿井火灾的防治与灭火应从这 3 个方面考虑。

矿井火灾按照引火热源不同可分为外源火灾(外因火灾)和自燃火灾(内因火灾)。外源火灾是由外来热源(即明火、爆破、机电设备电流短路或运转不良、摩擦火星和电气焊等)引燃可燃物所造成的火灾。该类火灾多发生在井筒、大巷、硐室和采掘工作面等地点,其燃烧属表面燃烧,发火区域明显,但发生比较突然,扩展蔓延迅猛,处理不及时往往酿成恶性火灾事故。

自燃火灾是由煤炭等易燃物氧化发热且热量积聚使其温度达到燃点而造成的火灾。它多发生在地质构造带附近、采空区、巷道煤柱、巷道顶煤及其周边冒顶区等煤体破碎、供氧充分且稳定连续处,其着火点隐蔽,初期火势蔓延缓慢,燃烧形式复杂,可能出现阴燃或反复现象,虽有预兆,但不易早期发现。燃烧起来后因难以直接快速灭火,故常常采用封闭、注浆等方法治理自然发火。

据统计,我国煤矿自燃火灾约占矿井火灾的 70%,一些自然发火严重的矿区,其自然发火占矿井火灾次数的 90% 以上。随着采掘机械化程度的提高和预防自然发火技术的完善,近年来,外源火灾所占的比重有增加的趋势。

矿井火灾的危害有以下几个方面:

(1) 燃烧煤炭资源,烧毁生产设备,消耗大量的灭火材料,造成巨大的经济损失。

（2）为了灭火封闭采区,冻结大量开采的煤炭,影响矿井的产量。

（3）矿井火灾能引起瓦斯煤尘的爆炸,使矿井事故进一步扩大,造成更大的损失。

（4）矿井火灾产生大量的有毒有害气体,尤其是一氧化碳危害最大,造成大量人员伤亡。

在矿井火灾事故遇难人员中,95％以上的遇难人员是由于有害气体中毒而致,因此在煤矿生产中应引起高度的重视,坚持"预防为主,消防并举"的原则,积极做好防火工作,就能控制矿井火灾的发生。

第一节　煤　炭　自　燃

一、煤炭自燃机理

煤为什么能自燃,不少学者对此问题提出种种假说。比较知名的假说有黄铁矿作用学说、细菌作用学说、酚基作用学说和煤氧复合学说等。这些学说有的从某一方面解释煤的自燃是比较合理的,但不能全面解释煤的自燃现象。目前被人认可的比较合理解释煤的自燃机理的学说为煤氧复合学说,这种学说认为,煤在常温下吸附空气中的氧,并发生氧化反应,生成热量,热量积聚,导致煤的自燃。

（一）煤炭自燃的基本条件

（1）煤本身具有自燃倾向性。这是煤自燃的内在因素,与煤本身所含化学成分有关。

（2）煤呈破碎状态存在。煤破碎以后接触氧的表面积增大,吸附氧的能力大大增强,容易氧化产生大量的热量。

（3）连续供氧。缓慢地连续供氧能使煤的氧化继续。

（4）热量易于积聚。发生自燃的地点通风不畅(如采空区、煤柱裂缝、浮煤堆积处等),煤氧化产生的热量不易散发出去,热量逐渐积聚,温度不断升高,当达到着火点温度时煤就燃烧起来。

煤本身具有自燃倾向性是形成煤炭自燃的内在条件,是内因;后 3 个条件是煤炭自然发火的外在因素,是外因,可以人为地控制。预防煤炭自燃火灾的发生,应设法避免后 3 个条件的形成。

（二）煤炭自燃的发展过程

煤炭自燃过程一般需要经过低温氧化阶段、自热阶段和自燃阶段。

1. 低温氧化阶段

煤在低温情况下就能够吸附氧,生成不稳定的氧化物,放出少量的热,并能及时放散出去,煤的温度不升高,这是一个隐蔽的氧化过程,很难发现其外表征兆,故称为潜伏阶段。潜伏阶段煤的重量略有增加(增加的重量等于吸附氧的重量),煤的化学性质变得活泼,煤的着火点温度有所降低。潜伏期的长短主要取决于煤的变质程度和外部条件,如变质程度低的褐煤几乎没有潜伏期。

2. 自热阶段

经过潜伏期,被活化的煤能更快地吸附氧,煤的氧化速度加快,产生的热量增大。如果不及时散放,煤的温度就逐渐升高,不稳定氧化物先后分解成水、一氧化碳、二氧化碳,这一阶段称自热阶段。自热阶段煤温升高,火源处的氧含量减少,空气湿度增大,形成雾气,在支架和巷道壁上形成水珠;空气中一氧化碳、二氧化碳含量显著增加。这些特征对及时发现自然发火具有重要的实际意义。

3. 自燃阶段

如果煤的自热温度继续升高达到临界温度 t_1(一般为 $70\sim9$ ℃)以上时,氧化速度急剧加快,产生大量热量,使煤温迅速升高,达到着火点温度 t_2(无烟煤大于 400 ℃,烟煤 $320\sim380$ ℃,褐煤 $270\sim350$ ℃)时煤就燃烧起来,即进入自燃阶段。自燃阶段空气和煤岩温度显著升高,火源出现火焰,巷道中出现烟雾及特殊的火灾气味,如煤油、松节油、煤焦油的气味。

二、自然发火的早期预测预报

煤炭自然发火早期预测预报就是根据煤自然发火过程中出现的征兆和观测结果,判断自燃,预测和推断自燃发展的趋势,给出必要的提示和警报,以便及时采取有效的防治措施。

井下发生自然发火时往往会出现以下一些征兆,据此可初步判断煤自然发火的发展阶段:

(1)温度升高。通常表现为煤壁温度升高、自燃区域的出水温度升高和回风流温度升高,这是由于煤氧化自燃进入自热阶段放热所致。

(2)湿度增加。通常表现为煤壁“出汗”、支架上出现水珠等,这是因为煤在自燃氧化过程中生成和蒸发出一些水分,遇温度较低的空气或介质重新凝结形成水珠或雾气。

(3)出现火灾气味。巷道或采煤工作面中出现煤油、汽油、松节油或煤焦油气味,表明自燃已发展到自热阶段的后期,不久就可能出现烟雾和明火。

(4)人体感到不适或出现某些病理现象。自然发火过程中释放出大量的一氧化碳、二氧化硫、硫化氢等有害气体,人们吸入后往往会出现头痛、疲乏、昏昏欲睡、四肢无力等病理现象。

（5）出现烟雾或明火。自然发火发展到一定程度时会出现烟雾或明火，此时处理措施一定要谨慎、得当，以免引燃引爆瓦斯，造成非常严重的后果。

（一）一氧化碳测定技术

煤在氧化过程中能使附近地区的空气中氧浓度降低，二氧化碳含量增加，并先后出现一氧化碳和其他碳氢化合物。分析自燃地区的进、回风流中一氧化碳及其变化情况，可以判断该地区是否发生自燃现象，这是当前我国采用最普遍的预报方法。

目前，测定一氧化碳气体的方法有两种：

（1）利用一氧化碳检定管或便携式一氧化碳测定仪直接测定自燃煤体或周边的一氧化碳气体浓度。该方法具有快速直接、使用方便等特点，是井下现场最常用的检测方法，但受仪器仪表的完好性、稳定性、操作是否规范及测定位置不同的影响，测定误差较大，甚至有时不能很好地反映自燃隐患程度。

（2）人工间接或束管直接抽取气样后到实验室进行化学分析或色谱仪测定。此种方法虽然精度较高，测定范围广，适应性强，但因操作复杂，不能直接测定，仅仅在煤层自燃危险性较大的地点定期使用。

（二）煤温测定技术

由于煤体发生自燃期间不同阶段氧化放热的剧烈程度差别较大，加之煤的导热性较差，致使相同时间内自燃隐患点及其周围煤体的温度各不相同，煤温测定技术正是基于此并结合其不同阶段的临界值来判定煤体自燃发展的程度。常用的煤温测定技术有温度计直接测定煤温和热敏电阻间接测定煤温。

1. 温度计直接测定煤温

该方法主要用于测定巷道周边较浅范围内松动煤体的温度。所用温度计为普通的水银摄氏温度计，最大量程为 100 ℃，最小刻度为 0.5 ℃。测温孔的布置方式、参数常根据现场情况合理确定。

利用温度计测定煤体内部的温度分 6 步进行：

（1）固定温度计。测定前选用完好的温度计，将其紧固在"不导热、能伸缩"的平滑杆体顶部。

（2）温度测定。拔掉测温孔孔口的封堵物，将温度计缓慢地送入孔内，直到孔顶后将测温孔口封堵好。

（3）读取数据。等待 15 min 后迅速将温度计拉出，立即读取其示值并按孔号做好记录。

（4）封孔防漏。测定工作结束后仍将孔口封堵好，以防向其周边碎煤体漏风供氧。

（5）数据整理。升井后按照测温孔编号将每孔的测定结果及时填入观测台账，并绘入坐标分析图中。定期对收集的数据进行分析，一旦发现煤温呈增大趋势，必须缩短测定周期。

（6）测定周期确定。测定周期一般为 5 d。若煤温升高，应根据煤温高低合理地将测定周期确定为 2～3 d。

该技术简单易行，基本能够预测煤层自燃的发展程度和位置，对及早采取针对性措施进行安全防治有很好的指导作用，且测温孔可兼作注水湿润降温防火孔。

2. 热敏电阻间接测定煤温

热敏电阻间接测定煤温就是在有可能发生自燃的巷道周边碎煤体或采空区易燃带中预先埋设热敏电阻，经铜芯胶质线连接后引入巷道空间，定期利用专用的电阻仪进行测定，查表得出温度。每次的测定结果均填入测定台账，并绘入坐标曲线图进行分析。

（三）红外探测技术

红外探测技术是研究和应用红外辐射的一门新兴技术，在煤矿主要应用于地质构造、煤巷和煤柱自燃隐患的探测。目前，煤矿井下常用的是集测温与显示为一体的便携式红外测温仪。

（四）束管监测法

束管监测法是利用一组管缆将井下气样输送到地面，经气体选取器依次将不同测点的气样送往色谱仪进行分析来预报井下火灾的监测系统。该系统采用微机监控连续监测，通过微机采集气样分析数据并进行处理。束管监测技术具有测定气体组分较多、数据存储量大、连续监测和分析数据可靠等特点。

另外，随着核电子技术的发展和放射性同位素应用范围的扩展，也可根据放射性元素半衰期、衰变类型、强度的不同，以及介质对其吸附系数和温度之间的关系来探测煤层自燃隐患。

三、煤炭自燃倾向性

煤炭倾向于自燃难易程度的特性叫煤炭自燃倾向性。煤炭自燃倾向性是煤炭的一种自然属性，它取决于煤在常温下的氧化能力。不同种类的煤在常温下的氧化活性是不相同的，易自燃的煤吸附氧的能力强，不易自燃的煤吸附氧的能力弱，表现为有的煤易自燃，有的煤不易自燃。煤的自燃倾向性分为容易自燃、自燃、不易自燃 3 类。

煤的自燃倾向性的鉴定方法很多，目前我国采用色谱吸氧法。色谱吸氧法使用的仪器为 ZRJ-1 型煤自燃倾向性测定仪。使用该仪器测定出常压下 30 ℃

煤的吸氧量,然后根据每克干煤的吸氧量大小,将煤的自燃程度划分为3级,其中Ⅰ级表示容易自燃,Ⅱ级表示自燃,Ⅲ级表示不易自燃。

应当注意,煤的自燃倾向性与煤自然发火的危险程度的区别。前者表示煤的氧化能力,后者指实际的着火可能性。对具体的一个矿井或煤层而言,其自然发火的危险程度不仅取决于煤的自燃倾向性,而且在很大程度上还受到煤的赋存条件、开拓开采条件和漏风状况等外部条件的影响,因此应在综合考虑各种因素的基础上,确定矿井自然发火的危险程度。

四、煤层自然发火期

煤层自然发火期是指在开采过程中暴露的煤炭,从接触空气到发生自燃所经历的时间。它是煤层自燃危险在时间上的量度,自然发火期越短的煤层,其自燃危险性越大。目前,我国规定采用统计比较法和类比法确定煤层的自然发火期。

统计比较法适用于生产矿井。矿井生产建设期间应对煤层的自燃情况进行认真的统计和记录,将同一煤层发生的自燃火灾逐一比较,以其发火时间最短者作为该煤层的自然发火期。

类比法适用于新建矿井,即通过与该煤层的地质构造、煤层赋存条件和开采方法相似的生产矿井类比,估算煤层的自然发火期。

确定煤层自然发火期对确定矿井延深水平的开拓方案、开采方法及生产管理制度都有重要意义。

应该指出,一个煤层的自然发火期长短并非固定不变,它除受自然因素影响外,又在很大程度上受开采技术的影响,因此可通过改进开采技术条件来达到延长煤层自然发火期的目的。

五、影响煤炭自燃的因素

(一)影响煤炭自燃的内部条件

煤炭自燃的内部条件是煤炭自燃的内在因素,包括煤的化学成分、煤的物理性质、煤岩成分、煤层地质赋存条件。

1. 煤的化学成分

各种牌号的煤,各种不同化学成分的煤,都有自燃的可能。从煤的炭化程度看,一般认为煤的炭化程度越高,挥发分含量越低,其自燃倾向性越弱,反之越强。同一牌号的煤,自燃倾向性也不一样,这是由煤的物理化学性质多样性所决定的,因此炭化程度不能作为煤的自燃倾向性的唯一指标。一般来讲,煤中灰分越大,则越不易自燃;煤中含硫量越大,煤越易自燃。

2. 煤的物理性质

物理因素包括煤的破碎程度、水分和温度。煤越破碎,与空气接触的面积越大,越易自燃。脆性大的煤容易破碎,也易自燃,因此丢弃在采空区内的浮煤和因冒顶或片帮堆积的浮煤容易自燃,而未被破坏的煤是不能自燃的;同一种煤含水分越多,着火温度也越高,但当其干燥后煤的着火温度要显著降低,这是因为煤浸过水后使煤体分散,并清洗了煤表面上的氧化层,因而易于自燃;但当煤体中的水分过多时,又会抑制煤的氧化温度对煤自燃的影响是最大的,温度越高,煤越易自燃,其影响作用如自燃过程各阶段所述。

3. 煤岩成分

组成煤的4种煤岩成分为丝煤、暗煤、亮煤和镜煤。其中暗煤硬度大,密度大,难以自燃;亮煤与镜煤脆性大,易破碎且着火温度低,容易自燃;丝煤具有纤维结构,在常温下吸氧能力特别强,着火温度最低,容易自燃。因此常温下丝煤是自热的中心,起引火物的作用;亮煤和镜煤脆性大,灰分少,最有利于自燃的发展,暗煤则不易自燃。

4. 煤层地质赋存条件

(1)煤层厚度和倾角。自然发火多发生在厚煤层、急倾斜煤层中,这是因为开采厚煤层或急倾斜煤层时煤炭采出率低、采区煤柱易遭破坏、采空区不易封闭严密漏风较大所致;煤又是热的不良导体,煤层越厚,越容易积聚热量,所以厚煤层分层开采时遗留浮煤较多,氧化产热不易散发出去,发火概率较大。

(2)煤层埋藏深度。煤层埋藏深度大,地压和煤体的原始温度也越高,煤内自然水分少,这将使煤的自燃危险性增加。但矿井开采浅部煤层时容易形成与地表沟通的裂隙,造成采空区内有较大的漏风,也容易形成采空区浮煤的自燃。

(3)地质构造。煤层中地质构造破坏的地方(如褶曲、断层、破碎带和岩浆侵入区)煤炭自然发火比较频繁,因为这些地区的煤质松碎,有大量裂隙,从而增加了煤的氧化活性、供氧通道和氧化表面积。岩浆侵入区煤受到干扰,煤的孔隙率增加,强度降低,煤的自燃危险性也就增大。

(4)围岩性质。煤层顶板坚硬,煤柱最易受压破碎。另外,坚硬顶板的采空区难以充填密实,冒落后容易形成与相邻采区、地面连通的裂隙,造成漏风,为自然发火提供了充分的条件。

(二)影响煤炭自燃的外部条件

煤炭自燃的外部条件主要是煤炭开采的技术因素,包括矿井开拓系统、矿井采煤方法和矿井通风系统等。

1. 矿井开拓系统

选择合理的开拓系统能减少对煤层的切割,少留煤柱,巷道容易维护,减少冒顶,采空区容易隔绝,从而大大降低煤层自然发火的危险性。

2. 矿井采煤方法

合适的采煤方法能使巷道布置简单,易于维护;合理的开采顺序能使采区采出率高,工作面回采速度快,采区漏风少,自然发火的危险性就会大大降低。

3. 矿井通风系统

合理的通风系统能减少或杜绝向采空区、煤柱和煤壁裂隙的漏风,就可以控制自然发火的发生。在矿井通风的实际管理中,一方面应严密堵塞漏风通道,以降低煤炭自然发火率;另一方面还应尽量降低矿井总风压,以减少漏风通道两端的风压差,以降低漏风的风量,减少煤炭自燃的可能性,这对于防止煤炭自然发火有非常重大的意义。

第二节　矿井防火技术

"预防为主,消防并举"是防灭火的基本原则,认真做好矿井火灾的预防工作,对矿井安全生产有重要意义。矿井火灾的预防措施可分为矿井防火的一般性规定、预防外因火灾的措施和预防自燃火灾的措施。

一、矿井防火的一般性规定

(一)建立防火制度

《规程》规定,生产和在建矿井必须制定井上下防火措施。矿井的所有地面建筑物、煤堆、矸石山、木料场等处的防火措施和制度,必须符合国家有关防火的规定,并符合当地消防部门的要求。

(二)防止烟火入井

木料场、矸石山、炉灰场距离进风井不得小于 80 m,木料场距矸石山不得小于 50 m。不得将矸石山或炉灰场设在进风井的主导风向上风侧,也不得设在表土 10 m 以内有煤层的地面上和有漏风的采空区上方的塌陷范围内。新建矿井的永久井架和井口房、以井口为中心的联合建筑,必须用不燃性材料建筑。对现有生产矿井用可燃性材料建筑的井架和井口房,必须制定防火措施。井口房和通风机房附近 20 m 内不得有烟火或用火炉取暖。

(三)设置防火门

为了防止地面火灾波及井下,《规程》规定,进风井口应装设防火铁门,防火铁门必须严密并易于关闭,打开时不妨碍提升、运输和人员通行,并应定期维修;如果不设防火铁门,必须有防止烟火进入矿井的安全措施。暖风道和压入式通风的风硐必须用不燃性材料砌筑,并应至少装设 2 道防火门。

（四）设置消防材料库

井上下必须设置消防材料库，并遵守下列规定：

（1）井上消防材料库应设在井口附近，并有轨道直达井口，但不得设在井口房内。

（2）井下消防材料库应设在每一个生产水平的井底车场或主要运输大巷中，并应装备消防列车。

（3）消防材料库储存的材料、工具的品种和数量应符合有关规定，并定期检查和更换；材料、工具不得挪作他用。

（五）矿井消防用水

矿井必须设井下消防管路系统和地面消防水池。井下消防管路系统应每隔100 m 设置支管和阀门，但在带式输送机巷道中应每隔 50 m 设置支管和阀门。地面消防水池必须经常保持不少于 200 m³ 的水量。如果消防用水同生产、生活用水共用一个水池，应有确保消防用水的措施。开采下部水平的矿井，除地面消防水池外，可利用上部水平或生产水平的水仓作为消防水池。

二、预防外源火灾的措施

外源火灾的特点是发生突然，发展迅猛，而且发生的时间和地点往往出人意料，容易酿成恶性事故。随着煤矿机械化水平的提高，机电硐室、电缆、输送带和综采设备火灾发生的概率有所增大，外源火灾预防是防止矿井重大灾害的重要工作。

（一）防止使用明火

井下严禁使用灯泡取暖和使用电炉；井下和井口房内不得从事电焊、气焊和喷灯焊接等工作。如果必须在井下主要硐室、主要进风井巷和井口房内进行电焊、气焊和喷灯焊接等工作，每次必须制定安全措施，并遵守《规程》有关规定。

（二）防止失控的高温热源

1. 预防电气设备失控引火

电气设备引起火灾主要是由于用电管理不当，电流过负荷、短路或因外力（如冒顶、跑车等）破坏了电缆的绝缘性能，产生电弧、电火花与过热现象。

2. 预防机械摩擦引火

机电设备如管理不当，因摩擦产生高温也能引起火灾，所以机械设备要安装良好，经常检查与维修，保持转动部分的清洁、润滑和正常转动，保证设备不"带病"运行；使用高强度阻燃型输送带，配备各种监测和保护装置。

3. 防止爆破引火

井下爆破时能产生 1 000 ℃以上的高温，违规爆破就有可能引起井下火灾或瓦斯与煤尘爆炸事故,所以井下爆破工作应严格按照《规程》规定执行。

（三）采用不燃性材料支护及不燃和难燃制品

为了防止支护材料的燃烧,规定井筒、平硐与各水平的连接处及井底车场,主要绞车道与主要运输巷、回风巷的连接处,井下机电设备硐室,主要巷道内带式输送机机头前后两端各 20 m 范围内,都必须用不燃性材料支护。井下和井口房严禁采用可燃性材料搭设临时操作间、休息间。

井下电缆、输送带和风筒等均采用不燃或难燃材料制成。

（四）防止可燃物大量堆积

井下使用的汽油、煤油和变压器油必须装入盖严的铁桶内,由专人押运送至使用地点,剩余的汽油、煤油和变压器油必须运回地面,严禁在井下存放。井下使用的润滑油、棉纱、布头和纸等必须存放在盖严的铁桶内,并由专人定期送到地面处理,不得乱放乱扔。严禁将剩油、废油泼洒在井巷或硐室内。井下清洗风动工具时必须在专用硐室进行,并必须使用不燃性和无毒性洗涤剂。

三、预防自燃火灾的措施

自燃火灾多发生在风流不畅通的地点（如采空区、压碎的煤柱、浮煤堆积处等）,发火后难以扑灭;有的自燃火灾可持续数年或数十年不灭,给矿井安全生产带来极大的影响。煤炭防治自然发火的措施主要有开采技术措施、均压防灭火、灌浆防灭火、阻化剂防灭火、注惰性气体防灭火、凝胶防灭火与泡沫防灭火等。

（一）开采技术措施

1. 尽可能采用岩石巷道

开采有自燃倾向性的煤层时,尽可能采用岩石巷道布置,以减少煤层切割量,降低自然发火的可能性。对于集中运输巷和回风巷、采区上下山等服务年限长的巷道,如果布置在煤层内,必然要留下大量护巷煤柱,巷道不易维护,容易发生片帮冒顶留下浮煤,自然发火概率必然增加。

2. 区段巷道采用垂直布置

近水平或缓倾斜厚煤层分层开采时区段巷道采用垂直布置。区段巷道沿铅垂线重叠布置可以减少煤柱尺寸或不留煤柱,巷道避开了支承压力的影响,容易维护。同时也避免了内错式布置产生易燃隅角带和外错式布置产生破碎易燃带的缺点。

3. 采用先进的采煤工艺

（1）推行综合机械化采煤工艺,加快回采速度。采用综合机械化采煤工艺不仅有利于提高工作面的单产,加快工作面推进的速度,使采空区浮煤在较短的时间内被甩入窒息带。而且因生产集中,在相同产量的条件下煤壁暴露的时间短,面积小,对防止自然发火非常有利。

（2）提高采出率,减少采空区的遗煤。为了防止自燃,回采过程中不得留顶煤,以减少采空区浮煤。放顶煤工作面应确定放煤步距和割煤相配合的、合理的组织方式及放煤的操作程序,力求避免早期混矸,减少丢失顶煤;工作面两端可设置过渡支架和端头支架,把两端的顶煤全部放出;工作面开切眼到初次来压前的顶煤采用人工挑落放出,为以后利用地压破煤开出自由面,减少顶煤损失;对不易破碎、冒落的煤层,采用具有辅助破煤机构的液压支架,若顶煤超过 3 m时,应采用超前水力压裂措施破碎煤体,以提高顶煤的采出率。采煤工作面要定期清理浮煤,使采空区尽量减少遗煤,以取消可燃物的存在,避免煤的自然发火。

（3）采用合理的顶板控制方法。顶板岩性松软、容易垮落,采用全部垮落法控制顶板,因充填密实,漏风小,防火效果好。顶板坚硬、冒落块度大的采空区不利于防火,宜采用充填法控制顶板,必要时辅以预防性灌浆措施或其他防火措施来预防采空区自燃。

4. 无煤柱开采

无煤柱开采就是在开采中取消了各种维护巷道和隔离采区的煤柱。这种开采方法不仅能取得良好的经济技术效果,而且能有效地预防煤柱的自然发火。尤其是在近水平或缓倾斜厚煤层开采中,水平大巷、采区上下山、区段集中运输巷和回风巷布置在煤层底板岩石里,采用跨越式开采取消了水平大巷煤柱和采区上下山煤柱,采用沿空掘巷或留巷取消了区段煤柱和采区区间煤柱,采用倾斜长壁仰斜推进、间隔跳采等措施对抑制煤柱自然发火起到了重要作用。

但无煤柱开采使相邻采区无隔离带,造成采区难以封闭严密,漏风成为主要问题,且采空区浮煤自燃,给封闭火区灭火造成困难,因此必须加强矿井通风管理,防止漏风引起煤炭自燃。

5. 坚持正常的回采顺序

开采自然发火严重的矿井应坚持后退式回采,即采用由井田边界向井筒方向开采的顺序,上山采区回采顺序应先采上区段,后采下区段,下山采区与此相反。煤层间的采煤顺序应为先采上分层后采下分层,这样有利于采完封闭,减少漏风,防止煤炭自燃。

（二）均压防灭火

均压防灭火的实质是通过设置调压装置或调整风流系统,尽可能减少或消除漏风通道两端的压差,达到减少或消除漏风、抑制煤炭自燃的目的。根据作用原理和使用条件不同,均压防灭火分为开区均压和闭区均压。

1. 开区均压

开区均压是在采煤工作面建立均压系统,以减少采空区漏风抑制采区遗煤自燃,防止一氧化碳等有害气体超限或向工作面涌出,从而保证采煤工作面的工作正常进行。

(1)采空区浮煤氧化状态

在走向长壁全部垮落法管理的采煤工作面的采空区内,按照遗留浮煤的氧化状态划分为"三带"。

① Ⅰ为冷却带。在靠近采煤工作面的采空区内,其宽度为从工作面起到采空区内 1~5 m。这个区域顶板垮落岩石松散堆积,空隙大,漏风强度大,无聚热条件,且浮煤与空气接触时间短,无自燃条件。

② Ⅱ为氧化带,即由不自燃带向采空区方向延伸 25~60 m 的空间。这个区域顶板垮落岩石逐渐压实,漏风强度减弱,浮煤氧化产生的热量易于积聚,浮煤与空气接触时间越长采空区越易发生自燃,所以防止采空区自燃应采用加快采煤工作面推进速度,减少对采空区的漏风以控制氧化带宽度的方法。

③ Ⅲ为窒息带,即自氧化带向采空区方向延伸的空间。这个区域顶板垮落岩石已经压实,漏风基本消失,氧浓度进一步降低,浮煤氧化停止,如果在氧化带浮煤发生自燃,进入窒息带后就会由于缺氧而窒息。

可见,这"三带"的位置随着工作面的推进而前移,防火的主要地带是氧化带。氧化带的宽度越大,向前推进的速度越慢,采空区越易发生自燃,所以防止采空区自燃应采用加快采煤工作面推进速度,减少对采空区的漏风以控制氧化带宽度的方法。

(2)采煤工作面均压措施

① 调节风门均压。在工作面回风巷之间安设调节风门,减少工作面的风量,其他条件不变的情况下,根据通风阻力定律,工作面两端的压差降低,则采空区并联漏风的风量必然减少,氧化带宽度变小,窒息带前移,已经发展的自燃现象也会消失。应该指出,工作面的风量减少是有限的,它必须满足《规程》规定的最低风速,还应考虑工作面的防尘、防瓦斯、降温等方面的要求。

② 改变工作面通风方式均压。对于后退式采煤工作面的 U 型通风,如果改为 W 型通风,则可减少工作面压差,缩小氧化带宽度,抑制采空区浮煤的氧化自燃。

③ 风门与通风机联合均压。这主要是针对采空区后部漏风采取的一种均压措施,这类漏风的特点是无论上部或下部漏入,都要经过采煤工作面上隅角排出,自然发火征兆往往从上隅角表现出来。消除这类漏风,抑制采空区遗煤自燃,通常的做法是在工作面进风巷安设通风机,回风巷安设调节风门,提高工作面空气的绝对压力,使工作面空气绝对压力稍高于后部漏风源的绝对压力。需要指出的是,工作面空气压力的提高应与后部漏风源的绝对压力平衡,以避免工

作面向采空区内部漏风。

由于这种均压措施增加了工作面的通风设备和设施,加大了通风管理的难度,所以实际生产管理中应加强气压的观测并慎重选择。

④ 角联漏风的均压。角联支路风向的变化取决于相邻支路的风阻比。针对采空区形成角联支路漏风造成的煤炭自燃现象,可采用在相邻支路安设调节风门改变相邻支路风阻的方法。

2. 闭区均压

闭区均压又叫采空区均压,是针对已封闭的区域而采取的均压措施,用于防治封闭区域漏风造成的遗留煤炭的自燃。闭区均压措施主要有调节风门均压、调节门与调压通风机联合均压、设置连通管路均压 3 种。

（三）灌浆防灭火

灌浆防灭火是将不燃性固体材料和水预先按一定比例制成浆液后,在高度差所产生的静压或泥浆泵动压的作用下,经专门的输浆管路压送到可能发火的区域,其中的固体浆材沉淀后,借助其黏性包裹碎煤体,隔绝它与氧气接触而防止氧化。浆材充填于破碎煤体的缝隙之间,可增加密实性而减少漏风。浆水渗流时不仅可增加煤的外在水分,抑制自热氧化进程的发展,而且对已经自热的煤炭还起冷却作用。灌注于顶分层采空区内时,有利于再生顶板的形成,并湿润其中的浮煤,延长其自然发火期。

1. 浆材的选取

为保证注浆效果,浆材不含或少含可燃物（可燃物含量不得超过 5％～10％）。粒度控制在 3 mm 以下,且细微颗粒（粒度小于 1 mm）应占总量的70％。具有一定的可塑性,含砂量为 25％～30％。易脱水又具有一定的稳定性。

20 世纪 90 年代以来,随着对浆材物理、化学特性认识的不断丰富和灌浆土源的减少,用粉煤灰替代黄土也能够满足灌浆材料的要求。为提高预防性灌浆防灭火的保障性,近年来开始引进吸储水性好、黏性可调、阻化性好、可溶于水的辅助高分子有机浆液材料,如用工业淀粉制成的高水高分子增稠剂和 PCAS 粉煤灰黏稠剂等,灌注后防火效果较明显。

2. 制浆设备与输送

浆材不同,制浆设备、工艺也有所不同,页岩、矸石要先进行机械破碎,1 mm以下的粒度占 80％以上时才能制浆;飞灰制浆应建立由电厂到灌浆站的专用运输系统和工具,灌浆站建储灰池。下面着重介绍黄泥制浆设备和工艺过程。

（1）水力取土自然成浆。利用高压水枪直接冲刷地表黄土自然成浆,浆液沿泥浆沟流入钻孔或泥浆管中送入井下。这种制浆方法设备简单,投资少,劳动强度低,效率高,适用于地表黄土层较厚、灌浆地点分散的矿井;其缺点是水土比难以控制,不易保证泥浆质量,影响灌浆效果。

(2)地面集中灌浆站制浆。当矿井灌浆量大且取土较远时,要建立地面集中灌浆站。用矿车将土运至灌浆站,在泥浆池浸泡 2~3 h 后待土质松散后即可搅拌。两个泥浆池浸泡和搅拌交替进行。泥浆浓度由供水管的控制阀调节,泥浆搅拌均匀后由浆池出口通过两层直径分别为 15 mm 和 10 mm 的过滤筛至输浆管,送到井下灌浆地点。这种制浆系统产浆量大,水土比容易控制,能够保证泥浆的浓度,灌浆防灭火效果好。

(3)泥浆水土比。水土比要适当,水土比越小,泥浆浓度越大,泥浆的黏度、稳定性与致密性也越大,包裹隔离的效果就好;但流散范围小,灌浆管路与钻孔容易堵塞。水土比过大,泥浆浓度越小,耗水量大,矿井涌水量增加,容易出现跑浆溃浆事故。通常根据泥浆输送距离、灌浆方法与灌浆季节来确定水土比。开采煤层倾角大、夏季灌浆时水土比要小些,反之可大些。

(4)泥浆的输送。泥浆采用专用的管路由地面输送到井下各灌浆地点。干线管一般用直径为 102~108 mm 的无缝钢管,采区支线管采用直径为 76~102 mm 的无缝钢管,干线管与支线管之间用三通连接,并设有阀门以控制灌浆顺序和灌浆量。灌浆的动力靠管路的静压,灌浆系统的阻力与动力之间的关系用输送倍线表示。输送倍线就是从地面灌浆站至井下灌浆点的管线长度与垂高之比。倍线值过大,管路阻力大,容易堵管;倍线值过小,泥浆出口压力过大,泥浆分布不均匀,灌浆效果差。根据经验一般情况下倍线值为 5~6 为宜。

3. 灌浆方法

常用的灌浆方法有采前预灌、随采随灌和采后灌浆。

(1)采前预灌。井田内老窑较多且老窑自然发火严重的井田开采时应采用采前预灌。这种方法是在岩石运输巷和回风巷掘出后,分层巷未掘通前,打钻探明老窑采空区的分布情况,要求钻孔经岩石穿透煤层到煤层顶板,终孔间距为 30~50 m。当工作面的长度超过 90 m 时,应在岩石运输巷和回风巷都布置钻孔,两巷中钻孔的位置要错开,钻孔呈放射状,然后钻孔和灌浆管连接即可灌浆。灌浆过程应连续,灌满一个再灌另一个,把整个工作面的老空区灌满经足够的脱水时间后方可进行开采。

(2)随采随灌。随采随灌的作用是防止工作面后方采空区遗留煤炭的自燃,并对厚煤层分层开采形成再生顶板起到胶结作用。随采随灌分埋管注浆、工作面洒浆和钻孔注浆 3 种方式。

采用埋管注浆方法时,由于浆液被注入采空区后常常沿固定的通道流动,扩散范围小,湿润效果较差;注入的浆水从工作面下隅角渗出后恶化生产环境,增大排水量,甚至有时还从工作面中部渗出,严重影响工作面的正常采煤。同时埋入的管路常用上隅角的回柱绞车向外拉移,管路被拉报废现象十分普遍,因此埋管注浆在工作面正常回采期间几乎不用,仅仅在工作面末期回采时才用。一般在距终采线 30 m 时相距 10 m 依次压入 3 趟直径 75 mm 或 100 mm 的管路,其接口处不加胶垫,只用螺丝连接,以保证扩散范围。每趟管路压好,一般待其进入采空区 10 m 后开始灌浆。工作面停采前常采用多轮适量、间隔进行的方式灌注,停采后常采取连续足量、充分灌注的方式进行。压浆管随着工作面的推进不断向外接续,直至回采结束。

工作面洒浆主要是对走向长壁式、煤层倾角超过 10°的采煤工作面而言的,由于浆水喷洒后容易沿煤层倾向流向工作面下隅角并积存,不仅恶化工作面环境,影响运煤设备的正常运行,而且喷洒程序繁多,管路拉设及喷洒过程中极易与生产发生冲突;倾向长壁工作面回采期间极少采用工作面洒浆,仅仅是在工作面即将停采时推进速度缓慢、喷洒后浆水渗入架后采空区才用该方法。工作面洒浆对综采(放)工作面来说喷洒范围十分有限,效果不好,所以几乎不用。

钻孔注浆因回采期间在工作面内钻孔不便或无法在综采(放)工作面内钻孔,仅仅在工作面进回风隅角附近的巷顶呈"偏扇形"向采空区钻孔注浆。停采后撤除前,除按上述方式在工作面进回风隅角布置钻孔注浆外,综采(放)工作面还利用支架顶梁或后尾梁架缝向采空区打钻注浆。

(3)采后灌浆。采后灌浆由于灌浆时间和空间不受回采工作的限制,常常利用在工作面上下两端的密闭墙上分别预设 1～2 个直径 75 mm 的注浆孔,大量向封闭区灌注。灌入的浆水渗流后可充分湿润封闭区内的浮煤,并且滤出的黄泥或粉煤灰可胶结、充填密闭周边及其以里一定范围的巷道缝隙和巷道周边的缝隙,可有效防止密闭漏风。尤其是对矿压显现剧烈的矿井,能够较长时间地维持浆材的黏性而达到长期隔绝漏风。

(4)跑浆溃浆事故的预防。灌浆区如果泥浆水不能及时排出而在采空区内大量积存,当采掘工作面接近此区域时会使大量泥浆突然涌出,造成跑浆溃浆事故,所以灌浆时应注意采取安全措施防止事故发生。

① 经常观测水情。采空区灌入水量和排出水量均应有详细记录。

② 设置滤浆密闭。在灌浆区下部构筑滤浆密闭墙,以便将泥沙阻流在采空区内而使水排出。

③ 煤层浅部用钻孔灌浆时要及时堵塞钻孔和地表裂缝,防止地表水或空气进入采空区。

④ 灌浆区下部开始掘进前必须对灌浆区进行检查,如果有积水,只有在放水后才能继续采掘工作。

（四）阻化剂防灭火

阻化剂防灭火实际上是利用阻化剂的物理特性,将制成的溶液或乳浊液喷洒在煤体表面或灌注于采空区、煤柱内,起到隔氧阻化作用。一方面,煤体表面液膜中的水分蒸发时可吸热降温,防止煤温升高而使氧化速率加快,从而抑制煤的自热和自燃;另一方面,阻化剂可与煤分子中易于被空气低温氧化的活性物质单体相互吸引,减少了活性分子间的有效碰撞机会,从而抑制和延缓煤的自燃,起到了一种负催化作用。

1. 阻化剂的选择

阻化剂的选择原则是阻化率高,防火效果好,来源广泛,使用方便,安全无害,不腐蚀电气设备,防火成本低。目前常用的阻化剂大致有氯化钙、氯化镁、氯化钠、三氯化铝、水玻璃和某些工厂的废液、副产品等,其中以工业氯化钙(五水氯化钙)、卤片(六水氯化镁)阻化效果最好,而且货源充足,储运方便,价格便宜。对于高硫煤的阻化以水玻璃效果最好,氢氧化钙次之。

阻化剂的药液浓度应根据实际经验选取,最好控制在 $15\%\sim20\%$,最低不要小于 10%,以防影响防火效果。实际应用中还可以将阻化剂掺入泥浆制成"阻化泥浆",由灌浆系统灌注到井下采空区等处。

阻化剂使用数量应考虑遗煤的破碎程度、遗煤量和采煤方法等因素,并在防火实践中进行调整,选取合理的用药数值。

必须指出,阻化剂对于煤的自燃只能起到抑制和延长自然发火期的作用,具有一定的时间限制,并非一劳永逸。

2. 阻化剂防火工艺

阻化剂防火工艺分为向采空区喷洒药液、向局部发热地点注入阻化剂和向采空区喷送雾状阻化剂。

（1）向采空区喷洒药液。溶液池内的阻化剂溶液经水泵和输送管路送至工作面上下出口,用喷枪向采空区喷洒。

（2）向局部发热地点注入阻化剂。将阻化剂与水配制成要求的浓度,用压力泵将阻化剂溶液经插管注入发热区。

（3）向采空区喷送雾状阻化剂。将阻化剂通过雾化器雾化,然后借助漏风风流把雾化阻化剂带到采空区中。应用之前应确定采空区的漏风量。雾化器的喷射量不得大于漏风量,否则将对采空区的空气动力状态产生影响。

阻化剂防火具有施工工艺简单、投资少、减少用土量等优点,但对采空区再生顶板的胶结作用不如泥浆好,对金属有一定腐蚀作用,且阻化寿命有待进一步提高。

（五）注惰性气体防灭火

注惰性气体防灭火普遍应用于大型自然发火矿井,由于煤对二氧化碳的吸附量较大,故常用氮气防灭火。采用放顶煤采煤法开采有自然发火危险的厚及特厚煤层时,采用采空区压注惰气防灭火的效果较明显。

氮气防灭火机理如下:

（1）采空区内注入大量高浓度的氮气后,氧气浓度相对减小,氮气部分替代氧气而进入到煤体裂隙表面,这样煤表面对氧气的吸附量便降低,在很大程度上抑制或减缓了遗煤的氧化放热速度。

（2）采空区注入氮气后提高了气体静压,减少了漏入采空区的风量及空气与煤炭直接接触的机会。

（3）氮气在流经煤体时吸收了煤氧化产生的热量,可以减缓煤升温的速度和降低周围介质的温度,使煤的氧化因聚热条件的破坏而延缓或终止。

（4）充入的氮气将降低采空区内可燃气体与氧气的浓度,从而使混合气体失去爆炸性,这是注氮防止可燃、可爆性气体燃烧与爆炸作用的另一个方面。

（六）凝胶防灭火与泡沫防灭火

凝胶是以水为载体,以水玻璃为主剂,以硫酸盐类或碳酸盐类为促凝剂,以水泥、白灰或黄土为补强剂,化合而成的一种化学不燃性防灭火材料。这种不燃性防灭火材料形似胶冻（或皮胶状）,故称凝胶。凝胶在成胶前是液体,具有流动性,可以充填空洞,包裹松散煤体,隔绝空气,预防煤层自燃;成胶后仍固结有大量的水,可吸热降温,且遇高温不分解,也无毒,胶固结在煤体中达到防止自燃或灭火的作用。

压注凝胶的操作方法是用活塞泵将混合液压入自热区。一般情况下压注凝胶技术与喷浆相结合,以喷浆层作为依托体和防漏胶层,根据冒落空间的大小来确定压注凝胶的体积,既可以防火,又可以灭火。

泡沫防灭火技术就是将发泡剂喷涂在可能自燃或已经自燃的煤体表面,使煤体与空气隔离,达到防治煤炭自燃的目的。通常是用喷涂聚氨酯来预防煤层自燃。聚氨酯是一种发泡材料,由白料和黑料两部分组成,通过喷涂机（双缸齿轮油泵）分别吸出并压入混合器,在压风载体的帮助下喷涂在煤体表面,粘连发泡,形成一个不透气的整体,将煤体与空气隔离,从而起到预防煤层自燃的作用。

聚氨酯泡沫附着力强,有一定的弹性,可以耐动压,但成本高,对人体有害。目前我国研制成功的无机固体三相泡沫防灭火新材料具有稳定性好、强度高、无毒、无害等特点,有着广泛的应用前景。

第三节　矿井灭火技术

一、发生火灾时的行动原则

井下火灾能否及时扑灭在很大程度上取决于灭火速度,因此要求任何人发现井下火灾时,应视火灾的性质、灾区通风和瓦斯情况,立即采取一切可能的方法直接灭火,控制火势,并迅速报告矿调度室。矿调度室在接到井下火灾报告后,应立即按照矿井灾害预防和处理计划的规定,将所有可能受到火灾威胁地区中的人员撤离,并组织人员灭火。电气设备着火时应首先切断其电源,在切断电源前只准使用不导电的灭火器材进行灭火。

抢救人员和灭火过程中,必须指定专人检查瓦斯、一氧化碳及其他有害气体和风向、风量的变化,还必须采取防止瓦斯煤尘爆炸和人员中毒的安全措施。

灾区人员要迎着新鲜风流,沿着避灾路线有秩序地尽快撤离危险区,同时注意风流方向的变化。如遇到烟气可能中毒时应立即戴上自救器,尽快通过附近的风门进入新鲜风流中。当确实无法撤离危险区时,进入避难所或构筑临时避难硐室等待救援。

二、发生火灾时的风流控制

(一)火风压及其特性

矿井火灾刚发生时,井下风流与火烟都是与原风流方向一致的,随着火势的发展,经过火源的空气温度急剧升高,火烟流经井巷的气温也随之升高,空气体积膨胀,密度减小,于是产生与自然风压相似的火风压。火风压能改变通风网络的压力分布,引起井巷中的风量增加或减少,甚至引起某些巷道的风流逆转,使正常的通风系统遭到破坏,扩大事故范围,增加了灭火的难度,在瓦斯矿井有可能引起瓦斯爆炸。

矿井发生火灾后,火源附近的温度往往超过1 000 ℃,而烟气温度即便在很远的地方也能达到100 ℃以上,它们流经倾斜或垂直井巷时,产生的火风压有可能使通风网络的某些巷道风流发生较大的变化,甚至发生逆转。

(二)矿井火灾时期风流紊乱的形式

由火风压引起的风流紊乱的形式主要有旁侧支路风流逆转、主干风路烟流逆退和火烟滚退3种形式。

(三)火灾时的风流控制措施

矿井发生火灾时,为了保证人员的安全撤出,防止火灾烟气到处蔓延和瓦斯

爆炸,控制火灾继续扩大,并给灭火创造有利条件,采取正确的控制风流措施是非常重要的。控制风流的方法有:

（1）保持正常通风,稳定风流。

（2）维持原风向,适当减少供风量或停止主要通风机供风。

（3）局部风流短路。

（4）矿井反风或区域性反风。

一般情况下,当火灾发生在矿井总进风流中（进风井口附近、进风井筒或井底车场及其附近的进风巷）时要进行全矿井反风。如果是中央并列式通风矿井,条件许可时可将进回风井风流短路使火烟直接从回风井排出;若火灾发生在总回风流中（如总回风巷、回风井底、回风井筒等）时,应维持原风向,将火烟排出。如果矿井瓦斯涌出量较小,为了减弱火势,可以采取减风措施,但不能轻易停风,在瓦斯矿井中停风容易造成瓦斯爆炸事故。

当火灾发生在采区内时,风流的控制问题比较复杂,原则是稳定风流,保持正常通风,此时要特别注意防止风流逆转,一般不宜采用减风、停风和反风措施。减风、停风和反风措施应根据火灾的具体情况慎重采用,如果火灾发生在采区进风流中,可采取区域性反风措施。

为了实现矿井控制风流的需要,生产矿井主要通风机必须装有反风设施,并能在 10 min 内改变巷道中的风流方向;当风流方向改变后,主要通风机的供给风量不应小于正常供风量的 40%。每季度应至少检查 1 次反风设施,每年应进行 1 次反风演习;矿井通风系统有较大变化时,应进行 1 次反风演习;矿井反风区域的风门应做成双向门,并经常保持灵活可靠以便达到顺利反风的目的。否则发生事故后反风受到影响,会扩大事故,造成严重的后果。

三、矿山灭火方法

矿山灭火方法可分为直接灭火法、隔绝灭火法和联合灭火法。

（一）直接灭火法

直接灭火法采用水、化学灭火器、砂子、岩粉和挖出火源等方法扑灭火灾。

1. 用水灭火

水是消防上常用的灭火剂之一,一般采用水射流和水幕两种形式。

用水灭火应注意:先从火源外围逐渐向火源中心喷射水流,以免产生大量的水蒸气和灼热的煤渣飞溅而伤害灭火人员,影响灭火速度;应有足够的水量;应保持正常的通风,以使高温烟气和水蒸气直接导入回风巷中;扑灭电气设备火灾时必须切断电源;由于水比油的密度大,不宜用于扑灭油类火灾。

2．用砂子或岩粉灭火

砂子或岩粉能覆盖火源,将燃烧物与空气隔绝熄火。此外砂子和岩粉不导电,可以用来扑灭油类或电器火灾。

3．挖出火源

在火势不大、范围小、人员能够接近的火区,用水降温后将燃烧物挖出,消灭火灾。在瓦斯矿井挖出火源时应注意瓦斯浓度,采取必要的安全措施。

4．用化学灭火器灭火

化学灭火器包括泡沫灭火器、干粉灭火器和灭火手雷,它对矿井外源火灾的初期阶段有良好的灭火效果。化学灭火器所含物质经过化学反应,生成的物质起到降低燃烧物的温度,生成的惰性气体降低氧含量,产生的大量二氧化碳气体有助于灭火,并且产生糊状物质和水,并覆盖燃烧物使其熄灭。

（二）隔绝灭火法

隔绝灭火法就是在通往火区的所有巷道内砌筑防火墙（又称密闭）,阻止空气进入火区,火区产生的惰性气体浓度逐渐增高,氧浓度逐渐降低,从而使火区缺氧逐渐熄灭。

1．防火墙的类型

用于封闭火区的防火墙,按其作用不同分为临时性防火墙、半永久性防火墙、永久性防火墙和防爆墙。

（1）临时性防火墙。临时性防火墙的作用是暂时阻断风流,控制火势发展,以便在它的掩护下准备直接灭火的器材,保护救护人员和保证工人在砌筑永久性防火墙时免遭火烟和毒气的侵害。

① 风障。一般用 4 m×4 m 或 6 m×6 m 的帆布做成。风障应挂在支架完整的地点,先支 2～3 根立柱,用钉子将风障严密地钉在支架的顶梁和立柱上,周围钉上小木板,底部用砂、石、黄土紧压在底板上。风障挂好后用水将帆布浇湿。在砌碹巷道中挂风障时应先架好木架,然后再钉风障。

② 木板防火墙。在选好的巷道木棚上打 3～4 根立柱,然后从顶部开始把第一块木板钉在棚腿和立柱上,下一块板的上缘要压住上一块板的下缘,形成台阶状。边缘镶小板,用黄泥抹严板缝和板面。为便于进入火区观察情况和进行灭火,可在木板防火墙中间留 1 m×0.8 m 的门孔。

③ 伞式密闭。又称伞式风障,用乳胶玻璃丝纤维布做成。使用时挂在所需地点,借助风流压力在巷道内迅速张开而阻断风流。这种风障携带方便,不需其他附属材料,1～2 人用 10～15 s 就可挂好。

④ 充气密闭。充气密闭是一个由柔性材料（塑料、尼龙等）制成并充满压气（二氧化碳或氮气）的柔性容器。由于充气密闭的安设和拆除仅是充气和放气,

因此操作简单,速度快,且能重复使用。

⑤ 泡沫塑料密闭。泡沫塑料密闭是以聚酰胺树脂和多异氰酸酯为基料,另加几种辅助剂,分成甲、乙两组按一定的配比组合,经强力搅拌,由喷枪喷涂在密闭墙衬底(用草帘、麻布等透气织物作为衬底)上,几秒钟内即发泡成型,形成气密性良好的密闭墙。

(2)半永久性防火墙。这类防火墙的使用时间比临时性防火墙长,具有隔绝风流、消灭火源的作用。要求既有良好的隔绝性能,又便于启封。

① 木段防火墙。一般采用废旧坑木锯成 0.8 m 长的木段,一层木段一层黄土堆砌起来,然后用木楔打紧,黄泥抹面。它适用于围岩压力大、搬运材料困难、作业场所条件差、要求迅速封闭火区的条件。

② 黄土防火墙。一般是在木板防火墙的基础上建造。建造前要掏槽,然后打两排支柱,每排 3~5 根,柱子内侧钉木板,中间填黄土,用木槌捣实。这种防火墙隔绝性能好,可用在压力较大的巷道。

(3)永久性防火墙。永久性防火墙的作用是长期严密地隔绝火区,阻止空气进入,因此要求坚固、密实。

① 砌体防火墙。防火墙可用料石、砖或混凝土块等材料与 M5 水泥砂浆砌筑,内外抹面。砌筑前要在墙周围巷道壁上挖 0.5~1.0 m 深的槽,打好基础。为了增加严密性,在墙的外侧与槽的四周需涂抹一层黏土、砂浆或水玻璃、橡胶乳液等。防火墙内外 5~6 m 内应加强支护,防止冒顶或产生裂隙而漏风。在墙的上、中、下部位插入直径为 35~50 mm 的铁管,作为采取气样、检查温度及放出积水之用。铁管外口用软木或闸门封堵,以防漏风。

② 浇灌防火墙。当对防火墙的密封性、耐温性及抗压性要求较高时,就要砌筑混凝土或钢筋混凝土防火墙。混凝土防火墙抗压性好,钢筋混凝土防火墙不仅抗压性好,而且抗拉性也强。建造时先掏槽(要求与砌体防火墙相同),然后立好模板,浇灌混凝土,待凝固后即成为抗压强度大、密实性能好的混凝土防火墙。

(4)防爆墙。封闭有瓦斯爆炸危险的火区时,为防止瓦斯爆炸伤人,需建造防爆墙。

防爆墙常用沙袋或土袋堆砌而成,堆砌厚度一般为巷道宽度的 2 倍,防爆墙建造好以后,在其掩护下再构筑永久性防火墙。

2. 防火墙位置的选择

防火墙位置应遵循封闭范围尽可能小、构筑防火墙的数量尽可能少和有利于快速施工的原则。具体要求是:

(1)为了便于作业人员工作,防火墙离新鲜风流的距离一般为 5~10 m,以便留出另砌筑防火墙的位置。如果限于其他因素必须建立在贯穿风流较远的地方,不能靠扩散通风稀释瓦斯时,则应建立导风设施。

(2)防火墙前后 5 m 范围之内围岩稳定,顶底板及两帮岩石坚固,没有裂缝,以保证防火墙的严密性,否则应喷浆或用填料将巷道围岩的裂缝封闭。

(3)防火墙与火源之间不应有旁侧风路存在,以免火区封闭后风流逆转,造成火灾气体或瓦斯的爆炸。

(4)不管有无瓦斯,防火墙应距火源尽可能近些。这是因为空间越小,爆炸性气体的体积越小,发生爆炸的威力越小,启封火区时也容易。

3. 火区封闭顺序

火区封闭只有在确保已没有任何人留在里面时才可以进行。在多风路的火区建造防火墙时,应根据火区范围、火势大小、瓦斯涌出量等情况来决定封闭火区的顺序。一般是先封闭对火区影响不大的次要风路的巷道,然后封闭火区的主要进回风的巷道。

火区进回风口的封闭顺序很重要,它不仅影响控制火势的速度,更关系到救护人员的安全。常用的封闭顺序有下面几种:

(1)先封闭进风口,后封闭回风口。在火区的进风侧建立防火墙要比回风侧容易得多,只要封闭了进风侧的防火墙,进入火区的风量会大大减少,从而使火势减弱,涌出的烟量减少,这就有利于回风侧防火墙的建立,因此非瓦斯矿井中通常都是先封闭进风口,后封闭回风口。

(2)先封闭回风口,后封闭进风口。一般在火势不大、温度不高、无瓦斯存在、迅速截断火源蔓延时采用。防火墙建立后,墙前压力局部升高,墙后压力局部下降。瓦斯矿井如果前一个建立的是进风侧防火墙,且此墙和火源之间有老空区存在时,在构筑防火墙的过程中,流向火源的风量将逐步减少,与此同时,在局部负压的作用下,从老空区涌出的瓦斯量将增多,易使风流中瓦斯浓度达到爆炸界限而引起爆炸,因此在防火墙和火源之间有瓦斯源存在时,封闭进风侧的防火墙是极其危险的。而首先封闭回风侧防火墙可能要安全一些,因为它能够在火区内造成正压,多少能抑制老空区的瓦斯涌出。

(3)进回风口同时封闭。在砌筑防火墙的过程中留有一定断面积的通风口,保证供给的风量使火区内瓦斯不超限聚积,当砌墙工作完成时,在约定的时间同时将进回风侧防火墙上的通风口迅速封闭并立即撤出人员。由于这种方法能很快封闭火区,切断供氧,火区瓦斯也不容易达到爆炸界限,可保证人员的安全,所以它是瓦斯矿井封闭火区常用的封闭顺序。

4. 封闭火区时的防爆措施

火区被封闭后,空气中瓦斯含量将逐渐增加,氧含量逐渐减少。经过一定时间,如果氧含量减到 12% 以下,即使瓦斯达到爆炸界限也不会爆炸。但如果在砌墙过程中瓦斯浓度一旦达到爆炸界限,即可能发生爆炸,因此在火势条件允许的情况下应先加大火区的供风量,排除瓦斯,再建造防火墙。一般是先建立临时性防火墙(或防爆墙),然后撤出全部人员,待过了封闭区内可能发生爆炸的时间后,再于临时性防火墙外砌筑永久性防火墙。

封闭火区期间必须指定专人检查瓦斯、一氧化碳、煤尘及其他有害气体和风流的变化,当瓦斯浓度达到 2% 或有爆炸危险浓度的瓦斯向火区移动时,所有救灾人员应撤至安全地点,并在进回风侧巷道中建防爆墙。

封闭火区时为防止瓦斯爆炸,应采取以下措施:

(1)合理选择封闭顺序。有瓦斯爆炸危险时,一般应选用进回风侧同时封闭的方法,在统一指挥下同时封闭进回风侧密闭墙上的通风口。

(2)合理选择封闭位置。密闭墙尽可能靠近火源,封闭区不得存在漏风口。

(3)加强火区气体成分的检测,正确判断瓦斯爆炸的危险程度。

(4)正确选用防爆密闭墙。建造防爆密闭墙时边通风,边检测,边建筑,迅速封口,迅速撤离人员。

(5)向火区内注入惰性气体。封闭火区时向火区内注入大量氮气或其他惰性气体,以降低氧气浓度,使瓦斯因缺氧失去爆炸性。

(三)联合灭火法

实践证明,单独使用隔绝灭火法往往需要很长的时间,特别是在密闭质量不高、漏风较大的情况下可能达不到灭火的目的,所以在火区封闭后还要采取一些积极措施,如向火区灌入泥浆、惰性气体或调节风压等,加速火灾熄灭,此为联合灭火法。

1. 注浆灭火

(1)地面打钻灌浆灭火。当矿井采深不大、火源距地表较浅且地表又有黄土来源时,可从地表打钻孔,把泥浆直接送入火区。这种方法的灭火效果在很大程度上取决于火源位置和灌浆钻孔的布置。

(2)消火巷道灌浆灭火。在井下火源四周开凿专用的消火巷道,直接接近火源进行灌浆灭火。也可将消火巷道掘进到火区附近(5~10 m),从消火巷道向火区打钻孔进行灌浆灭火。这种方法比消火巷道直接穿入火区要安全可靠。

无论采用何种灌浆灭火方法,对火源灌浆要自上而下进行,只有这样才能最大限度地发挥灌浆作用(降温、有效覆盖火源等)。为此,打钻前必须摸清火源的确切位置,使钻孔终点落在火源的上方。

2. 惰性气体灭火

惰性气体是一类很难同其他物质发生反应的气体,将它充入已封闭的火区可以排挤和置换火区内的空气,降低火区空气中的氧含量,冷却火源,增加密闭区内气压,减少新鲜空气进入;同时由于其分子直径小,容易渗入岩石的缝隙,包围燃烧物体,阻止其燃烧与氧化,因而能扑灭火灾。

(1)注二氧化碳灭火。将液态或固态的二氧化碳注入或放入密闭内立即封闭,在火区温度作用下转化为大量二氧化碳气体,吸收热量,降低火区内的氧气浓度,使火灾熄灭。

(2)注氮气灭火。在火区附近选定的地点将液态氮或气-液两相的氮气通过插入密闭的管道,直接注入火区中。液氮气化吸收大量的热,可降低火区的温度,氮气充满火区,可降低火区氧浓度,使火缺氧熄灭。

3. 均压灭火

均压灭火是调节已封闭火区进回风侧的风压差,使其尽可能减小,以减少漏风,加速火区的熄灭。

4. 胶体灭火

胶体灭火是从火区附近的巷道或新掘的灭火巷道打钻孔至着火点,利用钻孔压注胶体至火区的燃烧区,迅速降低煤的温度和氧化活性,充填裂隙,堵塞漏风通道,隔绝氧气,使火熄灭。胶体灭火具有灭火速度快、灭火后不易复燃的特点,因此在矿井灭火中得到了广泛的应用。

第四节 火区管理与启封

一、火区管理

防火密闭建成后,维持密闭墙的严密性,杜绝封闭火区发生任何形式、任何强度的漏风供氧,促进火区快速熄灭。与此同时,缩短封闭期并尽快启封,对减轻矿井火灾损失意义巨大。但火区封闭期间受大气压力的变化、矿山压力的显现、通风系统的调整和密闭墙质量等因素影响,极易向火区漏风而出现"火区呼吸"现象,这对火区快速熄灭十分不利,因此加强对密闭火区内外气体、压差的变化监控和密闭墙质量的维护,以及通风系统的及时适度调整,对加快火区熄灭十分重要。

火区封闭后燃烧不会立刻终止,若密闭墙保持严密无漏风时,随着风流携带散热作用的减弱或消失,封闭区内的温度依然会升高,各种气体分子的热运动加剧,造成封闭区内的压力增大,对外呈现出具有一定能量的"正压"状态。随着封闭区内的氧逐渐消耗而减少,热对流和热辐射作用缓慢地由强变弱,最后趋于平衡、消失。但密闭中的压力随温度的升高而逐渐增大,达到一定程度后随着燃烧慢慢终止和热量的散失,压力也随温度的降低而开始逐渐缓慢减小,相对于外部表现的"正压"作用也随之减弱。

火区封闭后必须加强日常管理,一旦发现封闭区漏风,应立即采取可靠的措施进行治理。管理火区时应做好以下工作:

(1) 建立火区卡片,详细记录发火日期、发火原因、火区位置、范围。

(2) 处理火灾时的领导机构人员名单。

(3) 灭火过程及采取的措施。

(4) 发火地点的煤层厚度、煤质、顶底板岩性、瓦斯涌出量、火区封闭煤量等。

(5) 生产情况,如采区范围、采出率、采煤方法、回采时间。建立火区管理卡片,绘制火区位置图。

(6) 发火前后气体分析情况和温度变化情况。

(7) 发火前后的通风情况(风量、风速、风向)。

(8) 绘制矿井火区示意图。以往所有火区及发火地点都必须在图上注明,并按时间顺序编号。还要注明灌浆钻孔布置及火区外围风流方向、通风设施等内容,并绘制必要的剖面图。

(9) 永久密闭的位置和编号、建造时间、材料及厚度等。

(10) 每个防火墙附近必须设置栅栏、警示标志,禁止人员入内,并悬挂说明牌,牌上记明防火墙建造日期、材质、厚度、防火墙内外的气体成分、温度、空气压差、测定日期和测定人员姓名。

(11) 防火墙外的空气温度、瓦斯浓度、防火墙内外空气压差,所有检查结果必须记入防火记录簿。发现急剧变化时每班至少检查一次。

(12) 防火墙的严密性在很大程度上决定封闭火区的成效,所以防火墙管理除上述检查、观测、警戒制度外,还应加强严密性检查。防火墙要用石灰水刷白,以便于发现是否有漏风的地方。由防火墙发出的声音也可作为防火墙漏风和渗出火灾瓦斯的征兆。凡是漏风的地方,立即用黏土、灰浆等封堵。

(13) 此外,不管是进风侧防火墙还是回风侧防火墙,在外部都应保持良好的通风,只有携带良好的安全仪器的人员才允许进入该区进行观测和检查。

二、火区启封

(一) 火区熄灭的条件

《规程》规定,封闭的火区,只有经取样化验证实火已熄灭后,方可启封或注销。火区同时具备下列条件时,方可认为火已熄灭:

(1) 火区内的空气温度下降到 30 ℃以下,或者与火灾发生前该区的日常空气温度相同。

（2）火区内空气中的氧气浓度降到 5.0% 以下。

（3）火区内空气中不含有乙烯、乙炔，一氧化碳浓度在封闭期间内逐渐下降，并稳定在 0.001% 以下。

（4）火区的出水温度低于 25 ℃ 或与火灾发生前该区的日常出水温度相同。

（5）上述 4 项指标持续稳定 1 个月以上。

火区启封要十分慎重，处理不当可以引起火灾复燃，甚至发生瓦斯爆炸。封闭的火区只有经过长期取样分析，确认火灾已经熄灭后方可启封。启封前必须制定安全措施和实施计划，并报主管领导批准。

（二）火区启封前侦查

经分析判定火区已熄灭即将启封时，应先进行火区侦查，以便较准确地了解火区燃烧实情，再次验证安全启封条件是否满足。侦查时应遵循以下原则：

（1）侦查工作必须由救护队员严格按照有关规程的要求进行。

（2）具体侦查前必须重新全面检查一遍火区密闭墙的严密性，并在侦查入口密闭墙以外的合适位置建造一道风门或全断面风布挡风墙。密闭墙严密性不好时必须重新处理，且至少稳定 3 d 后再进行。

（3）侦查期间应尽可能地维持火区系统原状，且火区附近的并联分支和矿井的通风系统应保持稳定，以防止火区系统发生大的改变。

（4）侦查路线应选择最短的、畅通的线路，侦查地点选择在内外压差相对较小的密闭处。侦查后确认火区相对安全，具体的启封方法应根据侦查结果选定。

（三）火区启封方法

常用的火区启封方法有通风启封火区法和锁风启封火区法。

通风启封火区法是基于火区完全熄灭判定的一种最迅速、最方便、最安全和最经济的方法。启封前撤出火区气体排放路线上的一切人员，切断回风侧电源。在回风侧密闭墙上打开一个小孔，并逐渐扩大，过一段时间打开进风侧密闭墙，待有害气体排放一段时间无异常现象时相继打开其余密闭墙，撤离人员，强力通风，1~2 h 后再进入火区对高温点进行洒水灭火工作。

锁风启封火区法是先在欲打开的永久性密闭墙外 5~6 m 处建一道带小风门的锁风墙，把建墙材料和工具放在两墙之间，关闭小风门。救护队员在永久性密闭墙上打开一个洞，把材料、工具运到火区内一定位置，建筑锁风墙，之后拆除锁风墙和原永久性密闭墙，排除有害气体，这样逐渐缩小火区，直到全部启封。

通风启封火区法适应于火区范围小、着火带附近无大量冒顶、火区内可燃气体浓度低于爆炸界限、确认火区完全熄灭的条件；锁风启封火区法适用于火区范围大、难以确认火源是否完全熄灭或有高浓度瓦斯涌出的火区。

　　在启封过程中若出现一氧化碳浓度升高、有复燃征兆时,必须立即停止向火区送风,并重新封闭。

　　启封火区完毕后的 3 d 内,每班须由矿山救护队检查通风工作,并测定水温、空气温度和空气成分。只有在确认火区完全熄灭、通风等情况良好后,方可进行生产工作。

第十三章 矿山救护技术

矿山开采主要是地下作业，工作空间狭窄且又经常变化，还受到瓦斯、水、火、煤尘、顶板冒落等灾害的威胁，客观上有发生事故的可能。加上人们对各种灾害的发生、发展规律还不能全面地、深刻地认识和掌握，特别是有时麻痹大意、违章作业等，又人为地加大了发生事故的可能性，为此在认真贯彻"安全第一"的生产方针、严格执行《规程》及其他有关法规和制度的基础上，还必须对某些可能发生的事故事先做好周密细致的安排，并编写在矿井年度灾害预防和处理计划中，教育职工在一旦发生事故时应如何正确保护自己和积极参与救护工作，从而把灾害限制在最小的范围。

第一节 矿山救护及其装备

一、矿山救护队的组织和任务

矿山救护队是处理矿井火、瓦斯、煤尘、水、顶板等灾害的专业队伍，对预防、消除和处理井下事故、抢救遇险遇难人员、最大限度地缩小灾害范围和减少人员伤亡、减少资源财产损失等起着极其重要的作用。《规程》规定，所有煤矿必须有矿山救护队为其服务。井工煤矿企业应设立矿山救护队，不具备设立矿山救护队条件的煤矿企业，所属煤矿应当设立兼职救护队，并与就近的救护队签订救护协议；否则不得生产。矿山救护队到达服务煤矿的时间应当不超过 30 min。矿山救护队必须经国家矿山安全监察局进行资质认证，取得合格证后方可从事矿山救护工作。

（一）矿山救护队的组织

矿山救护队实行大队、中队、小队 3 级管理。大队由不少于 2 个中队组成，是完备的联合作战单位，是本矿区的救护指挥中心和演习训练、培训中心；中队由不少于 3 个救护小队组成，是独立作战的基层单位，救护中队每天应有 2 个小队分别值班、待机；小队是执行作战任务的最小战斗集体，由不少于 9 人组成。

煤矿企业可根据需要建立辅助矿山救护队。辅助矿山救护队的编制应根据矿井的生产规模、自然条件、灾害情况等确定。业务上受矿山救护队指导。

（二）矿山救护队的任务

矿山救护队的各项工作必须以救护为中心，以提高战斗力为重点，把抢救遇险遇难人员和国家财产作为全体指战员的神圣职责，所以要坚持"加强战备，主动预防，积极抢救"的原则，时刻保持高度警惕，平时严格管理，严格训练，深入井下，熟悉井巷、设备、设施，加强检查，消除隐患，能做到"闻警即到、速战能胜"。

1. 专职矿山救护队的任务

（1）抢救井下遇险遇难人员。

（2）处理井下火、瓦斯、煤尘、水和顶板等灾害事故。

（3）参加危及井下人员安全的地面灭火工作。

（4）参加排放瓦斯、震动性爆破、启封火区、反风演习和其他需要佩戴氧气呼吸器的安全技术工作。

（5）参加审查矿井灾害预防和处理计划，协助矿井搞好安全和消除事故隐患的工作。

（6）负责辅助矿山救护队的培训和业务领导工作。

（7）协助矿井搞好职工救护知识的教育。

2. 辅助矿山救护队的任务

（1）做好矿井事故的预防工作，控制和处理矿井初期事故。

（2）引导和救助遇险人员脱离灾区，积极抢救遇险遇难人员。

（3）参加需要佩戴氧气呼吸器的安全技术工作。

（4）搞好矿井职工自救与互救的宣传教育工作。

二、矿山救护队的常用技术装备

为保证矿山救灾过程中救护指战员的自身安全和对遇险遇难人员施行人工急救，矿山救护队必须配备一定数量的氧气呼吸器、自动苏生器、矿山救护通信设备、常用救灾探测设备等。

（一）氧气呼吸器

氧气呼吸器是一种与外界空气隔绝的个体防护装置，是矿山救护队员在窒息性或有毒有害气体中进行事故预防或事故处理工作中佩用的个人防护装备。它可以自动调节供氧量并与外界空气隔绝，保障救护队员的人身安全。这里主要介绍 HY4 型正压氧气呼吸器。

1. 结构

氧气瓶是储存氧气的，容积为 2.4 L，工作压力为 20 MPa。减压器的作用是降低氧气瓶输出的高压氧气压力，保证定量供氧量稳定在 $(1.5+0.15)$ L/min

范围内。清净罐内装大约为 2 kg 的二氧化碳吸收剂,作用是吸收人体呼出气体中的二氧化碳。气囊是随佩用者呼吸情况起伏张缩的缓冲气容装置,同时可收集呼出气体中的水分。降温器内装冰块,用来降低吸气温度,保证吸气温度低于 35 ℃,减轻高温气体对人体呼吸器官的危害。排气阀是在气囊内有多余气体时将它排放到大气中去,以减少呼气系统的阻力。

2. 工作原理

高压纯净氧气储存在氧气瓶内,使用时打开氧气瓶开关,高压氧气经减压器减压后,以稳定流量进入面罩,供佩戴者呼吸使用。呼气时,呼出气体经三通内的呼气阀、呼气软管进入装有 CO_2 吸收剂的清净罐内,呼出气体中的 CO_2 被吸收剂吸收后,其余进入气囊,并与减压器定量供给的氧气在降温器中混合。呼气时,由于吸气阀关闭,呼出的气体只能进入装有 CO_2 吸收剂的清净罐内;吸气时吸气阀开启,呼气阀关闭,气囊中的气体及定量供给的氧气经降温器、吸气软管、吸气阀、面罩进入人体肺部,从而完成整个呼吸循环。

当佩戴者劳动量较小而需氧量较少、气囊内的压力逐步增大到 400~700 Pa 时,排气阀自动排气。当佩戴者劳动量较大、定量供给的氧气不能满足使用时,可通过自动补给或手动补给向气囊供气。

呼吸系统正压状态是由一对正压弹簧及正压板形成的,正压弹簧安装在正压板上,当气囊内的压力处于某一值(10~250 Pa)时,气囊上的正压板在弹簧的作用下触碰到自动补给阀,阀门开启,补充氧气到呼吸系统中,使系统内的压力始终大于外界环境气体压力,即系统保持正压状态。

3. 氧气呼吸器的使用方法

(1)着装时用手从侧面拿住呼吸器,肩带位于两手臂外侧,然后双手伸直上举,将呼吸器从头转到背上,同时肩带也沿手臂滑于双肩上,然后系上呼吸器腰带。肩带长短与腰带的松紧调整适度,不影响呼吸。

(2)将面罩戴上,打开氧气瓶开关,观察压力表所指示的压力值,压力表显示应在 20 MPa。按手动补给阀使气囊内原积存的气体排出,进行几次深呼吸,观察呼吸器内部件是否完好,确认各部件正常后方可进入灾区工作。

(二)自动苏生器

自动苏生器是一种自动进行正负压人工呼吸的急救装置,适用于抢救如胸部外伤、中毒、溺水、触电等原因造成的呼吸抑制或窒息的伤员。

氧气瓶中的高压氧气(20 MPa)经氧气管、压力表进入减压器,将压力减到 0.5 MPa 以下,然后进入配气阀。在配气阀上有 3 个气路开关:一个开关通过引射器和导管相连,其功用是在苏生前借引射器中高速气流造成的负压先将被抢救人员口中的泥、黏液、水等抽到吸引瓶内;另一个开关利用导气管和自动肺相连,自动肺通过其中的引射器喷出氧气时吸入外界一定量的空气,二者混合后经过面罩压入被抢救人员肺内,然后引射器又自动操纵阀门将肺内气体抽出,以实现自动进行人工呼吸的目的;当被抢救人员恢复自动呼吸能力后,可停止自动人工呼吸改为自主呼吸下的供氧,即将面罩通过呼吸阀与储气囊相接,储气囊通过导气管和第三个开关相接。

储气囊中的氧气经呼吸阀供被抢救者呼吸用,呼出的气体由呼吸阀排出。

为保证苏生抢救工作不致中断,应在氧气瓶内的氧气压力接近 3 MPa 时,换用备用氧气瓶或工业大氧气瓶供氧,备用氧气瓶使用两端带有螺旋的导管接到逆止阀上。此外,在配气阀上还备有安全阀,它能在减压后氧气压力超过规定数值时泄出一部分氧气以降低压力,使苏生工作能可靠地进行。

（三）矿山救护通信设备

矿山救护通信设备(俗称灾区电话)是矿山救护队在抢险救灾过程中不可缺少的通信设备,目前使用的有 PXS-1 型声能电话机和 KJT-75 型、KTT9 型救灾通信设备。

PXS-1 型声能电话机为矿用防爆型,由发话器、受话器、声频发电机、扩大器等组成,有效通话距离为 2～4 km。

KJT-75 型救灾通信设备由主机、副机和袖珍发射机组成。主机供井下基地使用,副机和袖珍发射机供进入灾区的救护队员使用。救护队员通过副机扬声器收听主机传来的话音,使用袖珍发射机向主机发话。救护队员随身携带缠制好的放线包,救灾作业时边行进边放线,并随时和基地的主机保持井下联系(主副机间的通信距离为 2 km)。通信导线兼作救护队员的探险绳。基地通信主机可同时对 3 路救灾队员实现救灾指挥。

KTT9 型救灾通信设备适用于矿山坑道电磁波无法传输的区域性场所等,由通信电缆、电源通信盒、高级专用耳麦、连接线、专用充电器组成。仪器可在具有甲烷和煤尘环境中使用;多站接力具有连续通信功能(多站通话距离不小于 2 km);可与正压式空气氧气呼吸器配套使用,通话效果清晰、可靠,可连续不间断通话、边放线边通话。

（四）常用救灾探测设备

在救灾过程中,各种救灾探测设备的使用大大提高了救灾的效率和效果,常用的有 DKL 生命探测仪、YRH250 红外热成像仪等。

DKL 生命探测仪是借助人体所发出超低频电波产生的电场(由心脏产生)来找到活人位置的设备,它具有体积轻、手持式设计、携带方便、操作维护简单且故障率极低等特点,便于救援人员在进入搜救现场时可利用本仪器确认其内部是否有人存活,降低搜救人员搜救时的危险程度,可以探测出任何遮挡物背后的生存者。

DKL生命探测仪能穿越钢板、水泥、复合材料、树丛等各种障碍物,使侦测距离在开放空间可达 500 m,水面上达 1 km以上。适用于各种恶劣的天气条件,如配合便携式电脑及专用的人工智能软件,即可产生探测的图像和声音,进一步提高操作人员的判别能力。

YRH250红外热成像仪集红外光电子技术、红外物理学、图像处理技术、微型计算机技术及煤矿防爆技术为一体的高性能矿用安全检测仪器。它是利用红外线烟雾穿透性能强的特点,即使在浓密的烟雾中也能提供清晰的视野,能协助救援人员在浓烟、黑暗等环境下进行救援工作,迅速发现生还者。同时能有效提高救援人员在救援行动中的自身安全,是矿井救援的有力工具。

此外,为了检查或校验氧气呼吸器的性能,必须配备氧气呼吸器校验仪;为了给氧气呼吸器充氧,必须配备氧气充填泵;为了测定灾害环境参数,必须配备气体检测设备;同时还必须配备适合灾害环境下的防护服、自救器、千斤顶等。

第二节　矿 工 自 救

矿井发生事故后,矿山救护队不可能立即到达事故地点。实践证明,矿工如能在事故初期及时采取措施,正确开展自救互救,可以减小事故危害程度,减少人员伤亡。

所谓自救,就是矿井发生意外灾变事故时,灾区或受灾变影响区域的每个工作人员避灾和保护自己而采取的措施及方法。而互救则是在有效自救前提下为妥善救护他人而采取的措施及方法。为了确保自救和互救的有效,最大限度地减小损失,每个入井人员都必须熟悉所在矿井的灾害预防和处理计划,熟悉矿井的避灾路线和安全出口,掌握避灾方法,会使用自救器,掌握抢救伤员的基本方法及现场急救的操作技术。

矿井发生灾害事故时,灾区人员正确开展救灾和避灾,能有效地保证灾区人员的自身安全和控制灾情的扩大。大量事实证明,当矿井发生灾害事故后,矿工在万分危急的情况下,依靠自己的智慧和力量,积极、正确地采取救灾、自救、互救措施,是最大限度地减少事故损失的重要方法。

一、发生事故时在场人员的行动原则

(一)及时报告灾情

发生灾变事故后,事故地点附近的人员应尽量了解或判断事故性质、地点和灾害程度,并迅速利用最近处的电话或其他方式向矿调度室汇报,同时向事故可能波及的区域发出警报,使其他工作人员尽快知道灾情。汇报灾情时,要将看到的异常现象(火烟、飞尘等)、听到的异常声响、感觉到的异常冲击如实汇报,不能凭主观想象判定事故性质,以免给领导造成错觉,影响救灾。

（二）积极抢救

灾害事故发生后,处于灾区内及受威胁区域的人员应沉着冷静,根据灾情和现场条件,在保证自身安全的前提下采取积极有效的方法和措施,及时投入现场抢救,将事故消灭在初起阶段或控制在最小范围,最大限度地减少事故造成的损失。抢救时必须保持统一的指挥和严密的组织,严禁冒险蛮干和惊慌失措,严禁各行其是和单独行动;要采取防止灾区条件恶化和保障救灾人员安全的措施,特别要提高警惕,避免中毒、窒息、爆炸、触电、二次突出、顶帮二次垮落等再生事故的发生。

（三）安全撤离

当受灾现场不具备事故抢救条件或可能危及人员的安全时,应由在场负责人或有经验的老工人带领,根据矿井灾害预防和处理计划中规定的撤退路线和当时当地的实际情况,尽量选择安全条件最好、距离最短的路线,迅速撤离危险区域。撤退时要服从领导,听从指挥,根据灾情使用防护用品和器具;遇有溜煤眼、积水区、垮落区等危险地段时应探明情况,谨慎通过。灾区人员撤出路线选择的正确与否决定自救的成败。

（四）妥善避灾

如无法撤退(通路被冒顶阻塞、在自救器有效工作时间内不能到达安全地点等)时,应迅速进入预先筑好的永久避难硐室或就近地点快速建筑的临时避难硐室,妥善避灾,等待矿山救护队的援救,切忌盲动。

二、发生灾害事故时的避灾措施

（一）瓦斯与煤尘爆炸事故

瓦斯爆炸前感觉到附近空气有颤动的现象发生,有时还发出"嘶嘶"的空气流动声,一般被认为是瓦斯爆炸的预兆。井下人员一旦发现这种情况,要沉着、冷静,采取措施进行自救。具体方法是:背向空气颤动的方向俯卧倒地,面部贴在地面,以降低身体高度,避开冲击波的强力冲击,并闭住气暂停呼吸,用毛巾捂住口鼻,防止把火焰吸入肺部。最好用衣物盖住身体,尽量减少肉体暴露面积,以减少烧伤。爆炸后要迅速按规定佩戴好自救器,弄清方向,沿着避灾路线赶快撤退到新鲜风流中。若巷道破坏严重不知撤退是否安全时,可以到棚子较完整的地点躲避等待救援。

（二）矿井火灾事故

位于火源进风侧的人员应迎着新鲜风流撤退,位于火源回风侧的人员或是在撤退途中遇到烟气有中毒危险时,应迅速戴好自救器,尽快通过捷径绕到新鲜风流中去或在烟气没有到达之前,顺着风流尽快从回风出口撤到安全地点;如果距火源较近且越过火源没有危险时,也可迅速穿过火区撤到火源的进风侧。无论是逆风或顺风撤退,都无法躲避着火巷道或火灾烟气可能造成的危害,则应迅速进入避难硐室;没有避难硐室时应在烟气袭来之前,选择合适的地点就地利用现场条件,快速构筑临时避难硐室,进行避灾自救。切勿惊慌失措,乱跑乱窜。

（三）发生矿井透水事故时

（1）透水后应在可能的情况下迅速观察和判断透水的地点、水源、涌水量、发生原因、危害程度等情况,根据灾害预防和处理计划中规定的撤退路线,迅速撤退到透水地点以上的水平,而不能进入透水点附近及下方的独头巷道。

（2）行进中应靠近巷道一侧,抓牢支架或其他固定物体,尽量避开压力水头和泄水流,并注意防止被水中滚动的矸石和木料撞伤。

（3）如透水破坏了巷道中的照明和路标,迷失行进方向时,遇险人员应朝着有风流通过的上山巷道方向撤退。

（4）撤退沿途所经过的巷道交叉口应留设指示行进方向的明显标志,以提示救援人员的注意。

（5）人员撤退到立井需从梯子间上去时,应遵守秩序,禁止慌乱和争抢。行动中手要抓牢,脚要蹬稳,切实注意自己和他人的安全。

（6）如唯一的出口被水封堵无法撤退时,应有组织地在独头工作面躲避,等待救援人员的营救。严禁盲目潜水逃生等冒险行为。

三、自救器

自救器是矿工在井下遇到火灾、瓦斯或煤尘爆炸、煤（岩）与瓦斯突出等灾害事故时进行自救的一种重要装备。目前使用的多为化学氧隔离式自救器和压缩氧自救器。

（一）化学氧隔离式自救器

化学氧隔离式自救器是一种自生氧闭路呼吸系统的自救装置,佩戴者的呼吸气路与外界空气完全隔绝。化学氧隔离式自救器有碱金属超氧化物型和氯酸盐氧烛型。下面以 AZG-40 型为例介绍其结构、工作原理和使用方法。

1. 结构

AZG-40 型化学氧隔离式自救器主要由外壳、封口带、生氧罐、启动装置、呼吸导管、气囊、降温盒、口具、鼻夹、背带、腰带等组成。

生氧罐内装生氧剂,并插有散热片以散发反应时生成的热。生氧剂上下部各有一层由铁丝和玻璃棉等组成的格网,其中玻璃棉起过滤药剂粉尘作用,防止药粉进入口内,刺激呼吸器官。

气囊与呼吸导管分别连接在生氧罐的上部。在呼吸导管的降温盒上安有一排气阀,用伸缩接头安插在气囊中间,但不与气囊内部相通,而是直接通大气。排气阀上有尼龙绳与气囊硬壁相连接。

降温盒装在呼吸导管与口具中间,用导热系数大的薄铜板制成,起降低吸气温度的作用,佩戴人员分泌的唾液流入降温盒时,吸入的干热气体与唾液接触使唾液蒸发而降温。

排气阀设在降温盒下端,接在气囊中间管状通道的伸缩接头上。拴在排气阀杆上的尼龙绳的另一端系在气囊的硬壁上,当气囊内氧气过多,气囊胀到一定程度时,尼龙绳借助气囊硬壁的力量把排气阀阀片拉开,此时含有二氧化碳和水汽的呼出气体便由排气阀排出,经气囊中间的管状通道进入大气中。

启动装置设在生氧罐的上部,安装在启动药块桶上,主要由启动药块、启动瓶、打击支架、密封垫、塑料盖及尼龙绳组成。尼龙绳两端分别系在自救器外壳上盖及拉销上,在脱掉上盖的同时,尼龙绳把拉销从启动装置中拉出,打击支架借弹力夹子的作用把启动瓶击破,使瓶中的硫酸溶液与启动药块发生化学反应,放出大量的氧气,供佩戴者佩戴初期呼吸之用。

2. 工作原理

佩戴人员从肺部呼出的气体经口具、降温盒、呼吸导管进入生氧罐。呼出气体中的二氧化碳及水汽和生氧罐中的生氧剂(主要是超氧化钠)发生化学反应,吸收二氧化碳产生大量氧气,清净的含氧气体进入气囊。吸气时,气囊中的气体再经过生氧剂、呼吸导管、降温盒、口具而被吸入人体肺部,完成整个呼吸循环。这种气路循环方式称为往复式。

当气囊中充满气体时气囊膨胀,借气囊力量拉开排气阀,排出多余的呼出废气,保证气囊在正常压力下工作,并且减少了二氧化碳和水汽进入生氧罐,从而调节了氧气发生速度,延长了使用时间。

快速启动装置可以弥补佩戴初期生氧剂反应速度较慢、生氧不足的问题。为了保证启动迅速可靠,启动装置中拉哑铃形硫酸瓶的尼龙绳绑在上外壳盖上,在佩戴时启动装置里的哑铃形硫酸瓶随上部外壳的扔掉而被尼龙绳拉破。流出的硫酸和启动药块发生剧烈反应,放出大量氧气,供佩戴者佩戴初期呼吸之用。

3. 优缺点及适应条件

化学氧隔离式自救器的优点是使用时不受外界空气条件的限制。缺点是吸

气温度高(但不超过 60 ℃),质量不合格的自救器易引起自动着火爆炸。其主要用途如下:

(1)井下工作人员遇到煤(岩)与瓦斯(二氧化碳)突出、瓦斯或煤尘爆炸、火灾等自然灾害时,只要没有受到事故的直接伤害,戴上自救器即可安全脱险。

(2)因冒顶或水灾井下工作人员被堵在巷道内时,只要没有被埋住,都可以戴上自救器静坐待救,可维持2.5～3 h,防止因巷道内瓦斯不断涌出、氧气含量降低而窒息。

(3)救护队员在灾区内进行救灾时,如果呼吸器出现故障,可佩戴隔离式自救器安全地撤出灾区。

(4)事故初起阶段,现场人员可以戴上隔离式自救器进行临场抢救、互救和自救。

AZG-40 型化学氧隔离式自救器的有效使用时间是:中等劳动强度(约相当于步行速度 5 km/h)情况下使用时间不少于 40 min,静坐时使用时间不少于2.5～3 h。只能使用一次,不得重复使用。

(二)压缩氧自救器

压缩氧自救器是一种利用压缩氧气为气源的隔绝闭路循环式个体呼吸器。采用的是循环呼吸方式,即人呼出的气体通过二氧化碳吸收剂把二氧化碳吸收掉,而余下的气体和减压器输出的氧气进入气囊,通过口具吸入人体肺部。由于人体呼吸系统与外界环境完全隔绝,可以有效防止各种有毒有害气体侵入人体呼吸系统,能满足遇险人员快速逃生时使用。

四、紧急避险设施

紧急避险设施是矿山井下紧急避险系统中的一项,是指在井下发生紧急情况时为遇险人员安全避险提供生命保障的设施、设备,主要有避难硐室、可移动式救生舱。

(一)避难硐室

避难硐室是供矿工在遇到事故无法撤退而躲避待救的设施。分永久避难硐室和临时避难硐室。永久避难硐室事先设在井底车场附近或采区工作地点安全出口的路线上。对其要求是:设有与矿调度室直通电话,构筑坚固,净高不低于2 m,严密不透气或采用正压排风,并备有供避难者呼吸的供气设备(充满氧气的氧气瓶或压气管和减压装置)、隔离式自救器、药品和饮水等;设在采区安全出口路线上的避难硐室,距人员集中工作地点应不超过 500 m,其大小应能容纳采区全体人员。临时避难硐室是利用独头巷道、硐室或两道风门之间的巷道,由避灾人员临时修建的,所以应在这些地点事先准备好所需的木板、木桩、黏土、砂子或砖等材料,还应装有带阀门的压气管。避灾时若无构筑材料,避灾人员就用衣服和身边现有的材料临时构筑避难硐室,以减少有害气体的侵入。

在避难硐室内避难时应注意以下事项:

(1)进入避难硐室前应在硐室外留有衣物、矿灯等明显标志,以便救护队发现。

(2)待救时应保持安静,不急躁,尽量俯卧于巷道底部,以保持精力,减少氧气消耗,并避免吸入更多的有毒气体。

(3)硐室内只留一盏矿灯照明,其余矿灯全部关闭,以备再次撤退时使用。

(4)间断敲打铁器或岩石等发出呼救信号。

(5)全体避灾人员要团结互助、坚定信心。

(6)被水堵在上山时不要向下跑出探望。水被排走露出棚顶时也不要急于出来,以防二氧化硫、硫化氢等气体中毒。

(7)看到救护人员后不要过分激动,以防血管破裂。

(二)可移动式救生舱

可移动式救生舱是一种新型的矿山井下逃生避难装备。将其放置于采掘工作面附近,当井下突发重大事故时,井下遇险人员在不能立即升井逃生脱险的紧急情况下,可快速进入救生舱内等待救援。可移动式救生舱对改变单纯依赖外部救援的矿难应急救援模式,由被动待援到主动自救与外部救援相结合,使救援工作科学、有序、有效将起到至关重要的作用。

救生舱一般选用抗高温老化、无腐蚀性、无公害的环保材料制作。舱内颜色应为浅色,外体颜色在煤矿井下照明条件下应醒目,宜采用黄色或红色。

救生舱设有过渡舱和生存舱。过渡舱的净容积应不小于 1.2 m^3,内设压缩空气幕、压气喷淋装置及单向排气阀。生存舱提供的有效生存空间每人应不小于 0.8 m^3,并设有观察窗和不少于 2 个单向排气阀。

救生舱还要有足够的强度和气密性。舱体抗冲击压力不低于 0.3 MPa,在 (500 ± 20) Pa 压力下,泄压速率应不大于 (350 ± 20) Pa/h,舱内气压应始终保持高于外界气压 $100 \sim 500$ Pa,且能根据实际情况进行调节。

救生舱设置地点前后 20 m 范围内煤(岩)层要稳定,采用不燃性材料支护,通风良好,无积水和杂物堆积,满足安全出口的要求,不得影响矿井正常生产和通风。接入救生舱的矿井压风管路、供水管路及通信线路应采取防护措施,应具有抗冲击破坏能力,管路与救生舱采用软连接。

第三节　现　场　急　救

一、现场急救技术

现场急救技术包括人工呼吸、心脏复苏、止血、创伤包扎、骨折临时固定和伤员搬运。

（一）人工呼吸

人工呼吸适用于触电休克、溺水、有害气体中毒、窒息或外伤窒息等引起的呼吸停止、假死状态者。如果呼吸停止不久大都能通过人工呼吸抢救过来。

在施行人工呼吸前，先要将伤员运送到安全、通风良好的地点，将伤员领口解开，放松腰带，注意保持体温。腰背部要垫上软的衣服等。应先清除口中脏物，把舌头拉出或压住，防止堵住喉咙，妨碍呼吸。各种有效的人工呼吸必须在呼吸道畅通的前提下进行。常用的方法有口对口吹气法、仰卧压胸法和俯卧压背法3种。

1. 口对口吹气法

操作前使伤员仰卧，救护者在其头的一侧，一手托起伤员下颌，并尽量使其头部后仰，另一手将其鼻孔捏住，以免吹气时从鼻孔漏气；自己深吸一口气，紧对伤员的口将气吹入，造成伤员吸气。然后松开捏鼻的手，并用一手压其胸部以帮助伤员呼气，如此有节律地、均匀地反复进行，每分钟应吹气14～16次。注意吹气时切勿过猛、过短，也不宜过长，以占一次呼吸周期的1/3为宜。

2. 仰卧压胸法

让伤员仰卧，救护者跨跪在伤员大腿两侧，两手拇指向内，其余四指向外伸开，平放在其胸部两侧乳头之下，借半身重力压伤员胸部，挤出伤员肺内空气。然后救护者身体后仰，除去压力，伤员胸部依其弹性自然扩张，使空气吸入肺内。如此有节律地进行，要求每分钟压胸16～20次。

此法不适用于胸部外伤或二氧化硫、二氧化氮中毒者，也不能与胸外心脏按压法同时进行。

3. 俯卧压背法

此法与仰卧压胸法操作方法大致相同，只是伤员俯卧，救护者跨跪在伤员大腿两侧。因为这种方法便于排出肺内水分，因而此法对溺水急救较为适合。

（二）心脏复苏

心脏复苏操作主要有心前区叩击术和胸外心脏按压术。

1.心前区叩击术

心脏骤停后立即叩击心前区,叩击力中等,一般可连续叩击 3～5 次,并观察脉搏、心音,若恢复则表示复苏成功,反之应立即放弃,改用胸外心脏按压术。操作时使伤员头低脚高,施术者以左手掌置其心前区,右手握拳,在左手背上轻叩。

2.胸外心脏按压术

此法适用于各种原因造成的心脏骤停者。胸外心脏按压前应先施行心前区叩击术,如果叩击无效,应及时正确地进行胸外心脏按压。其操作方法是首先将伤员仰卧木板上或地上,解开其上衣和腰带,脱掉其胶鞋,救护者位于伤员左侧,手掌面与前臂垂直,一手掌面压在另一手掌面上,使双手重叠,置于伤员胸骨 1/3 处(其下方为心脏),以双肘和臂肩之力有节奏地、冲击式地向脊柱方向用力按压,使胸骨压下 3～4 cm(有胸骨下陷的感觉就可以了);按压后迅速抬手使胸骨复位,以利于心脏的舒张。按压次数以每分钟 60～80 次为宜,按压过快,心脏舒张不够充分,心室内血液不能完全充盈;按压过慢,动脉压力低,效果也不好。

(三)止血

任何外伤都有出血的可能。人体的总血量为 5 000～6 000 mL,急性出血超过 800 mL 时就会有生命危险,因此争取时间为伤员及时而有效地止血,对挽救伤员的生命具有非常重要的意义。

止血方法有压迫止血法、加压包扎止血法、加垫屈肢止血法和止血带止血法等 4 种。

(1)压迫止血法又称指压止血法,适用于头、颈、四肢动脉大血管出血的临时止血。当发现受伤人员伤口正在流血时,只要立刻果断地用手指或手掌用力压紧伤口附近靠近心脏一端的动脉跳动处,并把血管紧压在骨头上,就能很快收到临时止血的效果。因为压迫止血是一种临时性止血措施,所以在使用此法止血的同时应迅速寻找止血材料,及时换用其他止血方法。

(2)加压包扎止血法主要适用于小血管和毛细血管的止血。先把消毒纱布敷在伤口上(如果没有消毒纱布,也可用干净的毛巾代替),再加上棉花团或纱布卷,然后用绷带、布带或三角巾加压缠绑,以达到止血的目的。假如伤肢有骨折,还要另加夹板固定。

(3)加垫屈肢止血法多用于小臂和小腿的止血,它利用肘关节或膝关节的弯曲功能压迫血管达到止血。在肘窝或腘窝内放入棉垫或布垫,然后使关节弯曲到最大限度,再用绷带把前臂与上臂(或小腿与大腿)固定。如果伤肢有骨折,必须先加夹板固定。

(4)止血带止血法主要适用于四肢大血管出血,尤其是动脉出血。操作方法是:用止血带绕肢体绑扎打结固定,或在结内(或结下)穿一根短棒,转动此棒,绞紧止血带,直到不流血为止,然后把棒固定在肢体上。在绑扎和绞止血带时不要过紧或过松,过紧会造成皮肤神经损伤,过松则不能起到止血作用。

（四）创伤包扎

有外伤的伤员经过止血后就要立即用急救包、纱布、绷带或毛巾等包扎起来。及时和正确的包扎既可起到止血的作用,又可保持伤口清洁,防止污物进入,避免细菌感染。对有骨折或脱臼的伤员来说,包扎还可以起固定敷料和夹板的作用,以减少伤员的痛苦,并为安全转送医院救治打下良好的基础。

煤矿井下最常遇到的是头部外伤和四肢外伤。对于这类外伤,一般都采用三角巾和绷带包扎。

（五）骨折临时固定

骨折是一种比较多见的创伤,如果伤员的受伤部位出现剧烈疼痛、肿胀、变形及不能活动等现象时,就有可能是发生骨折了。这时必须用一切可以利用的条件,迅速、及时而又准确地给伤员进行临时固定。做骨折临时固定时应注意下列事项:

（1）凡伤员有生命危险时,必须先抢救生命。

（2）如有伤口出血应先止血,并包扎伤口,然后再做骨折临时固定。

（3）在井下对伤员做骨折临时固定,目的在于保证伤员可以安全地向地面医院转送,因此对于有明显外伤畸形的伤肢,只要进行大体纠正、临时固定,而不需要按原形完全复位,也不必要把露出的断骨送回伤口,避免给伤员增加不必要的痛苦,或因处理不当而使伤情加重。

（4）做骨折临时固定时,要注意防止伤口感染和断骨刺伤血管、神经,避免给以后的救治造成困难。

（5）尽可能就地固定,在固定前要避免过多的检查,也不要无故移动伤员或伤肢。

（6）做临时固定用的夹板或其他固定材料的长度和宽度要与受伤的肢体相称,夹板应能托住整个伤肢。除把骨折的上下两端固定好外,如遇关节处,要同时把关节固定好。

（7）夹板不能与皮肤直接接触,要用棉花或毛巾、布片等柔软物品垫好,尤其在夹板的两端、骨头突出的地方和空隙部位。

（8）固定时不可过紧或过松。四肢骨折应先固定骨折上端,再固定下端,并露出手指或趾尖,以便观察血液循环情况。如发现指（趾）尖苍白发冷并呈青紫色,说明包扎过紧,要放松后重新固定。

（9）做临时固定后迅速向地面医院转送。

（六）伤员搬运

伤员在井下经过急救、止血、包扎和骨折临时固定后，就要迅速向地面医院转送搬运伤员。

井下搬运伤员的方法有用担架搬运、单人徒手搬运和多人徒手搬运。究竟采用哪种搬运方法，要依伤员的伤情、现场条件和抢救人员的力量来确定。

二、急救方法

（一）中毒、窒息急救

（1）立即将伤员从危险区抢运到新鲜风流中，并安置在顶板良好、无淋水的地点。

（2）立即将伤员口、鼻内的黏液、血块、泥土、碎煤等除去，并解开其上衣和腰带，脱掉其胶鞋。

（3）用衣服覆盖在伤员身上以保暖。

（4）根据心跳、呼吸、瞳孔等特征和伤员的神志情况，初步判断伤情的轻重。

（5）对二氧化硫和二氧化氮的中毒者只能进行口对口的人工呼吸，不能进行压胸或压背法的人工呼吸，否则会加重伤情。当伤员出现眼红肿、流泪、畏光、喉痛、咳嗽、胸闷现象时，说明是受二氧化硫中毒所致。当出现眼红肿、流泪、喉痛及手指、头发呈黄褐色现象时，说明伤员是受二氧化氮中毒。

（6）人工呼吸持续的时间以恢复自主性呼吸或到伤员真正死亡时为止。当救护队来到现场后，应转由救护队用苏生器苏生。

（二）机械性外伤急救

凡因机械力量直接或间接作用于人体所造成的组织或器官的破坏并发生局部或全身反应的一种外伤叫机械性外伤。

1. 创伤性休克急救

遭受强烈袭击后的伤员，创伤早期由于剧烈疼痛，身体各部脏器和组织细胞供血不足而缺氧，可引起休克。创伤性休克是造成伤后死亡的原因之一。紧急处理要点为：

（1）现场抢救时要迅速将伤员安置到安全地方，让其安静休息。

（2）伤员体位要取平卧位，或让头部抬高 30°，脚和腿也抬高 30°，以增加回流到心脏的血量，改善脑部血液循环。

（3）保持呼吸道畅通。注意消除呼吸道的尘土、血块和分泌物等，防止窒息和缺氧。

（4）解除伤员疼痛。对有骨折的伤员应进行骨折临时固定，以免搬动时刺激神经引起疼痛；伤员剧疼时可给予适量的镇痛药。

（5）伤口包扎、止血。妥善包扎伤处,可减少出血;对内出血,由于现场无法早期止血,应尽快送到医院抢救。

（6）对出现呼吸系统和血液循环衰竭的伤员,除针对病因予以处理外,必要时可进行口对口人工呼吸和胸外心脏按压等急救处理。

2．颅脑伤急救

井下冒顶、片帮等直接暴力撞击头部可引起颅脑伤。颅脑伤分为头皮损伤、颅骨损伤、脑震荡、颅内血肿和脑挫伤。颅脑伤总的急救原则是:

（1）包扎伤口。遇有头部开放伤口可用干净衣服将头部伤口加压包扎。如有脑组织膨出,应先在膨出组织周围用纱布围好或用搪瓷碗盖上,然后包扎固定。

（2）调整体位。伤员在担架上应置于侧卧位,用衣服将头部固定,防止转运中震荡。

（3）遇有舌根后坠堵塞呼吸道时,应立即用夹舌钳将舌拉出,插入口咽导气管,或用安全别针在距舌尖 2 cm 中线位置穿透,将舌拉出并固定在颈上、胸部衣服上。

3．颈部伤急救

颈部是人体血管、神经、气管、颈椎、甲状腺的密集分布带,一旦致伤都较为严重,常因血管破裂大量失血迅速引起死亡。血管损伤时常呈喷射状涌出大量鲜血。颈部大静脉损伤除大量失血外,还可因血管内进入空气而引起空气栓塞(即空气进入血管内将血管堵塞),伤员便立即颜面苍白,出大量冷汗,直至死亡。若颈部神经损伤,伤员可发生声门肌麻痹而死亡。急救处理为:

（1）迅速止血。可压迫颈总动脉或对侧上肢做支架加压包扎,并立即请医生急救。

（2）气管受伤。无大量出血,可在局部做简单的清洁处理,盖上清洁纱布,立即送医院治疗。

4．胸部伤急救

胸部伤主要表现为肋骨骨折、血胸、气胸。肋骨骨折除伤处疼痛外,局部可摸到骨折端或有骨擦音。若骨折端刺破胸膜,肺脏损伤时,出现咯血,导致血胸、气胸等严重情况。当伤员胸壁破裂,伤口大而深,呼吸时空气从伤口进出,则形成胸壁破裂开放性气胸。凡此类伤员应对伤口严密消毒,包扎好伤口及时转送医院诊治。胸部伤口小或没有伤口的伤员多因体内肺泡破裂,吸气时气体进入胸膜腔,呼气时气体不能排出,出现伤侧胸壁饱满张力性气胸,症状主要表现为进行性呼吸困难、口唇青紫、脉搏快而细、血压下降等。因此凡胸部伤不可大意,应尽快转送医院诊断医治,对于出现呼吸困难的转运伤员,可用粗注射针头在伤员乳头上方第 2～3 肋间刺入胸膜,向外抽气或放气,减轻伤员呼吸困难。针头盖上纱布,并用胶布加以固定。

5. 腹部伤急救

腹部受伤必须注意有无内脏破裂和肠管损伤。肝脾破裂时主要危险是内出血,伤员表现为面色苍白、口渴、出冷汗、脉快而细弱、血压下降、休克等症状,同时因血液刺激腹膜而有腹膜刺激症状,如腹痛、腹胀、恶心、腹肌紧张并伴有压痛。处理这类伤员时要及时转送医院诊治。送医院前应包扎伤部,如有脏器膨出不要送回体内,用消毒纱布将脏器围好或用搪瓷碗盖上后包扎。转送途中伤员置仰卧位,膝下垫高,使腹壁松弛。内出血严重者,应尽早作抗休克治疗。

6. 肢体离断伤急救

肢体离断伤轻者致残,重者会有生命危险,在处理这类伤员时需小心谨慎,切不可疏忽大意。处理原则是:

(1)首先要观察伤员总的情况,积极抢救休克或其他严重损伤。近端肢体应用止血带止血。

(2)对断肢要用消毒的或清洁的敷料包好。如果一时来不及准备,可用干净的布片或毛巾、手帕等代替纱布包扎,也可用干净的塑料袋装好,扎紧口子,并尽快送到医院。做好断肢的现场处理是关系到再植手术成功与否的关键,切不可疏忽大意。

7. 冒顶挤压伤急救

对被煤矸压埋的人员应尽快将其救出,挖掘时要注意动作轻巧稳妥,以免稍有不慎造成严重损伤,尽可能先挖出头部周围的岩石和煤块,露出头部,以利于及时清除口腔、鼻腔的淤泥秽物,使呼吸道通畅,有条件时给予氧吸入,并迅速掏去伤员周围和身上的煤岩块,立即抬离现场,抬运过程中必须小心,严禁用手拖拉伤员四肢或采取其他粗鲁动作。对有外伤者要做好止血和包扎及骨折的固定等处理。对呼吸困难还未停止呼吸者,应立即进行人工呼吸。当伤员有背部损伤时,不得做仰卧压胸与俯卧压背人工呼吸,可采用口对口吹气人工呼吸。

(三)溺水急救

1. 转送

把溺水者从水中救出以后要立即送到比较温暖和空气流通的地方,松开腰带,脱掉湿衣服,盖上干衣服,以保持体温。

2. 检查

以最快的速度检查溺水者的口鼻,如果有泥水和污物堵塞,应迅速清除,擦洗干净,以保持呼吸道通畅。

3. 控水

使溺水者取俯卧位,用木料、衣服等垫在肚子下面,或将左腿跪下,把溺水者的腹部放在救护者的右侧大腿上,使其头朝下,并压其背部,迫使其体内的水由气管、口腔流出。

4. 人工呼吸

上述方法控水效果不理想时,应立即做俯卧压背人工呼吸或口对口吹气人工呼吸,或胸外心脏按压。

（四）烧伤急救

（1）尽快扑灭伤员身上的火,缩短烧伤时间。

（2）检查伤员呼吸、心跳情况;查清是否合并有其他外伤或有害气体中毒;对爆炸冲击烧伤的伤员,应特别注意有无颅脑或内脏损伤和呼吸道烧伤。

（3）伤员因疼痛和恐惧发生休克时,或发生急性喉头梗阻而窒息时,应进行人工呼吸等急救。

（4）为了减少创面的污染和损伤,在现场检查伤员时,其衣服可以不脱、不剪开。

（5）用较干净的衣服把创面包裹起来,防止感染。在现场,除化学烧伤可用大量流动的清水持续冲洗外,对创面一般不做处理,尽量不弄破水泡以保护表皮。

（6）运送伤员时动作要轻柔,行进要平稳,并随时观察伤情。

（五）对触电者的急救

（1）立即切断电源,或使触电者脱离电源。

（2）迅速观察伤员有无呼吸和心跳,如发现已停止呼吸或心音微弱,应立即进行人工呼吸或胸外心脏按压。

（3）若呼吸和心跳都已停止时,应同时进行人工呼吸和胸外心脏按压。

（4）对遭受电击者,如有其他损伤（如跌伤、出血等）,应做相应的急救处理。

第四节　矿井灾害预防和处理计划

一、内容

灾害预防和处理计划应根据本矿井地质条件和自然因素,针对可能发生的灾害事故,做出评估,编制有针对性的预防和处理措施。灾害预防和处理计划因矿井而异,一般应有文字说明、附图及处理各种事故必备技术资料和安全迅速撤离人员的措施。文字说明要详尽确切,可尽量采用示意图和表格表示。

（一）文字说明

文字说明中包括：

（1）可能发生事故地点的自然条件、生产条件及预防的事故性质、原因和预兆。

（2）出现各种事故时保证人员安全撤离所必须采取的措施。

（3）预防、处理各种事故和恢复生产的具体技术措施。

（4）实现预防措施的单位及负责人。

（5）参加处理事故指挥部的人员组成、分工和其他有关人员名单、通知方法和顺序。人员的分工要明确具体，通知召集人的方法要迅速及时。

（二）附图及有关处理各种事故必备的技术资料

（1）矿井通风系统图、反风试验报告及反风时保证反风设施完好可靠的检查报告。

（2）矿井供电系统图和井下电话的安装地点。

（3）井下消防与洒水管路、排水管路和压风管路的系统图。

（4）地面和井下消防材料库位置及其储备的材料、设备、工具的品名和数量登记表。

（5）地面、井下对照图，图中应标明井口位置和标高、地面铁路、公路、钻孔、水井、水管、储水池及其他存放可供处理事故用的材料、设备和工具的地点。

（三）安全迅速撤离人员的措施

（1）及时通知灾区和受威胁地区人员的方法（电话、音响、放特殊气味等）及所需材料设备。

（2）人员撤离路线及该路线上需设的照明设备、路标、自救器及临时避难硐室的位置。

（3）风流控制方法、实现步骤及其适用条件。

（4）发生事故后对井下人员的统计方法。

（5）救护队员向遇灾人员接近的移动路线。

（6）向待救人供给空气、食物和水的方法。

（四）处理灾害和恢复生产措施的编制原则

（1）处理火灾事故应根据已探明的火区地点和范围制定控制火势的方法及风流调度原则和方法，防止产生瓦斯、煤尘爆炸的措施、步骤，采用的灭火方法，防火墙的位置、材料和修建顺序等。

（2）处理爆炸事故时应写出如何迅速恢复灾区通风，用适当风量冲洗灾区，避免出现或消除火源，防止瓦斯连续爆炸的措施。

（3）其他事故（煤与瓦斯突出、冒顶、透水、运输提升和机电事故等）的预防和处理措施也应根据本矿井具体情况制定。

为使灾害预防和处理计划尽量与客观事物发展过程相吻合,就需要通过调查研究和集中群众智慧,然后根据现状和历史教训编制出切实可行的计划。随着客观条件的变化(采掘计划的变更、通风系统的改变等),每季度还要对计划做出相应的修改与补充。

二、处理各种重大灾害事故时的指导原则和一般措施

当井下发生煤与瓦斯突出、瓦斯与煤尘爆炸、火灾等重大事故时,首先必须将灾区和受威胁区域的人员迅速撤至安全地点,全力以赴抢救遇险人员,同时探明灾区地点和范围,并根据事故性质采取针对性措施。

(一)爆炸事故处理

处理爆炸事故时,救护小队进入灾区必须遵守下列规定:

(1)进入前切断灾区电源。

(2)检查灾区内各种有害气体的浓度、温度及通风设施破坏情况,发现有再次爆炸危险时,必须立即撤到安全地点。

(3)穿过支架被破坏的巷道时,要架好临时支架。

(4)通过支护不好的地点时,救护队员要保持一定的距离按顺序通过。

(5)进入灾区行动要谨慎,防止碰撞产生火花,引起爆炸。

(6)确知人员已经遇难时,必须先恢复灾区通风,再进行处理。

(二)火灾事故处理

1. 处理原则

(1)控制烟雾的蔓延,不致危及井下人员安全。

(2)防止火灾扩大。

(3)防止引起瓦斯、煤尘爆炸,防止火风压引起风流逆转而造成危害。

(4)保证救灾人员的安全,并有利于抢救遇险人员。

(5)创造有利的灭火条件。

2. 一般措施

(1)组织矿山救护队进入火区侦察,探明火区地点、范围、性质。救灾指挥部根据救护队提供的信息资料和矿井的实际情况确定控制风流方案。

(2)进风井口、井筒、井底车场、主要进风巷和硐室发生火灾时,为抢救井下工作人员,应进行全矿井反风。指挥部下达反风命令前,必须将火源进风侧的人员撤出,并采取阻止火灾蔓延的措施。

(3)切断火区电源。

(4)火区范围不大时,应积极组织人力、物力控制火势,直接灭火。灭火工作必须从火源进风侧进行。用水灭火时,水流应从火源外围喷射,逐步逼向火源中心;必须有充足的风量和畅通的回风巷,防止水煤气爆炸。

（5）直接灭火无效时应采取隔绝法封闭火区,并遵守《规程》第二百七十六条的规定。

（6）处理火灾事故过程中必须指定专人检查瓦斯和煤尘,观测灾区气体和风流变化。

（三）处理煤（岩）与瓦斯（二氧化碳）突出事故

（1）发生煤（岩）与瓦斯突出事故不得停风和反风,防止风流紊乱扩大灾情。如通风系统及设施被破坏,应设置风障、临时风门及安装局部通风机恢复通风。

（2）恢复突出区通风时,应以最短的路线将瓦斯引入回风巷。回风井口 50 m 范围内不得有火源,并设专人监视。

（3）是否停电应根据井下实际情况决定。

（4）处理煤（岩）与二氧化碳突出事故时,除遵守上述规定外,还必须加大灾区风量,迅速抢救遇险人员。矿山救护队进入灾区时要戴好防护眼镜。

（四）水灾事故处理

1. 处理井下水害的一般原则

（1）必须了解突水的地点、性质,估计突水量、静止水位、突水后涌水量、影响范围、补给水源及有影响的地面水体。

（2）掌握突水灾区范围。如事故前人员分布、矿井中有生存条件的地点、进入该地点的可能通道,以便迅速组织抢救。

（3）按积水量、涌水量组织强排,同时发动群众堵塞地面补给水源,排除有影响的地表水,必要时采用灌浆堵水。

（4）加强排水与抢救中的通风,切断灾区电源,防止一切火源。防止瓦斯和其他有害气体聚集和涌出。

（5）排水后侦察、抢救中要防止冒顶、掉底和二次突水。

（6）搬运和抢救遇险者时,要防止突然改变伤员已适应的环境和生存条件,造成不应有的伤亡。

2. 透水时的应急措施

当井下某一地点发生突然透水事故时,现场人员除立即报告矿调度室外,如果情况危急,水势很猛,则应采取以下应急措施:

（1）在场人员的行动原则。发生透水事故时,在场人员应尽量了解或判断事故的地点和灾害程度,在保证人员安全的条件下迅速组织抢救,尽可能就地取材,加固工作面,设法堵住出水点,以防止事故继续扩大。如果无法抢救,则应根据当时当地的实际情况,有组织地沿着规定的避灾路线,避开压力水头,迅速撤退到涌水地点的上部水平或地面,而不能进入出水点附近的独头巷道内。如果独头上山下部的唯一出口已被淹没无法撤退时,则可在独头巷道躲避,以免受涌水伤害。井下人员万一来不及全部撤到安全地点而被堵在其他巷道内,应保持镇静,避免体力的过度消耗,坚信组织上一定会全力营救。

(2)透水事故的抢救措施。

① 各级领导应准确地检查井下人员,如果发现尚有人员被堵于井下,应首先制定营救措施。为此要判断人员可能躲避的地点,根据涌水量和排水能力,估计排除积水的时间。当判断有人被堵于独头上山时,必要时可以在地面打钻孔向井下输送食物等。

② 立即通知泵房人员,要将水仓水位降到最低程度,以争取较长的缓冲时间。

③ 水文地质人员应分析判断突水来源和最大突水量,测量涌水量及其变化,察看水井及地表水体的水位变化,判断突水量的发展趋势,采取必要的措施,防止淹没矿井。

④ 检查维护所有排水设施和输电线路,了解水仓现有容量,如果水中携带大量泥沙和浮煤,则应在水仓进口处的大巷内分段建筑临时挡墙,使其沉淀,减少水仓淤塞。在水泵龙头被堵塞时,应组织会水人员清除水龙头上的杂物。

⑤ 检查防水闸门是否灵活、严密,并派专人看守,清理淤渣,拆除短节轨道等,做好准备,待命关闭。在关闭防水闸门时,必须查清人员是否已全部撤出。

⑥ 采取上述应急措施仍不能阻挡淹井时,井下人员应向高处撤退,迅速向安全出口转移,安全上井。

(五)冒顶事故处理

救护队处理冒顶事故的主要任务是抢救遇险人员及恢复通风等。抢救遇险人员时,首先应直接与遇险人员联络,确定遇险人员所在的位置和人数。如果遇险人员所在地点通风不好,必须设法加强通风。若因冒顶遇险人员被堵在里面,应利用压风管、水管及开掘巷道、打钻孔等方法,向遇险人员输送新鲜空气、饮料和食物。抢救中必须时刻注意救护人员的安全,如果觉察到有再次冒顶危险时,首先应加强支护,有准备地做好安全退路。在冒落区工作时,要派专人观察周围顶板变化,注意检查瓦斯变化情况。在消除冒落矸石时,要小心地使用工具,以免伤害遇险人员。处理时应根据冒顶事故的范围大小、地压情况等,采取不同的抢救方法:

(1)顶板冒落范围不大时,如果遇险人员被大块矸石压住,可用千斤顶等工具把大块岩石顶起,将人迅速救出。

(2)顶板沿煤壁冒落、矸石块度比较破碎、遇险人员又靠近煤壁位置时,可沿煤壁由冒顶区从外向里掏小洞,架设梯形棚维护顶板,边支护边掏洞,直到把遇险人员救出。

（3）如果遇险者位置靠近放顶区时,可沿放顶区由外向里掏小洞,架设梯形棚子,木板背带背顶,或用前棚边支护边掏洞,把遇险人员救出。

（4）工作面冒落范围较小、矸石块度小、比较破碎且继续下落、矸石扒一点漏一些时,救护人员可采用撞楔法处理,控制住顶板。

（5）分层开采的工作面发生事故,底板是煤层,遇险人员位置在金属网或荆条假顶下面时,可用沿底板煤层掏小洞,边支护边掏洞,接近遇险者后将其救出。如果底板是岩石,掏不动,遇险者位置在金属网或荆条假顶下面时,可沿煤壁掏小洞寻找遇险人员。

（6）工作面冒落范围很大时,遇险者的位置在冒落工作面的中间,采用掏小洞和撞楔法处理时间长,不安全,可用沿煤层重开开切眼的方法处理。新开开切眼与原工作面距离一般为 3～5 m,边支护边掘进。也可以沿煤壁用掏洞法处理,但靠冒落区的一帮必须用板背好,防止漏矸石。

（7）如果工作面两头冒落,把人堵在中间,采用掏小洞和撞楔法穿不过去时,可采用另开巷道的方法,绕过冒落区或危险区将遇险人员救出。

（8）独头掘进巷道发生冒顶事故将人员压住或堵住,可参照以上方法抢救遇险人员。

第十四章　煤矿安全管理能力

第一节　煤矿安全检查和隐患排查

一、煤矿安全检查

安全检查是安全生产管理工作中的一项重要内容,是确保国家有关法律、法规、标准和企业规章制度得到有效贯彻执行,纠正物的不安全状态、制止人的不安全行为,防止事故发生的重要手段。

(一)煤矿安全检查的主要内容

安全检查的主要依据:国家安全生产法律法规、政策性指令和规定,行业规程、技术标准、规范,安全质量标准化标准,本单位的安全管理制度和规范等。

安全检查内容主要包括生产经营现场和安全管理资料。

1. 现场安全检查的主要内容

(1)现场作业环境,安全、生产系统,安全警示标志。

(2)安全质量标准化、安全风险评估。

(3)生产装置,特种设备,安全设施和安全保护、防护装置。

(4)供用电,消防安全。

(5)持证上岗,岗位操作,标准、规范和规程措施现场落实,检、维修作业,职业安全健康和劳动保护。

(6)重大灾害防治,隐患治理。

(7)应急预案和现场处置方案的培训、演练情况,应急物资、装备,煤矿井下安全避险"六大系统"建设完善。

2. 安全管理资料检查的主要内容

(1)安全生产管理机构设置和人员配备。

(2)安全生产责任制、安全管理制度的制定及执行,上级安全指示精神贯彻落实。

(3)岗位操作规程,安全技术措施编审、贯彻,特殊作业许可、作业票证管理,检、维修安全管理。

（4）隐患排查与治理,重大危险源管理,职业危害防治,应急管理。

（5）安全教育培训,安全费用提取使用。

（6）设备设施、安全仪器仪表使用、维护管理。

（7）安全生产监督检查工作开展,安全信息报送,事故报告及处理。

（一）煤矿安全检查的主要方法和程序

1. 主要方法

按检查的性质,煤矿安全检查可分为综合性检查、专业性检查、季节性检查和临时检查等。各类安全检查活动应采取剖析式检查和不定时间、不定路线、不定地点的"三不定"动态检查方式;检查过程中应做到查现场必须查措施、查事查物必须查责任人、发现问题必须提出处理意见。

（1）综合性检查。是一种最经常的、普遍性的检查,目的是对安全管理、安全技术、职业危害等情况进行常规性的检查。各煤矿及专业管理部门都可以定期或不定期组织这种检查。

（2）专业性检查。是针对某项特殊的作业、设备或场所进行的检查,如"一通三防"检查、防治水检查、爆炸物品检查等。专业性检查技术性强,对检查人员的要求比较高。

（3）季节性检查。是根据季节特点,为防止季节性事故发生而进行的检查,如雨季前的防洪检查、冬季的防火检查等。

（4）临时检查。是根据工作需要而组织的临时性检查,如节假日前后为保障安全过节,防止因过节休假等因素造成精力分散,引起事故而组织的检查。

2. 安全检查应坚持的基本原则

（1）坚持"预防为主,事前问责"原则,实现安全风险的预防性前移。

（2）坚持"依法依规,实事求是"原则,提高安全生产监督检查工作的权威性和严肃性。

（3）坚持"联合检查,注重实效"原则,提升安全生产监督检查的深度、广度和效能。

（4）坚持"查处问题与指导服务相结合"原则,促进安全管理工作持续改进提升。

（5）坚持"惩处违规与教育引导相结合"原则,促进干部职工安全意识、安全技能提高。

（三）煤矿安全检查要点

（1）安全检查组织部门应根据安全生产实际,制订月度安全生产检查计划,明确检查的目的、方式、规模、时间、频度、重点内容等,有序开展安全生产监督检查工作。

（2）检查人员必须严格按照"谁检查、谁签字、谁负责"的要求，认真填制各类安全生产监督检查文书，做到语言规范、事实清楚、处罚准确。

（3）检查前，制定安全检查方案，明确检查内容、形式、参加人员及检查要求，并准备相关检查资料、检查文书等。参加安全生产监督检查人员必须认真学习并熟练掌握相关安全生产法律法规、标准规范、规定和专业知识。

（4）安全检查必须实行闭环管理，按照"谁检查、谁复查、谁签字、谁负责"要求，被检单位整改完毕后，由原检查人员或委托被检单位，对整改情况进行复查，确保整改到位。

（5）检查人员在检查过程中，应做到坚持原则、廉洁公正、严格细致、文明高效、依规执法。

（6）安全检查应积极推广安全检查表、危险有害因素辨识、安全评价分析等检查方法，不断提高检查质量和效能。

二、煤矿安全隐患排查与治理

（一）煤矿安全隐患排查与整改

1. 安全隐患排查

（1）隐患排查应采取专家诊断式、专业对标式、系统解剖式与职工自主查隐患相结合的方式，实施从岗位、班组、区队到生产经营单位的"层级排查"方式。实行定时、定责、定级"三定"管理。

（2）煤矿应当每月由总工程师（技术负责人）负责组织有关职能部门进行事故隐患排查，并提出事故隐患分级意见，报上级主管部门进行审查确认。

（3）事故隐患治理要做到项目、资金、措施、时间、人员、责任六落实。对排查出的 A 级事故隐患，还要编制专项应急预案。

（4）煤矿重大安全生产事故隐患严格按照《安全生产事故隐患排查治理暂行规定》进行确认、治理和上报。

2. 安全隐患整改

所排查的事故隐患，必须编制事故隐患治理方案（措施）。其中：

（1）A 级事故隐患治理方案（措施）由总工程师负责组织编制，集团公司总工程师或分管副总工程师负责组织审查。

（2）B 级事故隐患治理方案（措施）由业务科室负责编制，总工程师或分管副总工程师组织审查。

（3）C 级事故隐患治理方案（措施）由区（队）技术人员负责编制，分管副总工程师组织审查。对于存在重大事故隐患的，由主要负责人组织制定并实施事故隐患治理方案。

（4）A、B 级隐患治理方案由主要负责人组织实施,C 级隐患治理方案由部门或区队负责人组织实施。涉及两个及两个以上单位的 A 级隐患,由集团公司组织协调。

（5）存在重大事故隐患的,应当立即停止生产,由主要负责人组织制定隐患治理方案和安全保障措施,按照"三定、六落实"的原则立即组织整改。

（二）煤矿安全隐患排查与治理的管理要点

（1）煤矿应当建立健全事故隐患排查治理和建档监控等制度,逐级建立并落实从主要负责人到每个从业人员的隐患排查治理和监控责任制,实施分级治理、分级监控、分级督办。

（2）隐患排查治理的内容应全面排查治理工艺系统、基础设施、技术装备、作业环境、防控手段等方面存在的隐患,以及安全生产体制机制、制度建设、安全管理组织体系、责任落实、劳动纪律、现场管理、事故查处等方面存在的薄弱环节。

（3）隐患排查治理应按照"谁主管、谁负责"和"全员、全过程、全方位"的原则,明确职责,做到及时发现、及时消除各类安全生产隐患。

（4）煤矿在事故隐患治理过程中,应当采取相应的安全防范措施,防止事故发生。事故隐患排除前或者排除过程中无法保证安全的,应当从危险区域内撤出作业人员,并疏散可能危及的其他人员,设置警戒标志,暂时停产停业或者停止使用;对暂时难以停产或者停止使用的相关生产储存装置、设施、设备,应当加强维护和保养,防止事故发生。

（5）煤矿应当加强对自然灾害的预防。对于因自然灾害可能导致事故灾难的隐患,应当按照有关法律、法规、标准和相关规定的要求排查治理,采取可靠的预防措施,制定应急预案。在接到有关自然灾害预报时,应当及时向下属单位发出预警通知;发生自然灾害可能危及人员安全时,应当采取撤离人员、停止作业、加强监测等安全措施,并及时向上级主管部门报告。

（6）煤矿对排查出的事故隐患,应当按照事故隐患的等级进行登记,建立事故隐患跟踪治理台账,并按照职责分工由各级业务部门对隐患治理过程实施跟踪监控,及时指导、督促事故隐患的整改。安全监察部门负责对事故隐患治理情况进行全面监督。

（7）对事故隐患实行告知制度,B 级及以上事故隐患消除前,通过电子显示屏等方式进行公示,并在隐患现场挂牌告知现场所有人员。

（8）实行事故隐患排查治理举报制度,接受任何单位和个人举报监督。

（9）事故隐患治理完毕后必须组织验收,验收合格方可消除。

（10）对事故隐患排查治理资料实行档案化管理。事故隐患排查治理牵头部门，负责对事故隐患排查台账、事故隐患治理方案（措施）、事故隐患治理验收记录进行管理；生产经营单位安全监察部门，负责对事故隐患治理过程跟踪监督，实行台账管理。

第二节　煤矿安全费用的管理

一、煤矿安全费用的分类及提取

在中华人民共和国境内直接从事煤炭生产的企业，依据开采的原煤产量按月提取。各类煤矿原煤单位产量安全费用提取标准如下：

（1）煤（岩）与瓦斯（二氧化碳）突出矿井、高瓦斯矿井吨煤30元。

（2）其他井工矿吨煤15元。

（3）露天煤矿吨煤5元。

矿井瓦斯等级划分按现行《煤矿安全规程》和《矿井瓦斯等级鉴定规范》的规定执行。企业在上述标准的基础上，根据安全生产实际需要，可适当提高安全费用的提取标准。

二、煤矿安全费用的使用范围

煤炭生产企业安全费用应当按照以下范围使用：

（1）煤与瓦斯突出及高瓦斯矿井落实"两个四位一体"综合防突措施支出，包括瓦斯区域预抽、保护层开采区域防突措施、开展突出区域和局部预测、实施局部补充防突措施、更新改造防突设备和设施、建立突出防治实验室等支出。

（2）煤矿安全生产改造和重大防患治理支出，包括"一通三防"（通风，防瓦斯、防煤尘、防灭火），防治水、供电、运输等系统设备改造和灾害治理工程，实施煤矿机械化改造，实施矿压（冲击地压）、热害、露天矿边坡治理、采空区治理等支出。

（3）完善煤矿井下监测监控、人员定位、紧急避险、压风自救、供水施救和通信联络安全避险"六大系统"支出，应急救援技术装备、设施配置和维护保养支出，事故逃生和紧急避难设施设备的配置和应急演练支出。

（4）开展重大危险源和事故隐患评估、监控和整改支出。

（5）安全生产检查、评价（不包括新建、改建、扩建项目安全评价）、咨询、标准化建设支出。

（6）配备和更新现场作业人员安全防护用品支出。

（7）安全生产宣传、教育、培训支出。

（8）安全生产适用新技术、新标准、新工艺、新装备的推广应用支出。

（9）安全设施及特种设备检测检验支出。

（10）其他与安全生产直接相关的支出。

在以上规定的使用范围内，企业应当将安全费用优先满足安全生产监督管理部门、煤矿安全监察机构以及行业主管部门对企业安全生产提出的整改措施或达到安全生产标准所需的支出。

三、煤矿安全费用的提取及使用要求

煤矿企业应建立健全安全费用管理制度，明确安全费用提取和使用程序、职责及权限。编制年度安全费用提取和使用计划，纳入财务预算。

企业提取的安全费用应当专户核算，按规定的范围使用，不得挤占、挪用。年度结余资金转下年度使用，当年计提安全费用不足的，超出部分按正常成本费用渠道列支。

每月月末，财务部门根据煤矿当月原煤产量，按国家规定的标准计提生产安全费用，借方计入制造费用-原煤-安全费用科目，贷方计入专项储备-安全费用科目。

（一）年度安全费用使用计划编制、审查程序

（1）年度安全费用使用计划的编制。一般根据各煤矿企业管理层次及权限，采用"自下而上，上下结合"的方式。即"提出建议-审议批准-下达执行"。

（2）煤矿各专业管理部门根据本专业存在的安全薄弱环节及治理安全隐患的需要，提出本部门需要投入的计划项目。

（3）煤矿各矿技术分管领导组织各专业管理部门，以预防和消除重大安全生产隐患为重点，结合矿井安全生产的实际需要，兼顾矿井安全生产的长远发展进行初审，然后提交矿总工程师专门主持召开会议进行审查。

（4）矿审定会。会议由矿长主持，矿党政工领导、有关技术领导、安监处、有关专业部门和单位参加。会议主要听取年度生产安全费用计划初步安排方案，对上报计划项目逐一进行审查、确定。煤矿年度安全费用计划建议稿编制完成后，上报企业上级管理部门审查。

（5）计划下达。计划经有权限的上级管理部门审查、批准下达，该计划是煤矿安全费用计划项目实施的依据。

（6）经批准的年度安全费用使用计划和上一年度安全费用提取和使用情况，按有关规定报同级财政部门、安全生产管理部门、煤矿安全监察机构和行业主管部门备案。

（二）生产安全费用计划项目的实施

（1）生产安全费用计划项目的实施，在矿总工程师的组织、监督下严格按照上级批准下达的年度安全费用使用计划进行。

（2）严格生产安全费用计划项目管理。计划项目管理部门应严格按照有关规定进行方案论证（或审定型号）和项目完成验收交接。计划项目完成后，计划项目管理部门应按照有关规定组织项目验收，并负责办理各类验收手续，将计划项目的相关原始资料存档备查。

（3）抓好计划项目落实，建立计划项目目标责任制度，要明确项目责任人，明确工期和质量目标，严格按计划控制投资。

（4）确因安全生产或现场情况发生变化，需要追加或调整计划项目的，由煤矿计划管理部门按照安全费用计划管理程序上报上级主管部门审批或备案后实施。

（5）煤矿各计划项目管理部门应根据各自分管业务范围建立生产安全费用计划实施台账，并做到计划、财务、设施或工程项目三统一、三落实。

第三节　煤矿事故调查处理

一、煤矿事故分级调查处理规定

（一）煤矿事故类别

依照相关规定划分的伤亡事故统计分类标准，按伤亡事故的性质，将煤炭工业行业生产伤亡事故分为顶板、瓦斯、机电、运输、放炮、火灾、水害和其他等8类事故。

1. 顶板事故

指矿井冒顶、片帮、顶板掉牙、顶板支护垮倒、冲击地压、露天矿滑坡、坑槽垮塌等事故，底板事故也视为顶板事故。

2. 瓦斯事故

指瓦斯（煤尘）爆炸（燃烧），煤（岩）与瓦斯突出，瓦斯中毒、窒息等事故。

3. 机电事故

指机电设备（设施）导致的事故。包括运输设备在安装、检修、调试过程中发生的事故。

4. 运输事故

指运输设备（设施）在运行过程发生的事故。

5. 放炮事故

指放炮崩人、触响瞎炮造成的事故。

6. 火灾事故

指煤与矸石自然发火和外因火灾造成的事故（煤层自燃未见明火，逸出有害气体中毒为瓦斯事故）。

7. 水害事故

指地表水、采空区水、地质水、工业用水造成的事故及透黄泥、流沙导致的事故。

（二）生产安全事故的分级

2007 年 6 月 1 日起施行的《生产安全事故报告和调查处理条例》第三条规定如下：

根据生产安全事故（以下简称事故）造成的人员伤亡或者直接经济损失，事故一般分为以下等级：

（1）特别重大事故，是指造成 30 人以上死亡，或者 100 人以上重伤（包括急性工业中毒，下同），或者 1 亿元以上直接经济损失的事故。

（2）重大事故，是指造成 10 人以上 30 人以下死亡，或者 50 人以上 100 人以下重伤，或者 5 000 万元以上 1 亿元以下直接经济损失的事故。

（3）较大事故，是指造成 3 人以上 10 人以下死亡，或者 10 人以上 50 人以下重伤，或者 1 000 万元以上 5 000 万元以下直接经济损失的事故。

（4）一般事故，是指造成 3 人以下死亡，或者 10 人以下重伤，或者 1 000 万元以下直接经济损失的事故。

国务院安全生产监督管理部门可以会同国务院有关部门，制定事故等级划分的补充性规定。

本条第一款所称的"以上"包括本数，所称的"以下"不包括本数。

（三）煤矿生产安全事故的分级调查处理规定

《生产安全事故报告和调查处理条例》第十九条、第二十条、第二十一条对生产安全事故的分级调查处理做出了如下规定：

（1）特别重大事故由国务院或者国务院授权有关部门组织事故调查组进行调查。

重大事故、较大事故、一般事故分别由事故发生地省级人民政府、设区的市级人民政府、县级人民政府负责调查。省级人民政府、设区的市级人民政府、县级人民政府可以直接组织事故调查组进行调查，也可以授权或者委托有关部门组织事故调查组进行调查。

未造成人员伤亡的一般事故，县级人民政府也可以委托事故发生单位组织事故调查组进行调查。

（2）上级人民政府认为必要时，可以调查由下级人民政府负责调查的事故。

自事故发生之日起 30 日内（道路交通事故、火灾事故自发生之日起 7 日内），因事故伤亡人数变化导致事故等级发生变化，依照本条例规定应当由上级人民政府负责调查的，上级人民政府可以另行组织事故调查组进行调查。

（3）特别重大事故以下等级事故，事故发生地与事故发生单位不在同一个县级以上行政区域的，由事故发生地人民政府负责调查，事故发生单位所在地人民政府应当派人参加。

（四）煤矿生产安全事故的报告

1. 事故上报的时限和部门

（1）《中华人民共和国安全生产法》的规定

《中华人民共和国安全生产法》第八十三条、第八十四条对生产经营单位和负有安全生产监督管理职责的部门的事故上报职责做出了如下规定：

① 生产经营单位。生产经营单位发生生产安全事故后，事故现场有关人员应当立即报告本单位负责人。单位负责人接到事故报告后，应当迅速采取有效措施，组织抢救，防止事故扩大，减少人员伤亡和财产损失，并按照国家有关规定立即如实报告当地负有安全生产监督管理职责的部门，不得隐瞒不报、谎报或者迟报，不得故意破坏事故现场、毁灭有关证据。

② 安全生产监督管理部门。负有安全生产监督管理职责的部门接到事故报告后，应当立即按照国家有关规定上报事故情况。负有安全生产监督管理职责的部门和有关地方人民政府对事故情况不得隐瞒不报、谎报或者迟报。

（2）《生产安全事故报告和调查处理条例》的规定

《生产安全事故报告和调查处理条例》第九条、第十条、第十一条分别对生产经营单位和负有安全生产监督管理职责的部门的事故上报职责做出了如下规定：

① 生产经营单位。事故发生后，事故现场有关人员应当立即向本单位负责人报告；单位负责人接到报告后，应当于 1 h 内向事故发生地县级以上人民政府安全生产监督管理部门和负有安全生产监督管理职责的有关部门报告。情况紧急时，事故现场有关人员可以直接向事故发生地县级以上人民政府安全生产监督管理部门和负有安全生产监督管理职责的有关部门报告。

② 安全生产监督管理部门。安全生产监督管理部门和负有安全生产监督管理职责的有关部门接到事故报告后，应当依照下列规定上报事故情况，并通知公安机关、劳动保障行政部门、工会和人民检察院。

特别重大事故、重大事故逐级上报至国务院安全生产监督管理部门和负有安全生产监督管理职责的有关部门。

较大事故逐级上报至省、自治区、直辖市人民政府安全生产监督管理部门和负有安全生产监督管理职责的有关部门。

一般事故上报至设区的市级人民政府安全生产监督管理部门和负有安全生产监督管理职责的有关部门。

安全生产监督管理部门和负有安全生产监督管理职责的有关部门依照前款规定上报事故情况,应当同时报告本级人民政府。国务院安全生产监督管理部门和负有安全生产监督管理职责的有关部门以及省级人民政府接到发生特别重大事故、重大事故的报告后,应当立即报告国务院。

必要时,安全生产监督管理部门和负有安全生产监督管理职责的有关部门可以越级上报事故情况。

安全生产监督管理部门和负有安全生产监督管理职责的有关部门逐级上报事故情况,每级上报的时间不得超过 2 h。

2. 事故上报的内容

(1)《生产安全事故报告和调查处理条例》的规定

《生产安全事故报告和调查处理条例》第十二条、第十三条分别对报告事故及补报作出如下规定:

报告事故应当包括下列内容:

① 事故发生单位概况。

② 事故发生的时间、地点以及事故现场情况。

③ 事故的简要经过。

④ 事故已经造成或者可能造成的伤亡人数(包括下落不明的人数)和初步估计的直接经济损失。

⑤ 已经采取的措施。

⑥ 其他应当报告的情况。

事故报告后出现新情况的,应当及时补报。自事故发生之日起 30 日内,事故造成的伤亡人数发生变化的,应当及时补报。道路交通事故、火灾事故自发生之日起 7 日内,事故造成的伤亡人数发生变化的,应当及时补报。

(2)《生产安全事故信息报告和处置办法》的规定

《生产安全事故信息报告和处置办法》第十条、第十一条分别对报告事故信息的内容及补报要求作出了如下规定:

① 报告事故信息的内容。报告事故信息,应当包括下列内容:

a. 事故发生单位的名称、地址、性质、产能等基本情况。

b. 事故发生的时间、地点以及事故现场情况。

c. 事故的简要经过(包括应急救援情况)。

d. 事故已经造成或者可能造成的伤亡人数(包括下落不明、涉险的人数)和初步估计的直接经济损失。

　　e. 已经采取的措施。

　　f. 其他应当报告的情况。

　　使用电话快报，应当包括下列内容：

　　a. 事故发生单位的名称、地址、性质。

　　b. 事故发生的时间、地点。

　　c. 事故已经造成或者可能造成的伤亡人数（包括下落不明、涉险的人数）。

　　② 补报要求。

　　事故具体情况暂时不清楚的，负责事故报告的单位可以先报事故概况，随后补报事故全面情况。

　　事故信息报告后出现新情况的，负责事故报告的单位应当依照本办法第六条、第七条、第八条、第九条的规定及时续报。较大涉险事故、一般事故、较大事故每日至少续报 1 次；重大事故、特别重大事故每日至少续报 2 次。

　　自事故发生之日起 30 日内（道路交通、火灾事故自发生之日起 7 日内），事故造成的伤亡人数发生变化的，应于当日续报。

　　3. 事故的应急处置

　　(1)《中华人民共和国安全生产法》的规定

　　《中华人民共和国安全生产法》第八十五条对地方人民政府和负有安全生产监督管理职责的部门的应急处置职责做出了如下规定：

　　① 有关地方人民政府和负有安全生产监督管理职责的部门的负责人接到重大生产安全事故报告后，应当立即赶到事故现场，组织事故抢救。

　　② 任何单位和个人都应当支持、配合事故抢救，并提供一切便利条件。

　　(2)《生产安全事故报告和调查处理条例》的规定

　　《生产安全事故报告和调查处理条例》第十四条、第十五条对事故发生单位负责人、事故发生地有关地方人民政府、安全生产监督管理部门和负有安全生产监督管理职责的有关部门的应急处置职责分别做出了如下规定：

　　① 事故发生单位负责人接到事故报告后，应当立即启动事故相应应急预案，或者采取有效措施，组织抢救，防止事故扩大，减少人员伤亡和财产损失。

　　② 事故发生地有关地方人民政府、安全生产监督管理部门和负有安全生产监督管理职责的有关部门接到事故报告后，其负责人应当立即赶赴事故现场，组织事故救援。

　　(3)《生产安全事故信息报告和处置办法》的规定

　　《生产安全事故信息报告和处置办法》第十七条至第二十一条对有关事故信息的处置做出了如下规定：

① 发生生产安全事故或者较大涉险事故后,安全生产监督管理部门、煤矿安全监察机构应当立即研究、确定并组织实施相关处置措施。安全生产监督管理部门、煤矿安全监察机构负责人按照职责分工负责相关工作。

② 安全生产监督管理部门、煤矿安全监察机构接到生产安全事故报告后,应当按照下列规定派员立即赶赴事故现场:

a. 发生一般事故的,县级安全生产监督管理部门、煤矿安全监察分局负责人立即赶赴事故现场;

b. 发生较大事故的,设区的市级安全生产监督管理部门、省级煤矿安全监察局负责人应当立即赶赴事故现场;

c. 发生重大事故的,省级安全监督管理部门、省级煤矿安全监察局负责人立即赶赴事故现场;

d. 发生特别重大事故的,应急管理部、国家煤矿安全监察局负责人立即赶赴事故现场。

上级安全生产监督管理部门、煤矿安全监察机构认为必要的,可以派员赶赴事故现场。

③ 安全生产监督管理部门、煤矿安全监察机构负责人及其有关人员赶赴事故现场后,应当随时保持与本单位的联系。有关事故信息发生重大变化的,应当依照本办法有关规定及时向本单位或者上级安全生产监督管理部门、煤矿安全监察机构报告。

④ 安全生产监督管理部门、煤矿安全监察机构应当依照有关规定定期向社会公布事故信息。任何单位和个人不得擅自发布事故信息。

⑤ 安全生产监督管理部门、煤矿安全监察机构应当根据事故信息报告的情况,启动相应的应急救援预案,或者组织有关应急救援队伍协助地方人民政府开展应急救援工作。

二、煤矿事故调查处理的程序

（一）事故调查组的职责

《生产安全事故报告和调查处理条例》第二十二条至第二十五条对事故调查组的组成和职责做出了如下规定:

（1）事故调查组的组成应当遵循精简、效能的原则。根据事故的具体情况,事故调查组由有关人民政府、安全生产监督管理部门、负有安全生产监督管理职责的有关部门、监察机关、公安机关以及工会派人组成,并应当邀请人民检察院派人参加。

（2）事故调查组可以聘请有关专家参与调查。

（3）事故调查组成员应当具有事故调查所需要的知识和专长，并与所调查的事故没有直接利害关系。

（4）事故调查组组长由负责事故调查的人民政府指定。事故调查组组长主持事故调查组的工作。

（5）事故调查组履行下列职责：

① 查明事故发生的经过、原因、人员伤亡情况及直接经济损失。

② 认定事故的性质和事故责任。

③ 提出对事故责任者的处理建议。

④ 总结事故教训，提出防范和整改措施。

⑤ 提交事故调查报告。

（二）事故调查组的职权和事故发生单位的义务

《生产安全事故报告和调查处理条例》第二十六条、第二十七条对事故调查组的职权和事故发生单位的义务做出了如下规定：

（1）事故调查组有权向有关单位和个人了解与事故有关的情况，并要求其提供相关文件、资料，有关单位和个人不得拒绝。

（2）事故发生单位的负责人和有关人员在事故调查期间不得擅离职守，并应当随时接受事故调查组的询问，如实提供有关情况。

（3）事故调查中发现涉嫌犯罪的，事故调查组应当及时将有关材料或者其复印件移交司法机关处理。

（4）事故调查中需要进行技术鉴定的，事故调查组应当委托具有国家规定资质的单位进行技术鉴定。必要时，事故调查组可以直接组织专家进行技术鉴定。技术鉴定所需时间不计入事故调查期限。

（三）事故调查报告的批复

《生产安全事故报告和调查处理条例》第三十二条对事故调查报告的批复做出了如下规定：

（1）重大事故、较大事故、一般事故，负责事故调查的人民政府应当自收到事故调查报告之日起 15 日内做出批复；特别重大事故，30 日内做出批复，特殊情况下，批复时间可以适当延长，但延长的时间最长不超过 30 日。

（2）有关机关应当按照人民政府的批复，依照法律、行政法规规定的权限和程序，对事故发生单位和有关人员进行行政处罚，对负有事故责任的国家工作人员进行处分。

（3）事故发生单位应当按照负责事故调查的人民政府的批复，对本单位负有事故责任的人员进行处理。

（4）负有事故责任的人员涉嫌犯罪的，依法追究刑事责任。

（四）事故调查防范和整改措施的落实及其监督

《生产安全事故报告和调查处理条例》第三十三条对防范和整改措施的落实及其监督做出了如下规定：

（1）事故发生单位应当认真吸取事故教训，落实防范和整改措施，防止事故再次发生。防范和整改措施的落实情况应当接受工会和职工的监督。

（2）安全生产监督管理部门和负有安全生产监督管理职责的有关部门应当对事故发生单位落实防范和整改措施的情况进行监督检查。

三、煤矿事故调查处理方法

（一）事故现场处理

为保证事故调查、取证客观公正地进行，在事故发生后，对事故现场要进行保护。事故现场的处理在汇报事故的同时，至少应当做到：

（1）及时救护受伤害者，采取可靠措施防止事故蔓延扩大。

（2）凡与事故有关的物体、痕迹、状态不得破坏。

（3）为抢救受伤害者需要移动现场某些物体时，必须做好现场标记。

（4）保护事故现场区域。合理设置警戒区域，防止无关人员进入，对现场进行准确的记录，需要时进行拍照、录像。

（二）事故有关物证收集

事故有关物证的收集主要包括：

（1）现场物证，包括破损部件、碎片、残留物、致害物的位置等。

（2）对现场搜集到的所有物件进行可靠保护，并贴上标签，标注地点等内容。

（3）保持现场搜集到的所有物件的原样，不得改变。

（4）对有可能危害健康的物件，采取适当的安全防护措施。

（三）事故事实材料收集

事故事实材料的收集主要包括以下两类。

1. 与事故鉴别、记录有关的材料

（1）发生事故的单位、地点、时间。

（2）受害人和肇事者的姓名、性别、年龄、文化程度、职业、技术等级、工龄、本工种工龄等。

（3）受害人和肇事者接受安全教育情况。

（4）受害人和肇事者的工作安排、工作内容、作业程序等记录。

2. 事故发生的有关事实

（1）事故发生前设备、设施等的性能和质量状况。

（2）使用的材料性能，必要时进行物理性能或化学性能实验与分析。

（3）有关设计和工艺方面的技术文件、工作指令和规章制度方面的资料及执行情况。

（4）有关工作环境方面的状况，包括照明、湿度、温度、通风、工作面状况、有毒有害物质的取样分析记录等。

（5）个人采取的防护措施情况。

（6）事故前受害人和肇事者的健康状况。

（7）其他可能与事故致因有关的因素或细节。

（四）事故人证材料收集记录

事故调查取证，应尽可能与现场每一个人进行交谈、记录，同时寻访事故发生前、后有关人员，多角度还原事故现场状态、周围环境。

（五）事故现场摄影、拍照及事故现场图绘制

事故现场取证时，尽可能通过摄影、拍照，显示事故现场和受害者原始信息。通过采用一定的技术测量手段，确定事故发生地点坐标、伤亡人员相对位置和与事故有关的物件标记等内容，绘制事故现场示意图、流程图、受害者位置图等，为事故分析提供精准的信息。

第十五章　安全高效矿井建设

第一节　国内外安全高效矿井发展现状

一、主要产煤国安全高效矿井发展

从 20 世纪中叶开始,随着科学技术的不断进步,一些发达国家开始采用最新科学技术对煤炭工业进行技术改造。在煤矿开采中不断提高机械化程度,按照以集中生产为核心,以综合机械化开采为基础,以提高工作面单产和效率为目标,向高度集约化、大型化和生产规模化发展,来实现最大经济效益的发展思路,基本实现了矿井的安全高效,促进了安全状况不断提高。近 20 年来以微电子技术和信息技术为先导的世界新技术成果迅速渗透到煤炭领域,煤炭工业由劳动密集型向资本密集型和技术密集型转化,进一步推动了矿井安全高效建设。

（一）美国安全高效矿井的发展

美国煤田的地质开采条件优越,煤层埋藏浅而平缓。其地下采煤方法主要有传统房柱式、连续采煤房柱式和长壁综采 3 种。

1. 科罗拉多州二十英里矿

二十英里矿是美国长壁开采安全高效矿井的代表,一直保持着美国长壁开采安全高效的最高纪录。

该矿采用有 2 套掘进系统,每套掘进系统包括一台 JOY12CM12 连续采煤机,2 台 Flecher 锚杆机,JOY 梭车。掘进巷道宽度 6 m、高 2.9 m,使用 1.8 m 长树脂锚杆支护,必要时增加锚杆加强支护。矿井采用一矿一面生产系统,开始时长壁面长度为 195 m,在不断优化采区设计过程中,工作面长度目前已经达到 305 m,工作面盘区长度达到 3.3～5.5 km。工作面采用朗艾道公司 Eletra3000 型采煤机,德国 DBT 公司液压支架和输送机,大陆运输机公司 1.8 m 宽胶带输送机,采煤机截深为 900 mm,采用计算机智能监控系统控制。长壁工作面设备总投资为 2 730 万美元,每天 2 班生产。创造了多项世界纪录,曾有过日产原煤 67 575 t 的世界纪录。

2. 米德弗克矿

米德弗克矿位于肯塔基州莱斯利县,属太阳煤炭公司。开采哈扎德 4 号煤层,厚度 2.13~2.44 m,采深 100~300 m。1991 年装备长壁综采,工作面长度 220 m,采区长度 3 050 m。主要设备有:美国久益公司 6LS 型直流电牵引双滚筒采煤机;德国布朗公司 HR280 型双中链输送机;德国赫姆夏特公司二柱掩护式液压支架,配有 Hefronic4 型电液控制系统。全矿共有 331 人(包括选煤厂),原煤效率 91 t/工,平均班产 10 000 t。

(二)澳大利亚安全高效矿井的发展

澳大利亚煤炭储量丰富,煤层赋存平稳,地质破坏小、断层少。其地下开采的方法是房柱式和短壁式。但目前房柱式占井工开采总产量已经下降到 10% 以下,而长壁综采产量快速增长,生产效率大幅提高。

1. 澳大利亚莫兰巴贝矿

莫兰巴贝矿位于马凯以西 180 km 处,南距莫兰巴贝镇 15 km。该矿开采鲍恩煤田,生产优质焦煤。

该矿共有 9 层煤,其中 GM 煤层为优质煤,具有较好的经济开采价值。煤层厚度 5~6 m,向南逐渐尖灭。整个井田内煤炭总储量为 333 Mt,其中包括位于煤矿南端的开采经济性较差的煤炭产量。

GM 煤层的平均厚度为 5~6 m,长壁工作面的最大采高 4.5 m,留 0.4~0.9 m 煤作为护顶煤,工作面宽度 260 m,第一个盘区长度 2.4 km,最大盘区长度为 3 km。采煤机、液压支架、工作面输送机、转载机均为 JOY 公司产品,采煤机总功率 1 510 kW,最大切割速度 24 m/min。液压支架支撑高度 2.2~5 m,输送机驱动电机功率 2×800 kW,双中链 42 mm×152 mm,电气设备为 AMP 公司产品。该矿开采的顶底板为软泥岩,为此底板采用混凝土集料加固,煤巷掘进时,顶板留 2 m 的护顶煤,以提供安全进行锚杆支护安装的平面。

2. 现代化的克瑞努姆矿

克瑞努姆矿是澳大利亚昆士兰州的一座现代化煤矿,位于爱莫拉尔德东北约 62 km 处。该矿于 1997 年 6 月投产,设计原煤年产量 4.6 Mt,长壁工作面长度达到 270 m,由 BHP 煤炭公司、QCT 资源公司和三菱开发公司合资建立的格雷戈里公司负责经营。总投资超过 3.5 亿澳元,其中长壁面投资 3 000 万澳元,共有员工 200 人。

该矿位于鲍恩煤田的中部,位于力拓集团公司所属的开斯特罗尔矿和 MIM 公司所属的澳凯克瑞克矿之间,所开采煤层为二叠纪煤层,埋深 100~300 m,煤厚 3.5 m,倾角 3°~4°,储量 153 Mt,可采储量 70 Mt。采用双斜井和深 85 m、直径 6 m 的通风立井。巷道掘进采用 JOY 公司生产的远距离遥控连续采煤机,履带移动式带动盘区胶带输送机前移,实现掘进连续作业。连续采煤机上安装有AR0顶板和煤壁锚杆安装机,能在掘进平巷的同时进行支护作业。

长壁面采用朗艾道公司的AndersonElectra1000型滚筒采煤机,安装功率880 kW,滚筒直径2.3 m,采高2.9～3.6 m,平均每刀采煤1 320 t。液压支架为JOY公司生产的掩护式液压支架,支撑力950 t。支架移动采用完全自动化的SISA采煤机启动系统,进行控制的防爆计算机安装在平巷内。采用德国DBT公司生产的铠装可弯曲输送机,宽度1.132 m,安装功率1 600 kW,链速1.55 m/s。

3. 纳拉布里煤矿

纳拉布里矿位于新南威尔士州,隶属怀特海文公司,为高瓦斯矿。年产1 000万t,共有员工360人,采用平硐单水平开拓,综采配套卡特彼勒成套设备,应用自动化生产方式,生产时工作面仅有1人跟机作业,掘进工作面配套久益成套设备,主运输系统配套英国芬纳公司变频胶带机,供电、供排水、主通风系统采用调度室远程集中控制,不设置岗位工,主通风机使用变频技术。不设置岗位工的设备出现故障时,控制系统会自动将故障信息推送到附近巡查人员佩戴的多功能矿灯上,以便快速响应,矿灯具有定位、呼叫和信息接收功能。设备、管路缆线全部为组合式、模块化、标准化、工厂化加工,快速安装,除辅运大巷外,其余巷道一律不打混凝土路面,效率很高。

由上可见,机械化装备水平高,自动化程度高,以一井一面或一井两面实现规模化、集约化生产,是国际煤炭行业开采技术总体发展趋势,也是实现安全生产的有效举措。

二、我国煤矿安全高效矿井建设的发展

(一)我国煤矿安全高效建设的基本经验

1. 依靠科技进步,改革采煤工艺,提高装备水平

在引进装备和技术方面,可以分为两类。一类是引进部分关键综采设备,如电牵引采煤机、刨煤机、液压支架的电液控制系统,配套国产液压支架和大运量带式输送机装备的安全高效综采工作面,达到年产100万～700万t。如兖矿集团的东滩矿和兴隆庄矿、铁法煤业集团的小青庄矿等。大同煤矿集团晋华宫矿引进德国DBT刨煤机和液压支架电控系统,装备煤厚1.3 m的刨煤机工作面,年产超过100万t。

2. 创新回采工艺,解决难采煤层的高效开采问题

靖远煤业集团、华亭煤电公司研究开发的急倾斜综放开采工艺成套技术,通过技术创新和综采工作面设备改造,成功地解决了倾角在45°左右大倾角煤层

的开采问题;开滦唐山矿、峰峰万年矿、邯郸云驾岭矿等对综采放顶煤工作面后部刮板输送机进行改造,安装收煤器,大幅度提高了放顶煤工作面的回采率。

国产综采装备水平有了较大幅度的提高。2005 年潞安王庄矿综放工作面使用国产装备,取得年产 608 万 t 的好成绩。淮南矿业集团张集矿综采一队使用国产综采设备,一次采全高工艺,年产 363.58 万 t,创国产综采设备一次采全高年单产最高水平。

3. 改革开拓部署,合理集中生产,优化生产系统

煤炭企业通过改革开拓部署,优化巷道系统,实现了合理集中生产,极大地简化了生产系统和生产环节,为企业实现节能降耗奠定了基础。通过优化设计,加大采区和工作面长度,从而增加采区储量和服务年限,解决了提高单产带来的服务年限缩短和搬家次数多的问题,同时也为简化管理创造了条件。中煤能源集团大屯煤电公司徐庄煤矿针对矿井地质条件复杂、断层较多、部分断层落差大的情况,优化生产布局,以集中生产为原则,布置储量较大的工作面,不同煤层合理配采,取得了较好的经济效益。

安全高效矿井的建设,显著提高了煤矿安全生产条件。提高煤矿机械化水平,不仅能大幅度提高煤矿生产效率,而且还为煤矿生产过程中的安全监测监控创造了条件,改善了煤矿安全生产条件,从而使煤矿安全生产事故得到有效预防和控制。

(二)我国安全高效矿井发展趋势

新建矿井按照高产高效模式设计、施工。基本做到当年投产、当年达产、当年建成安全高效矿井,如淮南张集、永城陈四楼、黄陵一矿、铜川玉华等矿井都属于这一模式。

机械化成为发展生产的主要手段。大中型矿井以发展综采为主,巩固和提高高档普采,逐步减少炮采;小型矿井实现正规开采,是我国现阶段选择高产、高效、安全采煤方法的基本原则。各类煤矿都应把改革采煤工艺和发展机械化作为提高单产单进水平、建设高产高效矿井的重要手段。

实现一井一面生产模式。在生产布局上,合理扩大井田范围,增加现有矿井储量;对与生产矿井相邻的新区,通过技术改造或改扩建合并开发,可不建新井;对老井深部和老井深部新的勘探区,要合理调整井田边界,结合开拓延伸进行合并集中,采区和工作面几何尺寸适度加大;在优化巷道布置上,推行单层化和全煤巷化,并尽可能实现单水平生产;在生产规模上,要控制最小生产规模,现有小型煤矿要通过联合改造,提高规模等级。

推行高产、高效、安全的采煤工艺。要根据我国开采技术的实际,推广应用以下几种采煤方法:

（1）缓倾斜厚及特厚煤层,在解决防火、防尘和资源回收率的前提下,推行综采放顶煤技术;

（2）构造复杂的矿井、中小型矿井及大矿的边角可采用轻型支架、悬移支架、网格支架等;

（3）稳定缓倾斜中厚煤层应推行综采;

（4）有一定地质变化的煤层推行高档普采或水力采煤;

（5）稳定或较稳定薄煤层应推行刨煤机采煤;

（6）积极推行特殊条件煤层采煤方法,如"三软"条件下机械化采煤,4.5～5 m一次采全高的机械化采煤等;

（7）小型煤矿要全面推行长壁式炮采正规采煤法。

通风系统实现自动监测监控,坚持"先抽后采,监测监控,以风定产"的原则,建立和完善"一通三防"管理机构和生产责任制;完善矿井掘进系列化装备,实现煤巷、半煤岩巷"三专两闭锁";完善优化矿井通风系统和安全环境监测系统,消灭不合理通风、欠风生产。高瓦斯矿井坚持先抽后采,实现采、掘、抽基本平衡,提高预抽率;要装备矿井安全监测系统,并加强煤尘爆炸性和煤层自燃倾向性的鉴定工作,做到矿矿有鉴定。有煤尘爆炸和自然发火的矿井都要有行之有效的灾害预防措施。

巷道支护锚杆化,将锚杆支护进一步扩大到中小型煤矿和在建新井。岩巷掘进实现锚杆化,半煤及煤巷提高锚杆支护率,加强高性能预拉力锚杆支护、断层褶曲及破碎带锚网支护技术及沿空锚杆支护技术的研究和推广,重视锚杆支护技术的传播和培训,加快配套机具和设施的研制、开发和引进。

辅助运输连续化,适应建设高产高效矿井的需要,根据我国煤矿的现状,应大力推广单轨吊、卡轨车、齿轨车及无轨胶轮车等先进辅助设备。生产矿井要研究、改造全矿井或区域性的辅助运输系统,通过技术改造实现运输系统连续化,新建矿井或改扩建矿井,设计中要实现辅助运输系统连续化。

我国目前采掘设备的制造能力基本上能满足高产高效的需要。但设备的技术水平与世界先进水平相比,还有很大差距,突出表现在技术水平低,可靠性差,服务寿命短。针对这些问题,需要有关部门的通力合作:一是抓紧煤机产品的升级换代工作,完善提高大功率电牵引采煤机、大运量运输机、大吨位液压支架、重型掘进机等矿井高产高效设备配套工作,实现不同层次日产水平的综采、采掘配套技术;二是提高机电产品和关键部件的质量。对关键材料进行工艺攻关,严格质量管理。国内暂不过关的材料和元件应选用国外产品配套。这些问题解决之后,大型设备国产化将成为可能。

第二节 安全高效矿井建设的基本经验

我国煤炭工业经历了近20年的安全高效建设,全国各生产单位进行了积极的实践,结合前述内容的分析,归纳起来其基本经验主要有以下几点。

矿井地质保障体系是建设安全高效矿井的基础条件。准确的地质资料和超前预测,是煤矿安全高效生产最根本的保障条件。煤矿地质保障技术作为煤矿安全高效生产的关键技术之一,已列入我国安全高效矿井的保障体系。长期以来,我国煤田地质和矿井地质工作者在煤矿开采地质条件的综合评价,探测技术、理论和方法以及探测仪器研制等方面进行了大量探索,并寻求为矿井生产提供地质保障的技术途径和措施,取得了长足进展,促进了我国安全高效矿井建设。

发展采掘机械化和自动化是建设安全高效矿井的引擎。安全高效矿井不断加大科技和装备的投入力度,积极采用新技术、新工艺和新装备,不断提高生产技术水平和采掘机械化程度,单产、单进、原煤工效、采区回收率等技术经济指标不断提高,为煤矿减头减面、实现集约化生产、减人提效创造了条件。

合理集中生产是安全高效矿井建设的重要措施。合理集中生产,是减少生产环节、简化生产管理、提高煤炭资源和设备利用率最有效的措施。煤炭企业通过改革开拓部署、优化巷道布置,实现了合理集中生产,极大地简化了生产系统和生产环节。通过优化设计,加大了采区和工作面长度而增加采区储量和服务年限,从而解决了提高单产带来的服务年限缩短和搬家次数增多的问题,同时也为简化管理创造了条件。

生产系统的稳定可靠是建设安全高效矿井的必要保证。建设安全高效矿井的一项重要工作,就是要保证各个生产系统具有与采区匹配的生产能力,消除生产中的瓶颈,充分保证采煤工作面能力的最大限度发挥。在安全高效矿井建设过程中,许多单位均以采煤工作面为核心,重视各个生产系统和环节的完善,提高了运行质量和生产能力。特别是通过技术改造,着重解决"一通三防"方面的能力瓶颈问题,包括系统改造、新技术应用、瓦斯治理等方面。这对于实现矿井安全高效生产起到了根本性的保证作用。

依靠科技和管理创新是建设安全高效矿井的必要条件。安全高效矿井建设过程,也是矿井技术水平提高的过程。通过科技创新,优化工作面设计,优化生产系统,合理进行开拓布置,加大科技改造力度而实现矿井安全高效;通过管理创新和机制创新,实现生产模式、管理体制、运行机制等方面的科学化、规范化、精细化;通过企业文化创新,强化以人为本意识,提升人文精神,激发职工的工作积极性、创造性,丰富企业文化内涵。

以数字化矿井建设为依托加快矿井信息化建设,是安全高效矿井建设的重要支撑。随着信息技术、计算机技术、自动化技术和网络技术的飞速发展,我国矿山信息化、自动化有了很大的进步,以计算机和网络技术为核心的工业现场总线已用于煤矿安全监测和机电设备的控制。有许多安全、生产、设备工况的信息,能通过网络以数字的形式传送到地面。少数矿井已实现在地面调度中心集中控制井下大部分设备。应该说,实现数字矿山已经有了一个好的开端。近年来,煤炭行业在建设数字化矿井方面,加大投入力度,广泛应用先进适用的信息技术,有效提升全行业的生产效率和管理水平,促进了我国矿井安全高效建设,同时也成为我国煤炭行业实现跨越式发展的历史性契机。

第三节　安全管理体系中的安全高效矿井建设

应该说,并不是所有煤矿都具备神东矿区那样的地质条件和装备水平,但作为安全管理体系中的一个要素,作为企业安全生产的重要职责,煤矿应结合自己的实际情况,大力提高矿井机械化程度。

一、结合实际,制订矿井发展规划

安全高效矿井建设对老矿区来讲不是一蹴而就的,只有明确目标,并围绕这个目标,制订矿井发展规划,必须坚持以科学发展观和国家煤炭产业政策为指导,以加快矿井技术改造为主要手段,以科技进步为支撑,艰苦创业,自力更生,因企制宜地推进高产高效现代化矿井建设。

（一）领导重视是安全高效矿井建设的关键

安全高效矿井的建设是一项艰巨复杂的工作,涉及面很广,没有企业决策层的高度重视是不可能实现的。应该把这项工作列为企业发展的战略决策,有目标、有责任,把它作为企业长期的生产经营任务联系起来,充分审视自己面临的内外部环境,反复权衡企业自身发展的优势和劣势及"关小建大"的煤炭产业政策的发展机遇,以此为依据制订规划。比如,山西高平市南阳煤矿针对缺资金、缺技术、缺人才的困难,在科学定位的基础上,南阳煤矿制定了建设年产 120 万 t 的战略目标和企业发展的总体规划,确立了"科技兴矿、挖潜改造,不断完善和滚动发展"的分步建设工作思路。实施两次大规模的技术改造,逐个攻克了制约矿井发展的瓶颈。将原来的分层炮采改为综采放顶采煤方法,工作面可采长度增大到 1 400 m,使原煤工效由每工 8 t 提高到 40 t,日单产水平由 1 000 t 提高到 5 000 t,资源回收率由原来的 55% 提高到 85%;采用了许多高性能成套采掘设备、提升运输装备和安全监控设备;对矿井的辅助系统进行了第二次改造,使矿井的各系统进一步完善配套,抗灾防灾能力得到显著提高。

只有主要领导认识到建设安全高效矿井是当今世界煤炭工业发展趋势,是煤炭企业适应现代化建设的必然选择,是企业增产、减人、提效的重要途径,才能促使企业安全高效矿井建设走上可持续发展的道路。

(二)大力发展采掘机械化,提高采掘机械化水平

建设安全高效矿井,需要不断加大科技和装备的投入力度,积极采用新技术、新工艺和新装备,不断提高生产技术水平和采掘机械化程度,才能促进单产、单进、原煤工效等技术经济指标的提高,为企业减头减面、实现集约化生产提供基础。神东矿区的实践充分证明了这一点。

(三)着力完善"采掘机运通"五大系统,做到合理可靠

完善系统,一方面要使系统的相关能力相匹配,解决"瓶颈"问题,但另一方面的关键是要保证通风系统的合理,如没有不符合规定的串联风、扩散通风及角联风,这一方面我们很多国有矿井还比较注意,但对系统的可靠性就注意不足。所谓系统的可靠性,就是要考虑一旦在灾变情况下,系统还能基本保持稳定,为人员的安全撤出创造条件。这就要避免不必要的通风设施,非设置通风设施的地方要保证灾变情况下的稳定,如密闭墙,不能因为灾变而冲垮,必须按照防爆密闭墙构筑。平时生产中,注意共用回风巷的问题,避免一个工作面发生灾变,其回风途经另一个工作面(并不是串联情况下),导致出现该面人员不能及时撤出的情况。这些内容,都应该在矿井规划中有所体现。

(四)贯彻"以人为本"的原则

要坚持为职工办实事,投资改善煤矿单身职工的住宿条件;建设室外职工健身场;新建图书阅览室;提高班中餐补助标准,增设零点餐厅;完善矿山职业病的专项检查制度和职工健康档案等。但在这一方面,需要提高我国煤矿设计规范的标准;另一方面,就要大力减轻职工的劳动强度,在井下必要的大坡度及长运距等地方,安装人车,避免职工上班途中的长途行走消耗体力等。

二、注重安全高效矿井事故的新特点,融入安全管理体系之中

安全高效矿井的建设,为确保安全生产打下了良好的基础。如通风、瓦斯、水灾、火灾、雷管爆破等因素造成事故的发生率非常小,这可以归功于生产中广泛使用双风机双电源、风电闭锁、瓦斯电闭锁以及瓦斯监控、瓦斯抽采等先进技术和先进设备,不断强化的职工安全技能培训,对杜绝以上类别的事故起到了决定性作用。但从我国安全高效矿井发生的一系列事故看,呈现出了一些不同的特点,主要表现在以下几个方面。

（一）运输类事故是大事故的主要根源

统计研究发现,运输事故造成大伤害和大损失概率最高。在高产高效矿井中,运送大型设备、大型配件工作天天都有,但在井下运输不便利的环境下,强拉硬拽是司空见惯的事情,一个环节失控就会发生性质恶劣的大事故。另外在高产高效矿井中,主要运输线路繁忙,运输设备功率大、速度快,操作人员一时疏忽,也是很容易造成大事故。

（二）物体打击类事故在人身伤害中位居第二

在高产高效矿井中,在安装、维护、更换设备时,搬运大件的方法并没有得到太大提高,频繁地靠人力搬运笨重的设备、物料,是工人每天最头痛的事情,也是目前矿井中工作量最大的一项,投机取巧,每个作业工人都有这种思想,作业人员稍有配合不好,就很有可能造成挤伤手、砸伤脚的人身事故。

（三）夜班中,轻闲的工作岗位反而容易出事故

夜班中,轻闲工作岗位上的职工总是站、坐不动,很容易产生疲劳和瞌睡,从而造成事故。

（四）机械、机电事故大幅度上升

在高产高效矿井中,大功率、高科技设备在生产中广泛得到应用,多数设备零部件庞大、笨重,维护工在井下环境进行检修、维护,操作起来难度很大,加上技术熟练程度不高,发生的机械伤人事故相对大幅升高;另外在机电设备的使用、维护、保养上,技术含量较高,而目前维护工的整体技术水平普遍偏低,生产中烧电机、毁设备的现象频繁发生。

以上事故特点并不代表所有安全高效矿井的事故特点,在不少单位,虽然装备先进,但安全管理水平没有提高,事故多发的现象仍然存在。企业应针对这些事故特点,在安全管理体系中结合企业自身的情况,有针对性地采取风险评估的方法和控制措施,而安全高效矿井建设可以说是遏制重特大事故发生的有效措施,是消除生产系统不合理带来的风险的法宝。

参 考 文 献

[1] 本钢集团有限公司.采矿与选矿[M].北京:冶金工业出版社,2018.

[2] 牟宗龙,窦林名,曹安业,等.采矿地球物理学基础[M].徐州:中国矿业大学出版社,2018.

[3] 樊克恭,刘进晓.采矿工程专业毕业设计指导教程[M].北京:煤炭工业出版社,2018.

[4] 付华.煤矿供电技术[M].北京:煤炭工业出版社,2018.

[5] 刘洪洋,艾德春,杨军伟.采矿工程毕业设计指导[M].徐州:中国矿业大学出版社,2017.

[6] 梁新成.煤矿安全法律法规[M].2版.北京:煤炭工业出版社,2017.

[7] 路增祥.采矿工程专业毕业设计指导(地下开采部分)[M].北京:冶金工业出版社,2018.

[8] 葛世荣,黄盛初.卓越采矿工程师教程[M].北京:煤炭工业出版社,2017.

[9] 周彬.金属非金属矿山建设项目安全管理实用手册[M].北京:煤炭工业出版社,2017.

[10] 注册安全工程师执业资格考试命题研究中心.安全生产专业实务[M].成都:电子科技大学出版社,2017.

[11] 任高峰.采矿工程技术综合实验指导书[M].武汉:武汉大学出版社,2018.

[12] 艾德春,吴桂义.采矿工程实践教学指导书[M].徐州:中国矿业大学出版社,2017.

[13] 张深根,刘虎,刘一凡,等.典型废旧稀土材料循环利用技术[M].北京:冶金工业出版社,2018.

[14] 张农.煤矿岩层控制理论与技术进展:37届国际采矿岩层控制会议(中国2018)论文集[C].徐州:中国矿业大学出版社,2018.

[15] 张锐,唐志新,李志勇,等.金属非金属矿山安全生产管理制度实用手册[M].徐州:中国矿业大学出版社,2017.

［16］陈国山.地下采矿技术［M］.2版.北京:冶金工业出版社,2018.

［17］陈秋计,岳辉,马健梅.土地复垦技术与方法［M］.西安:西安交通大学出版
社,2018.